KB072418

신경망 기반

머신러닝 실전 프로그래밍

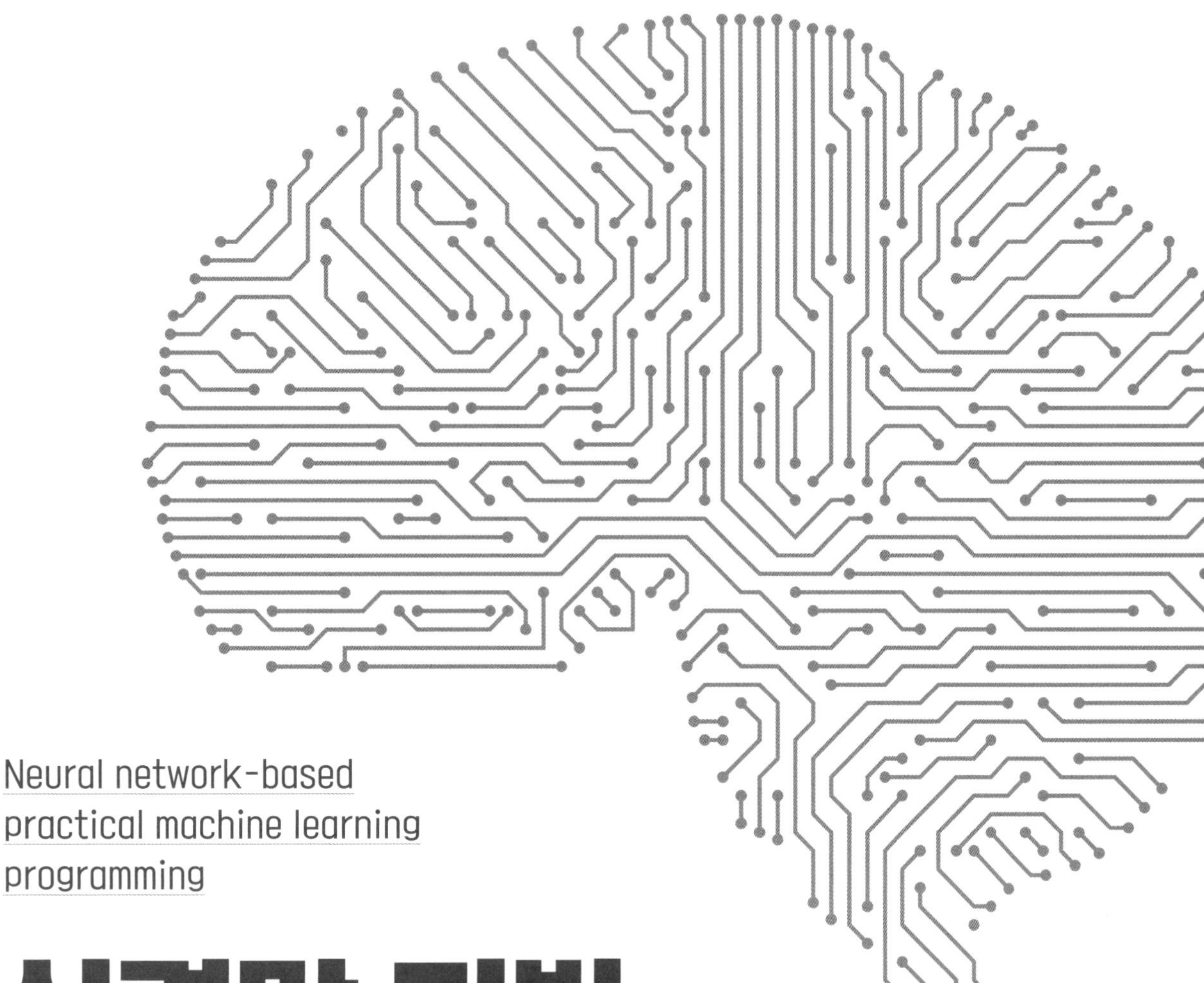

Neural network-based
practical machine learning
programming

신경망 기반 머신러닝 실전 프로그래밍

차병래, 박 선, 김종원 지음

머리말

현재의 예측 불가능하고 미래 생존을 담보하기 어려운 환경을 대변하는 뷰카(VUCA) 시대라는 용어는 Volatility(변동성), Uncertainty(불확실성), Complexity(복잡성) 그리고 Ambiguity(모호함)의 앞 글자를 딴 용어로 현시대가 커다란 변혁의 시대임을 상징한다. 다가오는 대전환에 적응하기 위한 전략으로 전 세계는 독일의 인더스트리 4.0, 미국의 첨단 제조업 파트너십, 중국의 메이드인차이나 2025와 같이 나름대로의 방향성을 고민하고 있다. 이들 모두 데이터를 핵심 원동력으로 삼고 있다는 공통점이 있으며, 인공지능과 연계된 데이터가 디지털 전환(Digital Transformation)에 따른 산업구조 조정과 개선을 이끄는 강력한 엔진이라는 것이다.

즉 데이터-네트워크-인공지능의 결합을 통해 인간의 행위를 분석하고 사회의 규칙을 파악하며 인류의 미래를 예측하는 것이 가능해지고 있다. 이런 혁명적인 변화는 인간이 생각하고 살아가는 방식을 바꾼다는 점에서 과학기술 분야를 넘어서서 영향을 끼치게 된다. 세상에 존재하는 사물들과 교감하는 방식을 변화시키는 것은 물론 사람들의 가치관까지 변화시키기 때문이다. 과학기술 분야에서 클라우드 및 에지 컴퓨팅, 빅데이터 등과 이에 결합한 인공지능 기술은 디지털 혁신을 생존을 위한 선택이 아닌 필수 조건으로 만들었다. 이에 따라 디지털 전환으로 여러 노력들이 점증적으로 통합되면서 의미 있는 변화를 서서히 이끌어내는 중심 역할을 감당하고 있다.

2020년에 접어들면서 광주광역시는 인공지능 중심도시로의 발전을 목표로 삼고, 인공지능산업융합집적단지 조성, 경제자유구역 지정 등을 시발점으로 자동차, 에너지, 헬스케어, 문화콘텐츠 분야 인공지능 특화를 위한 전방위적인 노력을 진행하고 있다. 빛고을(光州)의 초자(草者)로써 이러한 변신 노력에 일조하는 마음으로 준비한 이 책은 자동차, 에너지 그리고 헬스케어 등 특화 분야를 위한 인공지능 접근 사례를 머신러닝의 기초, 준지도 학습, 전이 학습, 그리고 연합 학습 등과 함께 다루면서 4차 산업혁명에 대비하는 디지털 전환을 위한 기초 소양으로 소개한다.

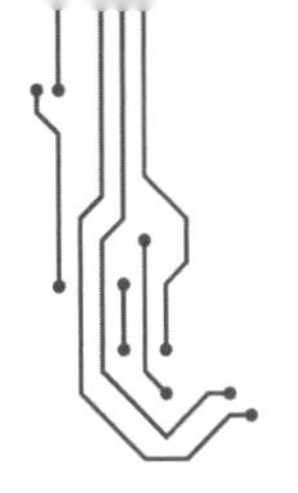

목 차

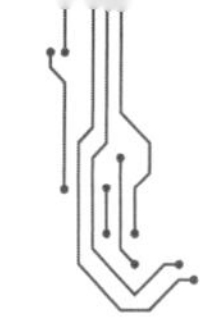

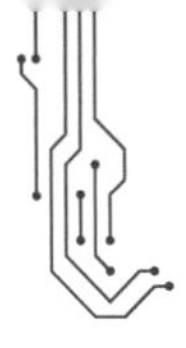

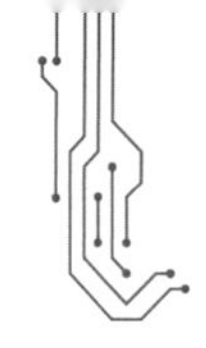

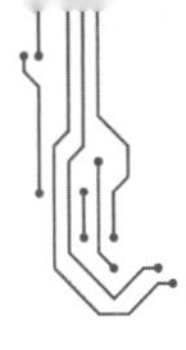

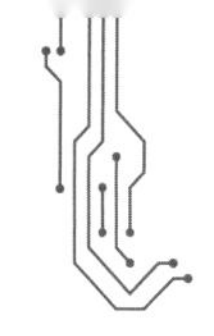

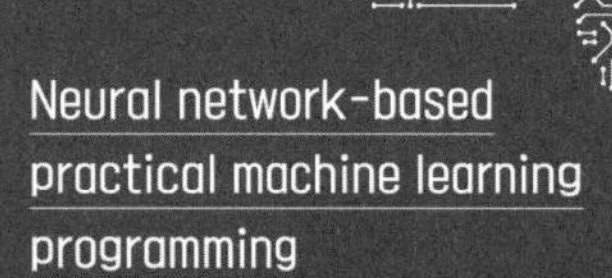

Neural network-based
practical machine learning
programming

I. 신경망의 소개

I
신경망의 소개

1. 인공지능 소개

1.1 인공지능 / 머신러닝 / 신경망 / 딥러닝

1.1.1 인공지능

인공지능의 사전적 정의는 인간의 지각능력, 추론능력, 학습능력, 이해능력 등을 컴퓨터 프로그래밍으로 실현하는 기술이다.

과거의 컴퓨팅은 인간이 원하는 업무를 프로그래밍 언어로 입력해서 연산 방법을 정해주면 컴퓨터가 그대로 실행해 정확한 답을 계산해내는 방식이었다면, 인공지능은 인간에 의해 프로그래밍되는 게 아니라 컴퓨터가 스스로 필요한 정보를 인지해 습득하고 연산 및 의사결정을 하게 된다.

초기 인공지능 기술은 사전 프로그래밍에 의해 추측 및 추론을 하는 전문가 시스템 형태로 개발됐다. 이후 지속적인 기술 발전으로, 사람의 인지능력을 모방해 인식, 예측, 자동화, 소통, 생성 등의 기능을 구현하며, 음성 번역, 로봇공학, 인공시각, 문제 해결, 학습 및 지식 획득, 인지과학 등 다양한 분야에서 개발 및 활용되고 있다.

1.1.2 머신러닝

인공지능은 다양한 하위 기술로 구성되는데, 가장 주목받는 것은 머신러닝(machine learning)이다. 머신러닝은 컴퓨팅 기계가 방대한 데이터를 학습한 뒤 이를 기반으로 패턴을 찾아내고 변화를 예측하거나, 의사결정 및 추론 등을 수행하는 것이다.

머신러닝은 인공지능의 속성을 가장 잘 반영하고 있으며, 컴퓨터가 연산하는 규칙을 사람이 설정하지 않고, 대량의 데이터를 주입하면 머신러닝 시스템이 이를 기반으로 학습하고 컴퓨터가 스스로 데이터의 패턴을 기반으로 출력을 도출해낸다. 머신러닝의 알고리즘은 크게 지도 학습과 비지도 학습 그리고 강화 학습으로 나뉜다.

1.1.3 인공신경망

인공신경망은 말 그대로 인간의 신경을 모방한 기법이다. 사람의 뇌에서 일어나는 일을 살펴보면, 눈이나 귀 등 감각기관에서 받아들인 정보가 뉴런을 통해 뇌에 전달되고, 뇌는 이 정보를 토대로 판단하며 무엇을 수행할지 명령을 내린다. 뇌에는 여러 개의 뉴런들이 복잡하게 연결되어 다양한 연산 등을 수행한다. 이러한 뇌의 정보처리 과정을 모방한 것이 인공신경망이다.

1.1.4 딥러닝

인공지능이 가장 광의의 개념이고 그 하위에 머신러닝이 포함되며, 머신러닝의 하위에 딥러닝이 있다. 딥러닝은 인공신경망을 기반으로 하는 머신러닝의 일종이다. 딥러닝에서 딥(deep)은 사람의 뇌세포를 모방한 인공신경망이 여러 개의 계층으로 구성되었다는 의미이며, 인공신경망의 프로세서를 본떠 기계가 스스로 데이터를 분석하고 답을 찾아낸다.

기존 머신러닝 방법이 주로 전문가가 데이터 속에 존재하는 특징을 추출한 후에 머신러닝을 통해 분류/예측 또는 판단을 하는 식이었다면, 딥러닝은 데이터만 넣어주면 여러 계층을 통해 스스로 데이터의 특징을 찾아낸 후 분류/예측 또는 판단까지 수행한다.

1.2 일반 프로그래밍 기법과 머신러닝의 차이점

일반 프로그래밍과 머신러닝의 차이점에 대해 설명하고자 하며, 다음 그림은 기존의 프로그래밍과 머신러닝의 차이점을 설명하는 데 자주 사용되는 그림이다.

기존 프로그래밍과 머신러닝의 차이를 쉽게 설명하자면, 기존의 프로그래밍은 데이터와 규칙을 넣으면 결과를 알려주는 것이고, 머신러닝은 데이터와 결과를 넣으면 규칙을

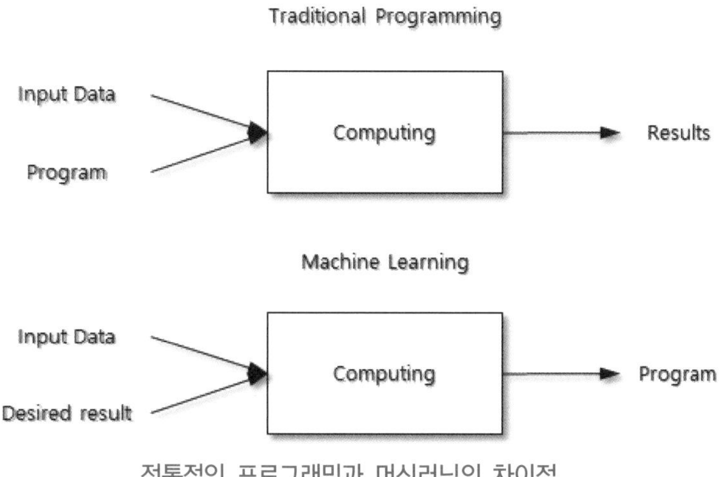

전통적인 프로그래밍과 머신러닝의 차이점

알려주는 것이다. 머신러닝이 주목을 받는 가장 근본적인 이유는 더 많은 (high) dimension과 (massive) data를 이용하고 더 효율적인 결과를 산출할 수 있을 것이라는 '믿음' 때문이며, 아직까지 이 분야에 대해서는 과장된 부분이 매우 많다고 생각된다.

프로그램은 기본적으로 목적을 가지고 만든다. PC를 실행하기 위한 목적을 가지고 만든 프로그램은 프로그래머가 의도한 것 이상의 성능을 내지 못한다. 프로그램의 성능을 강화하고 싶다면 이를 프로그래머가 일일이 개선해야만 한다. 만약 프로그래머가 의도한 것과 다른 현상이 나타나면 이는 단순히 버그에 불과하다. 그러나 인공지능은 다르다. 인공지능으로 무엇을 하겠다는 목적을 가지고 개발하지 않는다. 사람의 신경망을 재현하는 것에만 초점을 맞춘다. 인공지능의 머신러닝을 통해 프로그래머와 연구자가 의도한 것 이상의 성능을 낼 수 있다.

현재 인공지능은 사람의 뇌를 흉내를 내는 것에 초점을 맞추고 있다. 뇌 과학자들의 연구에 따르면 사람의 지성은 신경(뉴런)의 집합체인 신경망(neural networks)에서 나온다. 이 신경망을 컴퓨터상에서 흉내를 내기 위해 고안된 것이 인공신경망(artificial neural networks)이다. 많은 연구자들이 인공신경망을 구현하기 위해 다방면으로 노력하고 있다. 하드웨어적으로 구현하려는 노력도 있고, 소프트웨어적으로 구현하려는 노력도 있다. 현재 대세는 소프트웨어를 활용한 인공지능이다. 하드웨어는 현재 널리 사용되는 범용 CPU와 GPU를 이용한다. 대신 인공신경망과 머신러닝을 소프트웨어적으로 구현하려는 연구가 활발히 진행되고 있다.

2. 예측기와 분류기

2.1 예측기

미켈란젤로의 '피에타'는 현재 바티칸 시국의 성 베드로 대성전에 보관되어 있는 르네상스 시대 조각 예술의 대표적인 명작품이다. 피에타의 복제 조각상을 해외에서 구입하고자 하는데, 제품의 제원이 인치(inch)로 표시되었고, 길이를 재는 단위가 통합되지 않아서 인치와 센티미터 간의 변환을 위한 계산이 필요하다.

간단한 예측으로 길이 인치(inch)에서 길이 센티미터(cm)로 변환하는 공식을 모른다고 가정하며, 단지 우리가 아는 것은 인치와 센티미터가 선형(linear) 관계라는 것뿐이다. 선형 관계이므로 만약 인치를 n배로 늘리면 직관적으로 센티미터도 n배 늘어나게 된다는 것이다. 인치와 센티미터가 선형 관계이므로 다음과 같이 나타낼 수 있다.

인치=센티미터$\times w$(w는 상수)

여기에서는 상수 w는 인치를 찾기 위한 센티미터의 변수 또는 가중치로 표현할 수 있다. 이러한 가중치의 정확한 값을 알지는 못하지만, 정확한 가중치 w 값을 알아내는 방법 중 하나는 임의의 값을 하나 택하여 대입하고 오차를 보정해서 새로운 가중치를 찾아 대입하는 반복법으로 근삿값을 찾을 수 있다. w에 임의의 값 중 하나로 2를 대입하면 다음과 같다.

$$1\text{인치}=1\text{센티미터}\times 2$$

인치=센티미터×w에서 센티미터는 1, w는 2이므로 우리는 1인치를 2센티미터라고 예측하게 된다. 실제 값은 2.54이어야 하므로 우리가 예측한 2라는 숫자는 정확하지 않은 답이며, 오차(error)를 갖게 된다. 정확하게 0.54 정도의 오차를 내포한다.

$$\begin{aligned}\text{오차}&=\text{실제 값}-\text{계산 값}\\&=2.54-2\\&=0.54\end{aligned}$$

우리의 첫 번째 계산이 틀렸으며, 실제 값과 계산 값의 차이인 오차에 의하여 얼마만큼 틀렸는지를 알 수 있다. 이러한 오차 정보를 이용하여 두 번째 계산으로 더 나은 예측이 가능할 것이다. 첫 번째 계산에서 오차는 0.54이었다. 인치를 센티미터로 변환하는 식이 선형이므로 상수 c 값을 증가시키면 결과 값이 커진다는 것을 알 수 있다. 따라서 두 번째 계산에서는 상수 c 값을 조금 더 증가시켜 2.5를 대입해본다.

인치=센티미터= w=1×2.5=2.5로 오차가 0.04로 첫 번째 계산보다 오차가 감소하게 되며, 여기서 중요한 점은 우리가 첫 번째 계산에서 얻는 오차를 기준으로 두 번째 계산을 시도했다는 점이다. 즉, 첫 번째 계산에서 오차가 0.54인 것을 알고 상수 w 값을 조금 증가시켰다는 점이다. 상수 w 값을 구하기 위해 동일한 계산을 계속해볼 것인데, 이렇게 쉬운 문제를 복잡하게 접근하는 이유는 인공신경망은 이와 같은 간단한 수학 공식으로 해결되지 않기 때문이다.

두 번째 계산에서 나온 값인 2.5센티미터는 여전히 실제 값보다 작으므로 세 번째 계산으로 w 값을 이번에는 2.5에서 2.6으로 증가시켜본다. 이번에는 우리의 계산이 목표 값을 초과한 오버슈팅(overshooting)이 발생했다. 두 번째 계산에서 오차는 0.04이었으나 세 번째 계산의 오차가 −0.06이 되었으며, 오차가 음수라는 것은 계산 값이 실제 값보다 크다는 것을 의미한다. 우리는 w 값이 2.6보다는 2.5일 때 더 작은 오차가 나온다는 것을 알았으므로, 이번에는 w 값을 2.5에서 조금만 올려서 2.53으로 수정해본다. 이전보다 좋은 결과를 얻었으며, 계산 결과 값으로 2.53센티미터를 얻었으므로 실제 값 2.54와의 오차는 0.01이 된다.

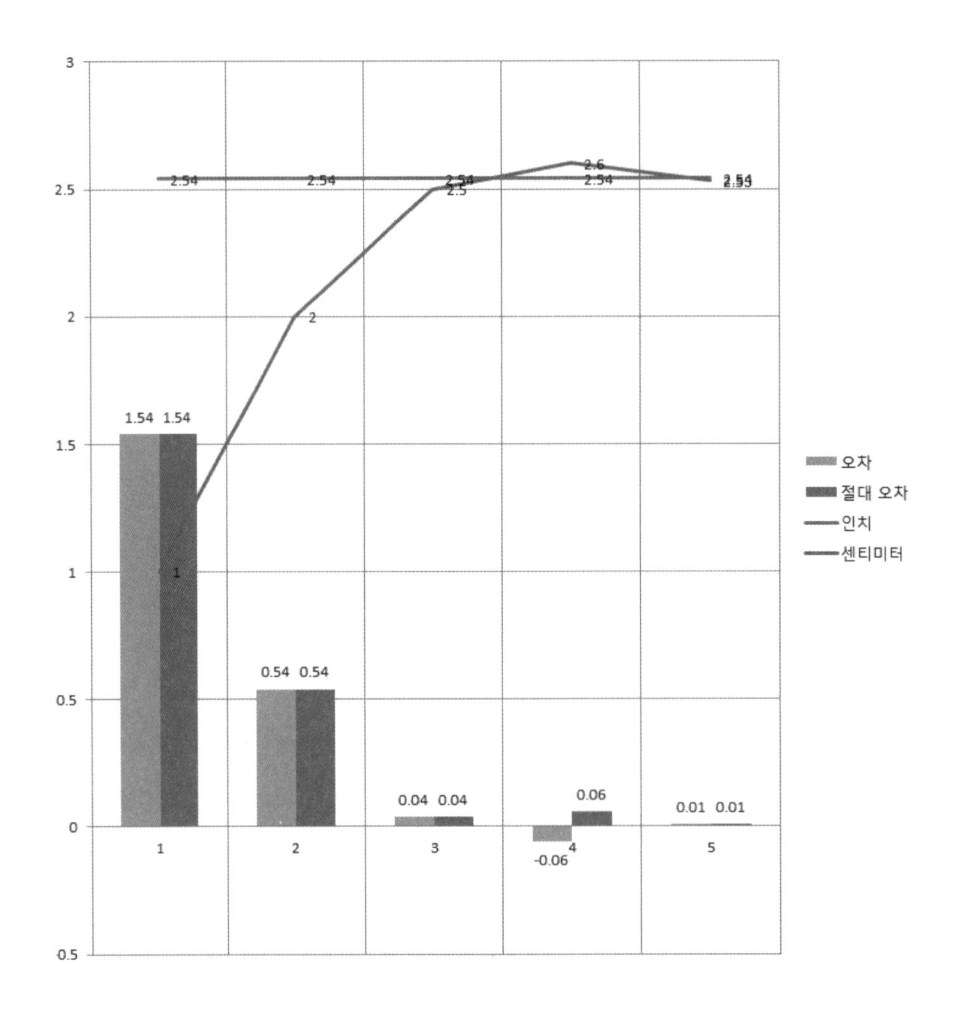

결국 이러한 계산 경험을 통해 w 값을 조금씩 조정해나가는 방법으로 계산 결과 값이 실제 값에 접근하면 오차가 작아지고, 상수 w 값의 변화를 너무 크게 가져가면 안 되며, 이런 방식으로 오버슈팅 문제를 방지할 수 있게 된다.

여기서 우리는 상수 w 값으로 임의의 값을 넣어보고 오차를 구함으로써 이를 개선해 나가는 방식으로 시행착오를 거치는 접근 방법을 이용하며, 이러한 과정을 여러 번 반복(iteration)해서 결과 값을 조금씩 개선해나간다는 의미이다.

2.2 분류기

앞의 절에서 단순하게 입력 값에 대하여 출력 값이 어떻게 나올지를 예측했으며, 이를 예측기(predictor)라고 한다. 예측 값과 실제 값을 비교해 오차를 계산했으며, 이 오차를 기준으로 상수 c 값을 미세하게 상향 및 하향 조정함으로써 예측의 정확도를 높였다.

입력 값으로 길이 인치가 주어졌을 때 길이 센티미터를 계산해내는 예측기의 핵심은 선형함수이며, 선형함수는 입력 값을 받아 출력 값을 출력했을 때 그 형태가 직선으로 나타난다. 선형함수에서 매개변수 값인 w 값을 조정함으로써 직선의 기울기(slope)를 변화시킬 수 있다. 선형함수를 통한 예측에서 조금 더 발전시켜 직선의 기울기 변화를 이용하여 서로 다른 그룹으로 분류(classify)할 수 있으며, 이를 분류기(classifier)라고 한다.

임의의 2개의 그룹을 분리하는 문제를 해결하기 위하여 선형 분류기를 학습시켜 직선의 기울기를 어떻게 결정하는 가의 단순한 문제로 귀결시킬 수 있다. 일단 임의의 분할선으로 직선의 선형함수를 이용한다.

$$y = w \cdot x$$

일반적으로 직선의 방정식은 $y = w \cdot x + b$로 표현되지만, 단순하게 사용하기 위해 b를 생략한다. 즉, $b = 0$이므로 이 직선은 원점을 지나고 매개변수 w에 의해서 직선의 기울기가 결정되며, w가 크면 클수록 기울기도 커진다.

만약 이 직선이 임의의 두 그룹을 전혀 분류하지 못한다면 직관적으로 직선의 기울기의 수정이 조금 더 필요하며, 알고리즘에 의하여 직선의 기울기를 반복적으로 조금씩 수정해야 한다.

$$오차 = 목표\ 값 - 실제\ 출력\ 값$$

우리는 오차 e를 이용해 매개변수 w에 필요한 변화를 알기 원한다. 따라서 e와 w 간의 관계를 파악하면 하나의 값의 변화가 다른 값에 어떻게 영향을 미치는지를 이해할 수 있다.

$$y = w \cdot x$$

w의 초기 값을 임의로 정해주면 우리는 잘못된 y 값을 얻게 된다. 목표 값을 t라고 표기하면, t를 얻기 위해 우리는 w를 조금씩 수정해(수학에서는 '작은 변화'를 나타낼 때 Δ(델타) 기호를 사용)나가야 한다.

$$t = (w + \Delta w) \cdot x$$

기울기 w에서 새로운 기울기는 $(w + \Delta w)$임을 확인할 수 있다. 오차 e는 목표 값과 실제 출력 값 간의 차이라는 점을 기억하여야 하며, $e = t - y$이다.

$$\begin{aligned} e &= t - y \\ &= (w + \Delta w) \cdot x - w \cdot x \\ &= w \cdot x + \Delta w \cdot x - w \cdot x \\ &= \Delta w \cdot x \end{aligned}$$

여기서, 우리는 오차 e와 Δw가 단순한 관계에 있음을 확인할 수 있다. 임의의 두 그룹의 분류는 직선의 기울기 w를 개선하는 것이며, 직선의 기울기는 오차 e 값의 정보를 기반으로 점진적으로 조정이 가능하다. 이를 위해 앞의 방정식을 다음과 같이 Δw에 관해서 다시 작성하면 다음 식과 같이 나타낼 수 있다.

$$\Delta w = \frac{e}{x}$$

이 식을 통해 e 값에 기초해 기울기 w를 Δw씩 업데이트하면서 최적의 기울기 w를 찾아나가는 것이다. 최적의 기울기 w를 찾는 방법으로 머신러닝에서 매우 중요한 개념인 업데이트 정도를 조금씩 조정(moderate)하는 것이다. 각각의 새로운 w로 바로 점프하는 것이 아니라 Δw로 일부씩만 업데이트하는 것이다. 즉, 기존 여러 번의 학습에 기초해 업데이트된 값을 유지하면서, 학습 데이터가 제시하는 방향으로 조금씩 움직이는 것이다. 이처럼 업데이트 정도를 조정해나가는 방법은 뜻하지 않게 약간의 부작용도 수반한다. 실제 학습 데이터 자체에 문제가 있는 경우가 많으며, 학습 데이터 자체가 오차 또는 잡음을 포함하므로 완벽하게 정확하지 않으며 신뢰할 수 없는 경우도 많다. 이를 해결하는 방법으로 업데이트의 정도를 조정해나가는 방법은 이러한 학습 데이터의 오차나 잡음의 영향을 약화시켜준다. 이 방법에 따라 우리의 방정식을 업데이트하면 다음과 같이 구성할 수 있다.

$$\Delta w = \eta \cdot \frac{e}{x}$$

머신러닝에서는 이 조정 인자 η를 학습률(learning rate)이라고 한다.

지금까지 입력을 받아 연산을 하고 답을 출력해주는 단순한 예측기와 분류기를 간략하게 살펴봤지만, 이러한 단순한 예측기와 분류기는 어려운 문제를 해결하기에는 매우 부족하며, 이를 선형 분류자의 한계라고 한다.

3. 전달 함수와 가중치

3.1 전달 함수

생물학적 뇌의 기본 단위는 뉴런(neuron)으로 정의되며, 뉴런은 입력을 받았을 때 곧바로 반응하지 않는다. 대신에 입력이 어떤 수준에 도달하는 경우에만 출력을 하게 된다. 즉, 입력 값이 어떤 임계점(threshold)에 도달해야 출력이 발생한다. 이처럼 입력 신호를 받아 특정 임계점을 넘어서는 경우에 출력 신호를 생성해주는 함수를 활성화 함수(activation function)라고 한다.

수학적으로 다양한 활성화 함수가 존재하며, 활성화 함수 중 가장 단순한 형태로 계단 모양의 계단 함수(step function)와 S자 모양의 시그모이드 함수(sigmoid function)가 있다. 시그모이드 함수는 이진적인 계단 함수보다 부드러운 형태를 가지며, 이는 보다 자연스러운 실제에 가깝다. 시그모이드 함수는 로지스틱 함수(logistic function)라고 부르며, 수식으로는 다음과 같이 표현된다. 수식에서 e라는 기호는 2.71828 …이라는 값의 상수이며 초월 함수이다.

$$y = \frac{x}{1+e^{-x}}$$

시그모이드 함수를 활성화 함수로 사용하는 또 다른 이유는 바로 시그모이드 함수가 다른 함수들보다 계산이 매우 편리하기 때문이다.

이제 인공 뉴런을 어떻게 모델화할 것인지가 매우 중요하며, 인지해야 할 점은 실제 생물학적 뉴런은 한 개의 입력이 아니라, 여러 개의 입력을 받는다는 점이다. 뉴런은 여러 개의 입력을 받아 각각의 입력을 더한 후에 이 합을 전달 함수의 입력 값으로 전달하게 되며, 전달 함수는 이 입력 값을 이용해 출력 값을 생성하게 된다. 이러한 과정을 다음 그림으로 표현할 수 있다.

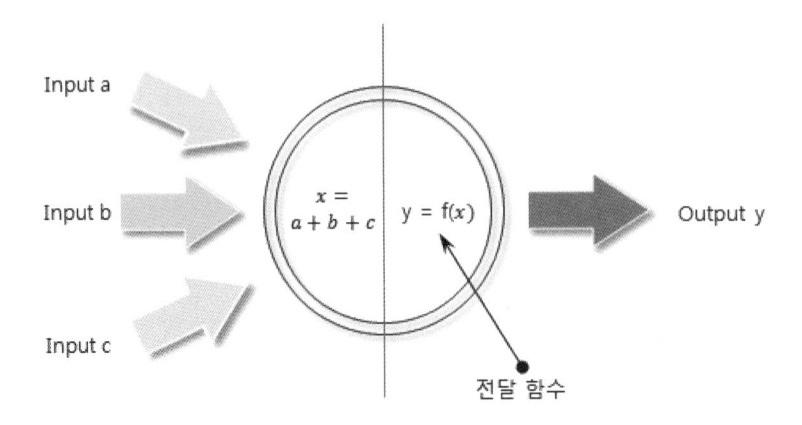

생물학적 뉴런을 인공적으로 모델화하면 뉴런들을 여러 계층(layer)에 걸쳐 위치시키고, 각각의 뉴런은 직전 계층과 직후 계층에 있는 모든 뉴런들과 상호 연결되어 있는 식으로 표현하면 되며, 이를 그림으로 표현하면 다음과 같다.

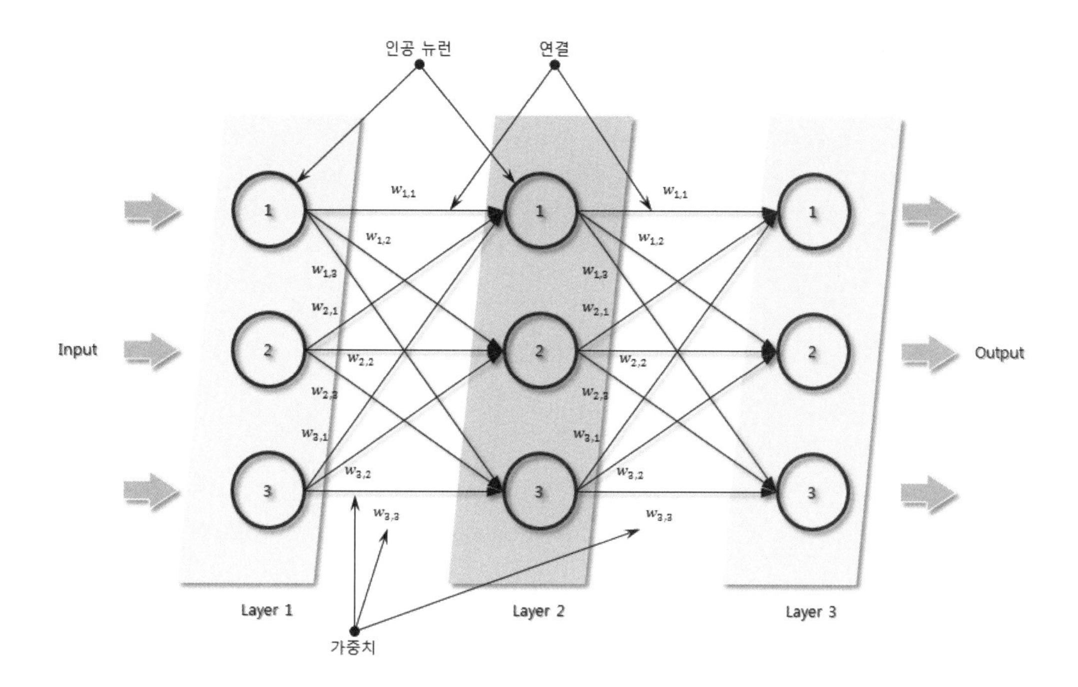

위의 그림에는 3개의 계층이 있으며, 각각의 계층에는 뉴런이 3개씩 존재함을 확인할 수 있다. 이 각각의 인공 뉴런을 노드(node)라고 부르며, 각 노드는 직전 계층과 직후 계층에 존재하는 다른 모든 노드들과 연결되어 있다.

이러한 구조에서 학습 데이터를 통해 어떠한 방법으로 학습을 진행하며, 어떤 매개변수를 어떻게 조정할 것인가가 중요한 문제이다. 우선 분명한 것 한 가지는 노드 간 연결의 강도를 조정해나가야 한다는 점이다. 하나의 노드 내에서 입력 값들의 합을 조정하거나 시그모이드 함수의 형태를 조정할 수 있지만, 이는 단순히 노드 간 연결의 강도를 조정하는 것보다 훨씬 복잡한 작업이다. 연결된 노드들의 표현에서 각각의 연결에 적용할 가중치(weight)를 함께 표현하며, 낮은 가중치는 신호를 약화시키며 높은 가중치는 신호를 강화하는 역할을 수행하게 된다.

3.2 가중치

신경망의 가중치 계산 과정을 단순화하기 위해 단지 2개 뉴런으로 구성된 신경망을 살펴보며, 단계별로 과정을 설명하고자 한다. 이를 그림으로 표현하면 다음과 같다.

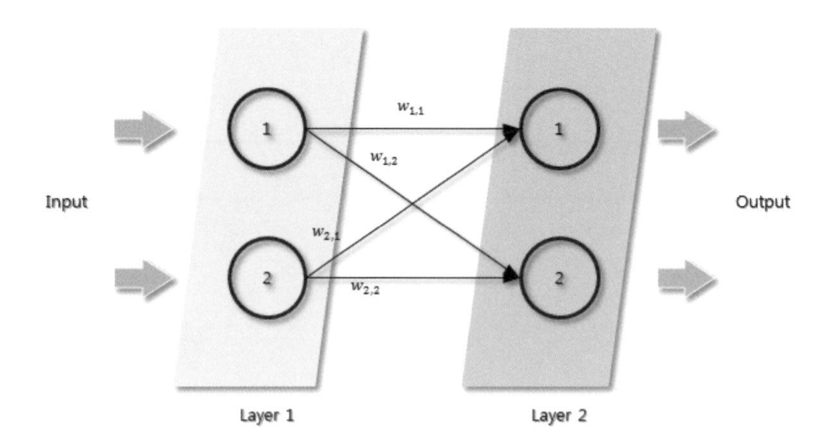

앞에서 언급한 것처럼 각 노드는 각 입력 값의 합을 구한 후 활성화 함수를 통해 이를 출력한다. 활성화 함수는 앞서 언급한 시그모이드 함수를 사용하며, 시그모이드 함수에서 x는 입력 값의 합을, y는 출력 값을 의미한다. 인공신경망에서는 가중치의 초기화를 일단 임의의 값으로 초기화하는 것이 일반적이다.

이제 신경망의 계산을 시작해보자.

첫 번째 계층은 입력 계층이므로 입력 신호 값을 표현하는 것 외에는 어떤 작업도 필요하지 않다.

다음으로 계층 2에서는 계산을 수행할 것이다. 계층 2에 존재하는 각각의 노드로 들어오는 입력 값들의 합에 대해 작업을 해야 한다. 시그모이드 함수에서 바로 x가 해당 노드로 들어온 입력 값들에 가중치를 곱한 값들의 합이며, 입력된 신호를 조정하기 위해 가중치가 추가된다.

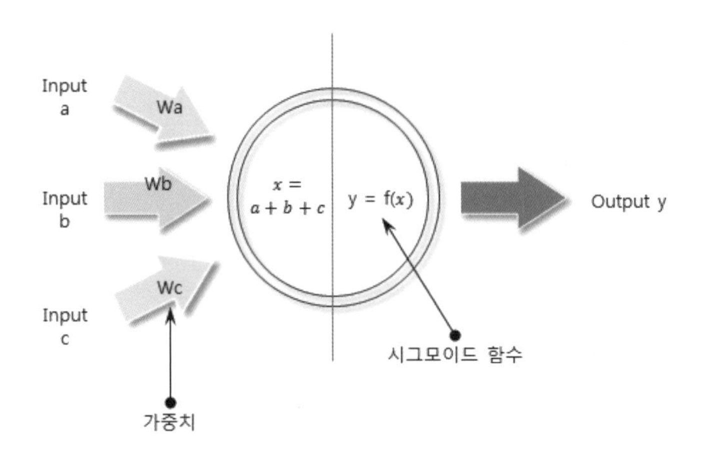

먼저 계층 2의 노드 1을 살펴보면, 입력 계층의 2개 노드가 모두 연결되어 있다. 따라서 입력 값들에 대해 가중치를 곱하고 합계를 낸 값은 다음과 같이 계산된다.

$$x = (\text{노드 1의 출력 값} * \text{가중치}) + (\text{노드 2의 출력 값} * \text{가중치})$$

이를 '입력의 합'이라고 하며, 이렇게 입력의 합을 구하는 것을 조합(combine)한다고 표현한다. 입력 값에 의한 단순한 결과를 신호를 조정하는 가중치에 의해서 학습이 진행되며, 신경망에서 학습을 하는 대상은 가중치이다. 즉, 좀 더 나은 결과를 얻기 위해 가중치의 값을 반복적으로 업데이트해나가는 것이 바로 신경망의 학습이다.

이러한 절차로 계층 2의 노드 1로 들어오는 입력의 합을 계산하며, 시그모이드 활성화 함수에 이 입력 값을 넣어줌으로써 최종적으로 이 노드의 출력 값을 계산한다. 또한 계층 2의 노드 2 또한 동일한 절차로 계산한다.

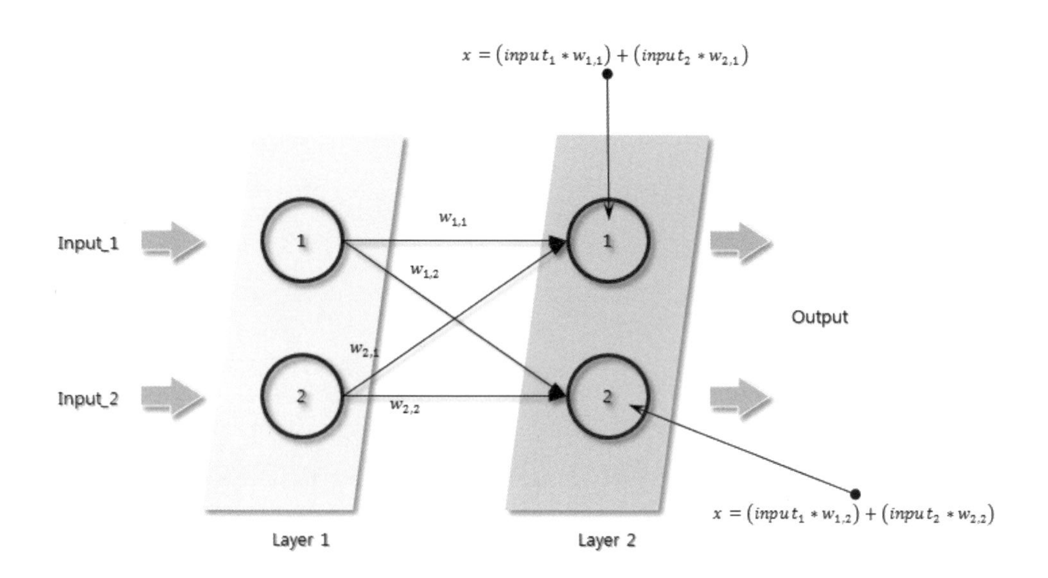

4. 신경망의 구조

인공신경망의 구조가 3 계층이며 각각 3개의 노드들을 가지는 신경망이라 가정하자. 계층 1은 입력 계층(input layer)이라 하며, 계층 2는 은닉 계층(hidden layer) 그리고 계층

3을 출력 계층(output layer)이라고 하며, 다음 그림과 같이 나타낸다.

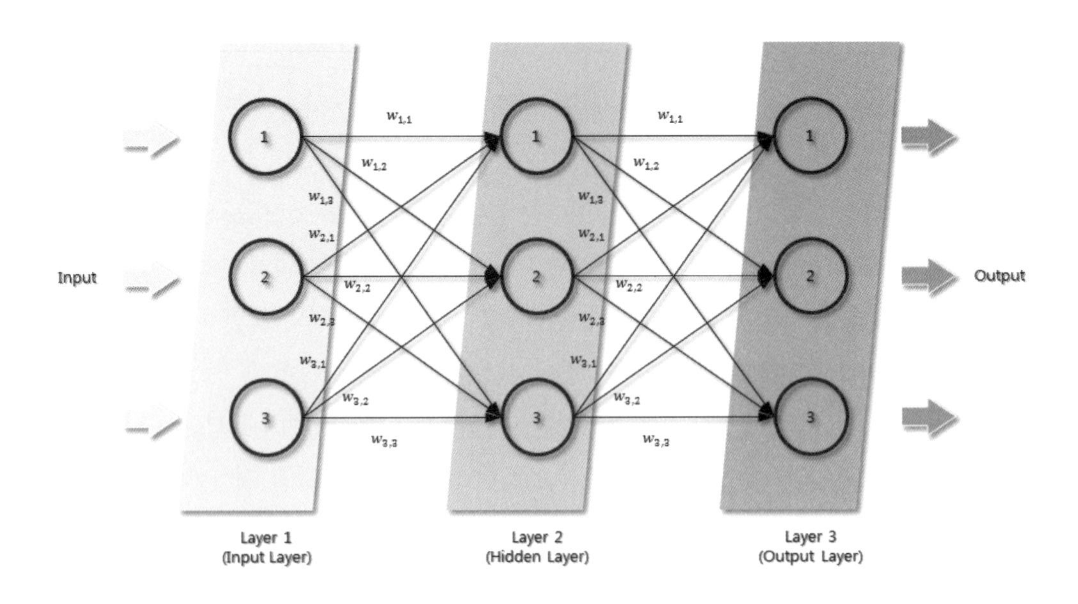

입력 계층은 입력 값이 3개가 존재하며 입력 행렬 I는 다음과 같이 표현할 수 있다.

$$I=\begin{pmatrix} x_1 \\ x_2 \\ x_3 \end{pmatrix}$$

은닉 계층의 각 노드들은 입력 계층의 모든 노드들과 연결되어 있으므로 각 입력 신호로부터 영향을 받게 되며, 이를 쉽게 행렬로 표현할 수 있다. 은닉 계층으로 들어오는 입력 값은 $X = W \cdot I$이고, 여기에서 I는 입력 신호의 행렬이며, W는 가중치의 행렬이다. 가중치 행렬에서 W_{input_hidden}이라고 표현한 이유는 이 행렬이 입력 계층과 은닉 계층 간의 가중치의 행렬을 의미하기 때문이다. 이와 동일하게, 은닉 계층과 출력 계층 간의 가중치의 행렬은 W_{hidden_output}이라고 표현한다.

이제 은닉 계층의 입력 값을 구해보자. 은닉 계층의 입력 값은 X_{hidden}이라고 부르며,

$$X_{hidden} = W_{input\_hidden} \cdot I$$

다음 과정을 진행해보면, 신호를 보다 자연스럽게 전달하기 위해 시그모이드 활성화 함수를 적용했으며, 은닉 계층의 각각의 노드에 이를 적용한다. 더불어, 시그모이드 활성화 함수는 항상 0과 1 사이의 값을 출력한다.

$$O_{hidden} = sigmoid(X_{hidden})$$

지금까지 입력 계층의 입력 값과 가중치를 행렬곱 연산을 수행해 은닉 계층의 입력 값을 계산했으며, 이 값에 활성화 함수를 적용함으로써 최종적으로 은닉 계층의 출력 값을 계산한다. 계층 2의 출력 값을 구했으며, 3 계층 신경망에서는 계층 2의 출력 값과 가중치를 행렬곱하고 여기에 활성화 함수를 적용하면 된다. 계층이 계속적으로 추가되더라도 동일한 방법으로 계속 적용하게 된다.

이제 최종 계층의 입력 값으로 사용될 X를 계산해보자. 앞에서와 같이 $X = W \cdot I$로 표현되며 출력 계층의 입력 값 X는 은닉 계층의 출력 값인 O_{hidden}과 이에 대한 가중치인 W_{hidden_output}의 행렬곱 연산의 출력 값이 될 것이다.

$$X_{output} = W_{hidden\_output} \cdot O_{hidden}$$

신경망의 구조는 초기 입력 신호를 가중치와 조합하여 마지막 계층 방향으로, 즉 Input Layer → Hidden Layer → output Layer 방향으로 전달하는 모양을 갖게 되며, 이러한 방식을 순방향 전파법(forward propagation)이라고 한다.

5. 가중치의 학습과 오차역전파법

선형함수의 매개변수인 기울기 값을 조정함으로써 선형 분류기를 업데이트했으며, 그때 오차라는 개념을 사용했다. 오차(error)는 예측 값과 실제 값(목표 값)과의 차이를 의미하는데, 이 오차를 기반으로 선형 분류기를 정밀화해나간다. 그렇다면 여러 개의 노드가 결과 값과 오차에 영향을 주는 경우에는 가중치를 어떻게 업데이트해야 하는지를 다음 그림과 같이 표현할 수 있다.

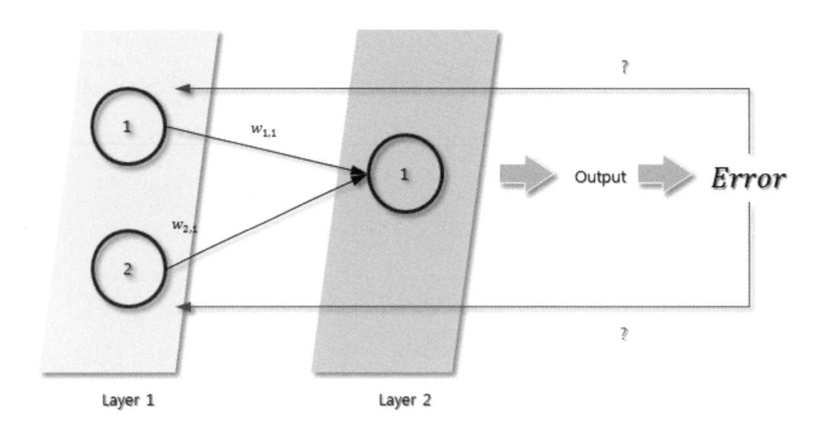

출력 노드에 영향을 주는 이전의 노드가 여러 개인 경우, 오차를 하나의 가중치 업데이트만을 사용하는 것은 불합리적이며, 오차가 발생하는 데 영향을 미친 다른 연결된 노드들을 무시할 수 없기 때문이다. 오차를 모든 연결된 노드에 대해 균일하게 나누어 분배하는 것보다는 오차를 차별화하여 나누어 분배하는 것으로, 더 큰 가중치를 갖는 연결에 더 큰 오차를 분배하는 것이다. 더 큰 가중치를 갖는다는 것은 그만큼 오차의 생성에 더 큰 영향을 미쳤다는 의미이다.

신경망에서는 가중치를 두 가지 방법으로 활용한다. 첫 번째는 입력 신호를 하나의 계층에서 다음 계층으로 전파하는 데에 가중치를 이용하며, 두 번째는 오차를 하나의 계층에서 직전 계층으로, 즉 역으로 전파하는 데도 가중치를 이용하며, 이 방법을 역전파(back propagation)라고 부른다.

단순하게 2개의 출력 노드를 갖는 신경망으로 설명하며, 2개의 출력 노드 모두 오차를 가질 수 있다. 특히 신경망을 학습시키지 않은 경우에는 거의 무조건 오차를 가지게 된다. 그러므로 2개의 오차 모두 가중치를 어떻게 업데이트해야 할지에 대한 정보를 주어야 한다. 우리는 앞에서 출력 노드의 오차를 앞 계층의 각 가중치에 비례해 나누어 할당하는 방법을 활용한다.

출력 노드가 여러 개라고 해서 특별하게 변동되는 것은 없으며, 그저 첫 번째 출력 노드에서 했던 작업을 두 번째 출력 노드에서 동일한 절차로 반복하면 된다. 앞의 그림과 같이 첫 번째 출력 노드의 오차를 e_1이라고 표기하며, 이 오차는 학습 데이터 t_1에 의해 제공된 실제 값과 우리가 계산한 출력 값 o_1 사이의 차이를 의미한다. 다시 말하면 $e_1 = t_1 - o_1$이다. 그리고 두 번째 출력노드에서의 오차 e_2라고 표기했다.

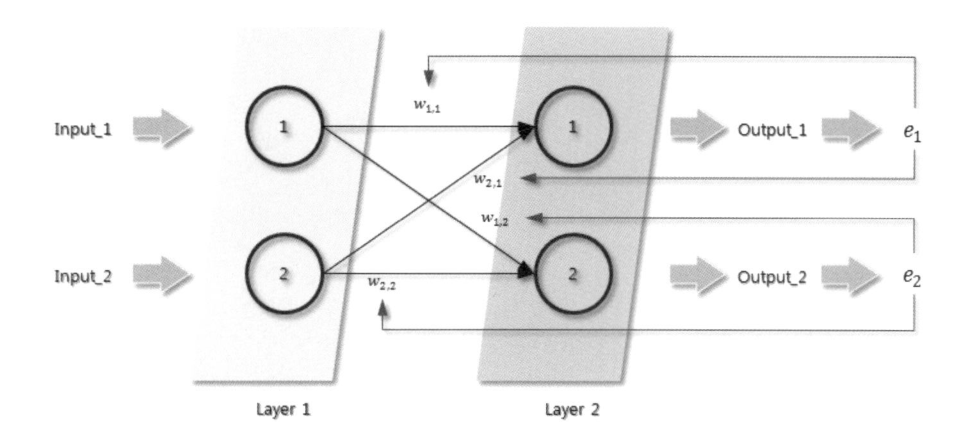

그림을 참조하면 e_1은 $w_{1,1}$과 $w_{2,1}$의 가중치의 값에 비례해 나뉘어 연결된 노드로 전달된다. 이와 유사하게 e_2는 $w_{1,2}$와 $w_{2,2}$의 가중치 값에 비례하여 나뉘게 된다. 이것을 수식으로 표현해보면, 오차 e_1은 $w_{1,1}$과 $w_{2,1}$의 업데이트에 영향을 주게 되므로 $w_{1,1}$을 업데이트하기 위해 사용되는 e_1의 일부는 다음과 같이 표현이 가능하게 된다.

$$\frac{w_{1,1}}{w_{1,1}+w_{2,1}}$$

그리고 $w_{2,1}$을 업데이트하기 위해 사용되는 e_1의 일부는 다음과 같이 표현된다.

$$\frac{w_{2,1}}{w_{1,1}+w_{2,1}}$$

이러한 수식의 의미는 오차 e_1은 나뉘어 전달될 때, 작은 가중치를 가지는 연결 노드보다 큰 가중치를 가지는 연결 노드에 더 많이 전달된다.

한 단계 더 나아가서 다중 계층의 오차 역전파를 간단한 3 계층의 신경망으로 구성한다면, 오른쪽 끝의 최종 출력 계층부터 시작한다. 출력 계층의 오차를 이용해 출력 계층의 연결된 노드들의 가중치를 업데이트하며, 이를 조금 더 일반화해보면 출력 계층의 오차는 e_{output}으로, 여기에서의 가중치는 w_{ho}로 표현할 수 있으며, e_{output}은 가중치의 비율에 따라 나뉘어 전달하게 된다.

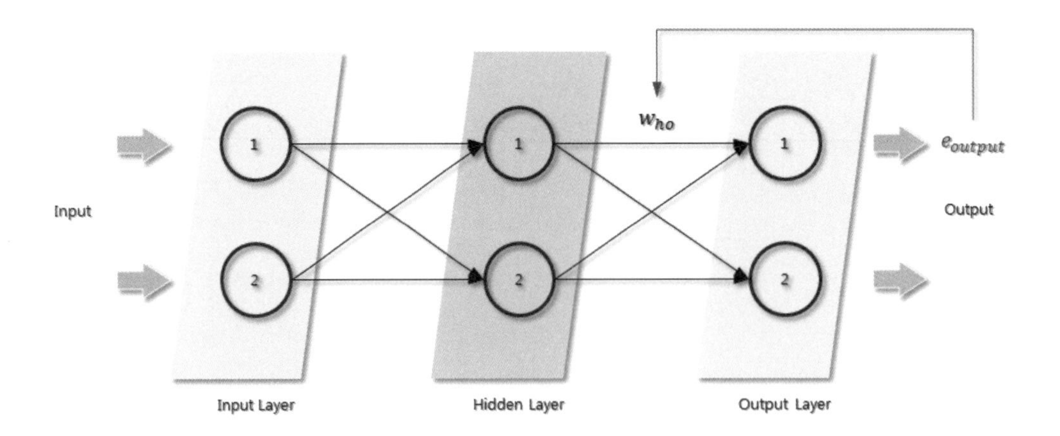

이러한 상황을 다음의 계층에 대해서도 동일한 절차로 진행되며, 즉 은닉 계층의 노드의 출력 값과 관련된 오차를 e_{hidden}이라고 하고, 이 오차를 입력 계층과 은닉 계층을 연결하는 가중치 w_{ih}에 대해 그 비율에 맞게 나누어주면 된다. 만약 계층이 더 많이 있다면 이처럼 최종 출력 계층으로부터 역방향으로 동일한 과정을 반복하면 될 것이며, 이처럼 오차 관련 정보가 뒤쪽으로 계속해서 전파되므로 역전파라고 한다.

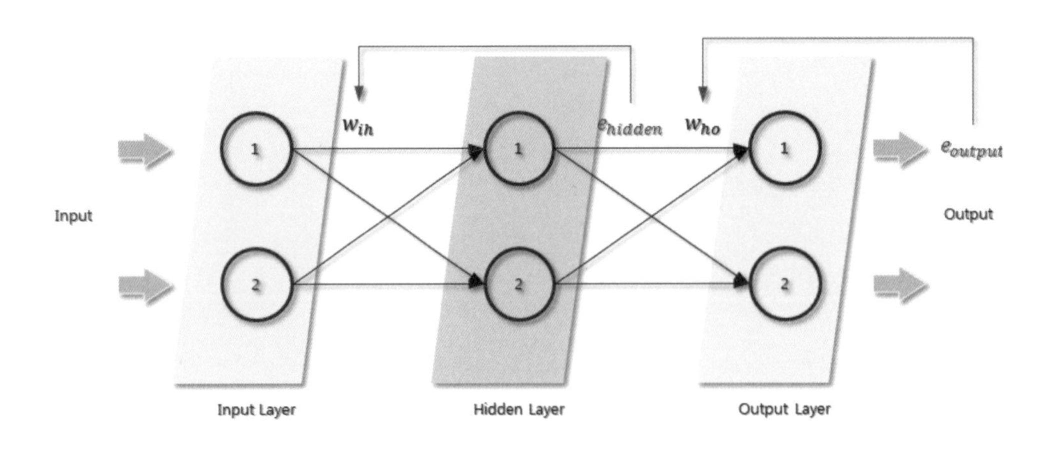

출력 계층의 경우에는 출력 계층의 노드의 결과 값의 오차인 e_{output}을 사용했지만, 계층 간에 위치한 은닉 계층의 노드에서 e_{hidden}은 사실 정확한 오차를 가지고 있지 않다. 은닉 계층의 각각의 노드는 직전 계층으로부터 입력을 받아 적절한 출력 값을 다음 계층으로 전달한다. 이때 이 출력 값이라 직전 계층의 입력 값에 가중치를 적용한 다음 이를 모두 더한 값에 활성화 함수를 적용한 값이며, 또한 은닉 노드는 목표로 하는 출력 값이 존재하지 않는다. 오직 마지막 출력 계층의 노드만이 학습 데이터로부터 얻는 실제 값, 즉 목표로 하는 출력 값을 가지고 있다.

앞의 그림을 참고하여 은닉 계층의 첫 번째 노드는 2개의 연결 노드를 가지는데 이들은 출력 계층의 2개의 노드와 각각 연결된다. 그리고 출력 계층의 노드에서의 오차를 이 연결 노드에 나누어 할당한다는 점을 알고 있다. 결국 중간이 은닉 계층의 노드로부터 오는 2개의 연결 노드 각각에 대해 어떤 오차가 존재한다는 것이며, 이러한 2개의 연결 노드의 오차를 재조합함으로써 은닉 계층의 노드의 에러로 사용하게 된다. 즉, 중간 계층의 노드들은 목표로 하는 출력 값을 가지지 않기 때문에 이처럼 차선책을 사용하게 되며, 다음의 그림과 같이 표현된다.

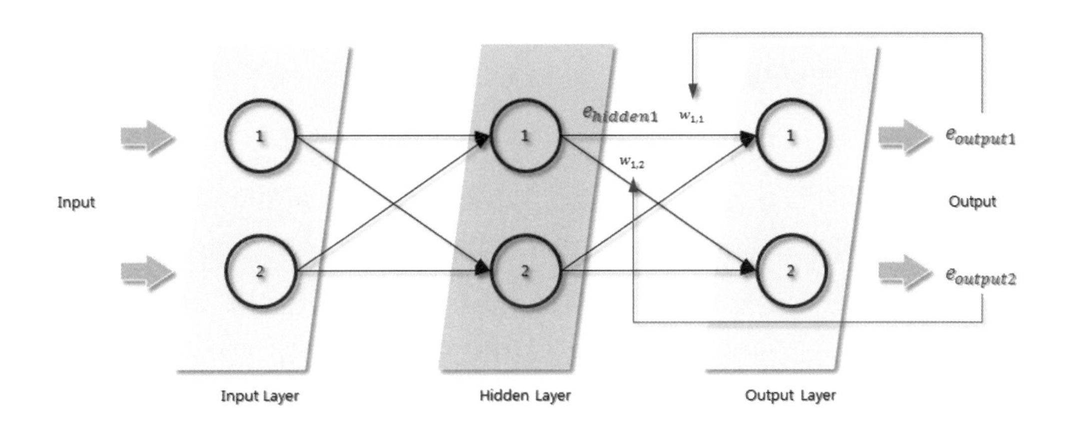

여기서 필요한 것은 은닉 계층의 노드들에 대한 오차이며, 이 오차를 이용해 직전 계층과 연결 노드에 존재하는 가중치를 업데이트하는 것이다. 은닉 계층의 노드의 오차를 e_{hidden}이라 하며, 아직까지 실제 이 오차의 값에 대한 답을 가지고 있지 않다. 그 이유는 학습 데이터로부터 얻을 수 있는 목표 값은 오직 최종 출력 계층의 노드에 의한 것이며, 은닉 계층에서의 오차를 목표 값과 실제 값 간의 차이라고 정의할 수 없다.

학습 데이터들은 최종 노드의 결과 값이 가져야 할 목표 값에 대해서만 정해주며, 그 외의 노드들의 출력 값에 대해서는 어떠한 정보를 제공해주지 않는다. 앞에서 언급된 오차의 역전파를 이용해 연결 노드에 대해 나누어진 오차를 재조합하게 된다. 따라서 은닉 계층의 첫 번째 노드의 오차는 이 은닉 계층에서 다음 계층으로 연결되는 모든 연결 노드에 있는 나뉜 오차들의 합이 된다. 앞의 그림에서 $e_{output,1}$은 $w_{1,1}$과 연결되어 있으며,

$e_{output,2}$는 $w_{1,2}$와 연결되어 있다. 이러한 상황을 수식으로 표현하면 다음과 같다.

$$e_{hidden,1} = \text{연결 노드 } w_{1,1}, w_{1,2}\text{로 나누어 전달되는 오차의 합}$$
$$= e_{output,1} * \frac{w_{1,1}}{w_{1,1} + w_{2,1}} + e_{output,2} * \frac{w_{1,2}}{w_{1,2} + w_{2,2}}$$

위와 동일한 절차로 입력 계층의 첫 번째 노드의 오차는 $e_{hidden,1}$은 $w_{1,1}$과 연결되어 있으며, $e_{hidden,2}$는 $w_{1,2}$와 연결되어 있으며, 이를 수식으로 표현하면 다음과 같다.

$$e_{input,1} = \text{연결 노드 } w_{1,1}, w_{1,2}\text{로 나누어 전달되는 오차의 합}$$
$$= e_{hidden,1} * \frac{w_{1,1}}{w_{1,1} + w_{2,1}} + e_{hidden,2} * \frac{w_{1,2}}{w_{1,2} + w_{2,2}}$$

간략하게 정리하면 신경망에서 학습이란 연결 노드의 가중치를 업데이트하는 과정을 의미하며, 가중치의 업데이트는 오차에 의해 주도되는데, 오차는 학습 데이터로부터 주어진 목표 값과 출력 값 간의 차이를 의미한다. 출력 노드의 오차는 실제 목표 값과 출력 값 사이의 차이를 의미하며, 중간 계층에 존재하는 노드들의 오차는 명확하지 않기 때문에 출력 계층의 노드들의 오차를 이와 연결된 가중치의 크기에 비례해서 나누어 역전파하고 이를 재조합하는 방법을 사용한다.

6. 신경망의 기초 프로그래밍

6.1 신경망의 기본 프레임 만들기

신경망 구축 과정을 단계별로 나눠 파이썬 코드를 조금씩 추가하여 작성하도록 한다. 신경망은 최소한 다음의 세 가지 기능을 가져야 한다.

- 초기화: 입력, 은닉, 출력 노드의 수 설정
- 학습: 학습 데이터들을 통하여 학습하고 이에 따른 가중치를 업데이트

- 학습된 출력: 입력을 받아 연산한 후 출력 노드에서 답을 전달

실제적으로 더 많은 기능들이 필요하지만 우선 단순하게 코드를 작성한다. 작성하고자 하는 신경망 클래스는 다음과 같은 형태를 가지게 될 것이며, 추가적으로 코드를 붙여나가면서 완성될 것이다.

```
class neuralNetwork:

        def __init__():
                pass

        def train():
                pass

        def trained_output():
                pass
```

```
IDLE Shell 3.9.1
File  Edit  Shell  Debug  Options  Window  Help
Python 3.9.1 (tags/v3.9.1:1e5d33e, Dec  7 2020, 17:08:21) [MSC v.1927 64 bit (AM
D64)] on win32
Type "help", "copyright", "credits" or "license()" for more information.
>>> class neuralNetwork:
        def __init__():
                pass
        def train():
                pass
        def trained_output():
                pass


>>> |
                                                                  Ln: 12  Col: 4
```

6.2 신경망의 초기화

신경망의 초기화 과정은 입력 계층의 노드, 은닉 계층의 노드 그리고 출력 계층의 노드 수를 설정하며, 이 과정을 통해서 신경망의 형태와 크기를 정의한다. 신경망의 형태

와 크기를 신경망 내에 직접 정의하기보다는 신경망의 객체가 생성될 때 매개변수를 이용하여 정의한다. 이러한 코딩 기법은 다른 형태와 크기를 갖는 새로운 신경망을 간단한 수정으로 손쉽게 생성 가능하게 한다.

초기화에서 중요한 것은 학습률(learning rate)이며, 학습률은 새로운 신경망을 만들 때 매우 중요한 매개변수이다. 이러한 원칙에 의하여 __init()__ 함수를 다음과 같이 작성한다.

```
class neuralNetwork:

        def __init__(self, inputnodes, hidden_nodes, outputnodes, learningrate):

                self.inodes = inputnodes
                self.hnodes = hiddennodes
                self.onodes = outputnodes

                self.lr = learningrate

                pass

        def train():
                pass

        def trained_output():
                pass
```

```
IDLE Shell 3.9.1
File  Edit  Shell  Debug  Options  Window  Help
Python 3.9.1 (tags/v3.9.1:1e5d33e, Dec  7 2020, 17:08:21) [MSC v.1927 64 bit (AM
D64)] on win32
Type "help", "copyright", "credits" or "license()" for more information.
>>> class neuralNetwork:
        def __init__(self, inputnodes, hiddennodes, outputnodes, learningrate):
                self.inodes = inputnodes
                self.hnodes = hiddennodes
                self.onodes = outputnodes
                self.lr = learningrate
                pass
        def train():
                pass
        def trained_output():
                pass


>>>
                                                                Ln: 16  Col: 4
```

앞의 코드를 이용하여 이전에 작성했던 신경망의 클래스 정의 부분에 추가한다. 그리고 다음의 코드와 같이 각각의 계층에 3개의 노드를 가지며, 학습률 0.3의 신경망 객체를 하나 생성한다.

```
inputnodes = 3
hiddennodes = 3
outputnodes = 3
learningrate = 0.3

n = neuralNetwork(inputnodes, hiddennodes, outputnodes, learningrate)
```

```
IDLE Shell 3.9.1
File Edit Shell Debug Options Window Help
>>> inputnodes = 3
>>> hiddennodes = 3
>>> outputnodes = 3
>>> learningrate = 0.3
>>> n = neuralNetwork(inputnodes, hiddennodes, outputnodes, learningrate)
>>>
Ln: 21 Col: 4
```

6.3 신경망의 가중치

다음으로 노드들과의 연결 노드를 생성하는 코드를 작성하며, 신경망에서 가장 중요한 부분이 바로 연결 노드들 간의 가중치이다. 가중치는 전파 시 전달되는 신호와 역전파(backpropagation) 시 오차를 계산하는 데 사용되며, 이를 통해 신경망의 학습을 개선하는 역할을 수행한다.

신경망의 가중치는 행렬로 간결하게 표현될 수 있으며, 다음과 같이 만들 수 있다.

- (은닉 노드×입력 노드)의 크기를 가지는 입력 계층과 은닉 계층 사이의 가중치의 행렬 W_{input_hidden}

- (출력 노드×은닉 노드)의 크기를 가지는 은닉 계층과 출력 계층 사이의 가중치의 행렬 W_{hidden_output}

가중치는 임의의 작은 값으로 초기화를 수행하며, numpy 함수의 0과 1 사이에서 임의로 선택한 값을 원소로 가지는 행렬을 생성한다. numpy의 확장 모듈을 이용하기 위해서는 해당 라이브러리를 import numpy 명령으로 불러들인다.

numpy.random.rand(3,3) 명령은 3×3 행렬의 각각의 원소의 값은 0과 1 사이의 임의의 값이라는 것을 확인할 수 있으며, 가중치가 양수가 아니라 음수일 수 있다는 사실을 무시했기 때문에 각 원소의 값에서 0.5를 빼줌으로써 음수를 포함하게 코드를 개선한다.

```
import numpy
numpy.random.rand(3,3)
numpy.random.rand(3,3) - 0.5
```

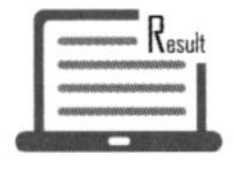


```
IDLE Shell 3.9.1
File Edit Shell Debug Options Window Help
Python 3.9.1 (tags/v3.9.1:1e5d33e, Dec  7 2020, 17:08:21) [MSC v.1927 64 bit (AM
D64)] on win32
Type "help", "copyright", "credits" or "license()" for more information.
>>> import numpy
>>> numpy.random.rand(3,3)
array([[0.13413889, 0.57065007, 0.26375889],
       [0.69059169, 0.14731383, 0.72628469],
       [0.4132816 , 0.93932509, 0.78292761]])
>>> numpy.random.rand(3,3) - 0.5
array([[-0.32549998,  0.27720493,  0.49597692],
       [-0.31038218, -0.47748845, -0.49751206],
       [-0.24111926, -0.48350272,  0.02908484]])
>>> |
Ln: 12  Col: 4
```

다음의 코드는 self.inodes, self.hnodes, self.onodes를 이용해 2개의 가중치 행렬을 생성한다. 여기서 가중치를 보다 정교하게 초기화를 수행하기 위하여 가중치를 0을 중심으로 $1/\sqrt{\text{들어오는 연결노드의 수}}$의 표준편차를 가지는 정규분포에 따라 구한다. numpy.

random.normal() 함수를 활용하여 매개변수는 정규분포의 중심, 표준편차, 행렬이며, 이를 이용해 가중치의 초기화 코드를 수정하면 다음의 코드와 같다.

```
self.wih = (numpy.random.normal(0.0, pow(self.hnodes, - 0.5), (self.hnodes, self.inodes))
self.who = (numpy.random.normal(0.0, pow(self.onodes, - 0.5), (self.onodes, self.hnodes))
```

6.4 신경망의 학습된 출력

trained_output() 함수는 신경망으로 들어오는 입력을 받아 출력을 반환해준다. 단순한 작업이지만 입력 계층부터 은닉 계층을 거쳐 최종 출력 계층까지 수행하여야 한다. 또한 교사 신호는 은닉 노드와 출력 노드로 전달될 때 가중치 연산과 활성화 함수를 적용하여야 한다.

입력 계층과 은닉 계층 사이의 가중치 행렬은 입력 행렬과 조합되어 은닉 계층으로 들어오는 신호가 되며 다음과 같이 표기할 수 있다.

$$X_{hidden} = W_{input\_hidden} \cdot I$$

파이썬 코드로는 다음과 같이 표현할 수 있다.

```
hidden_input=numpy.dot(self.wih, inputs)
```

이처럼 간단한 파이썬 코드로 모든 입력 값과 가중치를 연산함으로써 은닉 계층의 각 노드로 들어오는 신호를 계산하며, 입력 계층이나 은닉 계층의 노드의 수가 달라지더라도 코드를 수정할 필요가 없다.

이제 은닉 계층으로부터 나오는 신호를 구하려면 시그모이드 함수를 적용하면 된다.

$$O_{hidden} = sigmoid(X_{hidden})$$

시그모이드 함수는 파이썬 라이브러리에 이미 정의되어 있으며, scipy라는 파이썬 라이브러리에는 일련의 특수 목적의 함수들이 정의되어 있는데, 그중 시그모이드 함수는 expit()이라는 이름으로 정의되어 있다.

```
import scipy.special
```

활성화 함수에 약간의 변화를 주거나, 아니면 때로는 다른 활성화 함수로 교체하는 경우도 있을 수 있으므로, 활성화 함수를 신경망 객체의 초기화 부분에 정의해둔다. 예를 들어 trained_output() 함수를 한번 정의해두면 필요할 때마다 열어 이를 참조할 수 있다. 활성화 함수에 변화를 줘야 할 때 초기화 코드 부분에서 한 번만 변경하면 활성화 함수가 사용되는 다른 부분들에서는 코드를 찾아 변경할 필요가 없다. 다음과 같이 활성화 함수를 신경망의 초기화 부분에 정의하면 된다.

```
self.activation_function = lambda x: scipy.special.expit(x)
```

이 코드에서 lambda는 간결하게 적어서 함수를 하나 생성해준다. 일반적으로 def()에 의한 함수 정의 대신에, 람다를 사용하면 빠르고 쉽게 함수를 생성할 수 있다. 여기에서 람다 함수는 x를 매개변수로 전달받아 시그모이드 함수인 scipy.special.expit(x)를 반환하게 된다. 람다에 의해 생성되는 함수는 이름이 없기 때문에 self.activation_function에 할당하며, 활성화 함수를 사용할 필요가 있으면 self.activation_function()을 호출하면 된다.

은닉 노드로 입력 신호에 활성화 함수를 적용하고 싶다면, 다음의 코드처럼 간단하게 이루어진다.

```
hidden_output = self.activation_Function(hidden_inputs)
```

이제 은닉 계층의 노드로부터 나가는 신호들은 hidden_output이라는 이름의 행렬로 생성된다. 지금까지 은닉 계층을 살펴봤으며, 사실 은닉 계층과 출력 계층 노드 사이에 차이점은 없기 때문에 과정은 동일하고, 코드가 거의 유사하다.

은닉 계층과 출력 계층에서의 신호의 계산을 다음과 같이 정리하고, 은닉 계층과 출력 계층 모두 4줄의 코드로 필요한 모든 연산을 처리하게 된다.

```
hidden_input = numpy.dot(self.wih, inputs)
hidden_outputs = self.activation_function(hidden_inputs)

        final_inputs = numpy.dot(self.who, hidden_outputs)
        final_outputs = self.activation_function(final_inputs)
```

이 코드는 단지 클래스이며, 코드의 시작 부분에는 numpy와 scipy 모듈을 불러오는 코드를 삽입해야 한다. 또한 trained_output() 함수는 매개변수로 input_list만 받는다는 점도 기억해야 하며, 다른 입력 값은 필요하지 않다.

6.5 신경망의 학습

이제는 신경망을 학습시킬 차례이며, 학습에는 두 가지 단계가 있다.

- Step 1: 주어진 학습 데이터에 대해 결과 값을 계산해내는 단계
- Step 2: 방금 계산한 결과 값을 실제의 값과 비교하고 이 차이를 이용해 가중치를 업데이트하는 단계

이미 trained_output() 함수 코드를 활용해 train() 함수의 첫 번째 단계의 코드를 작성해 본다.

```
def train(self, inputs_list, targets_list):

        inputs = numpy.array(inputs_list, ndmin=2).T
        targets = numpy.array(targets_list, ndmin=2).T

        hidden_input = numpy.dot(self.wih, inputs)
        hidden_outputs = self.activation_function(hidden_inputs)

        final_inputs = numpy.dot(self.who, hidden_outputs)
        final_outputs = self.activation_function(final_inputs)
```

입력 계층으로부터의 신호를 최종 출력 계층까지 전파하는 과정은 trained_output() 함수와 거의 동일하며, 단 가지 차이로는 함수명 부분을 자세히 보면 targets_list라는 매개변수가 추가로 존재하며, 이 매개변수가 없이는 작성한 신경망이 제대로 학습할 수 없다. 앞에서 input_list를 numpy 배열로 변환했던 것과 동일한 방법으로 targets_list를 변환해준다.

이제 계산 값과 실제 값 간의 오차를 기반으로 신경망의 동작에서 핵심이 되는 가중치를 업데이트할 준비가 거의 되었다. 우선 오차를 계산해야 한다. 오차는 학습 데이터에 의해 제공되는 실제 값과 우리가 계산한 결과 값 간의 차이로 정의한다. 결국 오차는 (실제 값 행렬－계산 값 행렬)이라는 연산의 결과 값이 된다. 이 연산은 원소 간 연산이다. 이를 파이썬 코드로 구현하면 다음과 같이 간단하게 코딩이 가능하다.

```
output_errors = targets - final_outputs
```

우리는 은닉 계층의 노드들에 대해 역전파된 오차도 구할 수 있다. 앞에서 연결 노드의 가중치에 따라 오차를 나눠서 전달하고 각각의 은닉 계층의 노드에 대해 이를 재조합했던 작업을 기억하며, 이를 행렬로 다음과 같이 처리했다.

$$error_{hidden} = W^{T}_{hidden\_output} \cdot error_{output}$$

이를 파이썬 코드로 표현하면 numpy 라이브러리를 활용한 행렬곱 연산으로 매우 간단하게 코딩할 수 있다.

```
hidden_errors = numpy.dot(self.who.T, output_errors)
```

이로써 신경망의 각 계층들에서 가중치를 업데이트하기 위한 준비가 끝났다. 은닉 계층과 최종 계층 간의 가중치는 output_error를 이용하면 되고, 입력 계층과 은닉 계층 간의 가중치는 방금 구한 hidden_errors를 이용한다. 우선 은닉 계층과 최종 계층 간의 가중치 계산의 파이썬 코드는 다음과 같다.

```
self.who += self.lr * numpy.dot((output_errors * final_outputs * (1.0 -
final_outputs)), numpy.transpose(hidden_outputs))
```

파이썬 코드에서 self.lr은 학습률이며 식의 나머지 부분 전체에 곱해진다.

입력 계층과 은닉 계층 사이의 가중치에 대한 파이썬 코드도 유사하며, 계층의 이름 정도만 변경해주면 되고 코드는 다음과 같다.

```
self.wih += self.lr * numpy.dot((hidden_errors * hidden_outputs * (1.0 -
hidden_outputs)), numpy.transpose(inputs))
```

지금까지 작성된 파이썬 코드로 신경망 클래스가 완성됐으며, 전체 코드는 다음과 같다.

```
import numpy
import scipy.special

class neuralNetwork:

    def __init__(self, inputnodes, hiddennodes, outputnodes, learningrate):

        self.inodes = inputnodes
        self.hnodes = hiddennodes
        self.onodes = outputnodes

        self.wih = (numpy.random.normal(0.0, pow(self.hnodes, - 0.5), (self.hnodes,
        self.inodes)))
        self.who = (numpy.random.normal(0.0, pow(self.onodes, - 0.5), (self.onodes,
        self.hnodes)))

        self.lr = learningrate

        self.activation_function = lambda x: scipy.special.expit(x)

        pass
```

(계속)

```
    def train(self, inputs_list, targets_list):
        inputs = numpy.array(inputs_list, ndmin=2).T
        targets = numpy.array(targets_list, ndmin=2).T

        hidden_input = numpy.dot(self.wih, inputs)
        hidden_outputs = self.activation_function(hidden_inputs)
        final_inputs = numpy.dot(self.who, hidden_outputs)
        final_outputs = self.activation_function(final_inputs)
        output_errors = targets - final_outputs
        hidden_errors = numpy.dot(self.who.T, output_errors)

        self.who += self.lr * numpy.dot((output_errors * final_outputs * (1.0 -
        final_outputs)), numpy.transpose(hidden_outputs))
        self.wih += self.lr * numpy.dot((output_errors * hidden_outputs * (1.0 -
        hidden_outputs)), numpy.transpose(inputs))
        pass

    def trained_output(self, inputs_list):
        inputs = numpy.array(inputs_list, ndmin=2).T
        hidden_inputs = numpy.dot(self.wih, inputs)
        hidden_outputs = self.activation_function(hidden_inputs)

        final_inputs = numpy.dot(self.who, hidden_outputs)
        final_outputs = self.activation_function(final_inputs)

        return final_outputs
```

```
IDLE Shell 3.9.1
File  Edit  Shell  Debug  Options  Window  Help
Python 3.9.1 (tags/v3.9.1:1e5d33e, Dec  7 2020, 17:08:21) [MSC v.1927 64 bit (AM
D64)] on win32
Type "help", "copyright", "credits" or "license()" for more information.
>>>
= RESTART: C:/Users/B. Cha/AppData/Local/Programs/Python/Python39/ANN_Sample.py
>>> inputnodes = 3
>>> hiddennodes = 3
>>> outputnodes = 3
>>> learningrate = 0.3
>>> n = neuralNetwork(inputnodes, hiddennodes, outputnodes, learningrate)
>>> n.trained_output([1.0, 0.5, -1.0])
array([[0.53402097],
       [0.489738  ],
       [0.54543781]])
>>> |
                                                                Ln: 14  Col: 4
```

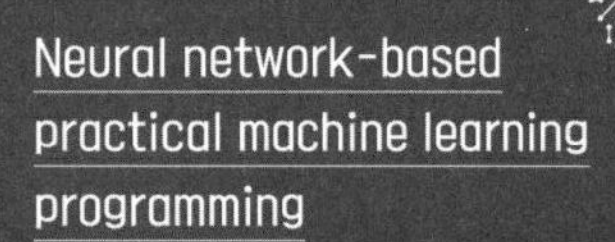

Neural network-based
practical machine learning
programming

II. 신경망의 학습

II
신경망의 학습

1. 머신러닝

1.1 머신러닝의 유형

머신러닝의 학습에는 몇 가지 유형이 있으며, 입력 데이터에 따른 다음의 범주들로 분류할 수 있다.

- 지도 학습
- 비지도 학습
- 준지도 학습
- 강화 학습

또는 풀려는 문제를 기준으로 분류하는 방법이 있다.

- 분류
- 회귀분석
- 클러스터링

지도 학습(supervised learning)은 훈련 데이터를 이용하여 신경망 모델을 학습시킨다. 훈련 데이터는 입력 데이터와 목표 데이터로 구성되며, 입력 데이터는 특징 혹은 독립 변수라 하며, 목표 데이터를 레이블 혹은 종속 변수라고 한다. 지도 학습은 학습에 의하여 분류(classification) 방법과 회귀분석(regression) 방법이 있다. 분류는 데이터를 입력하면 데이터 속성 또는 종류를 출력하는 방법이다. 회귀분석은 데이터를 입력하면 결과 값으로 수치를 출력하는 방법이다.

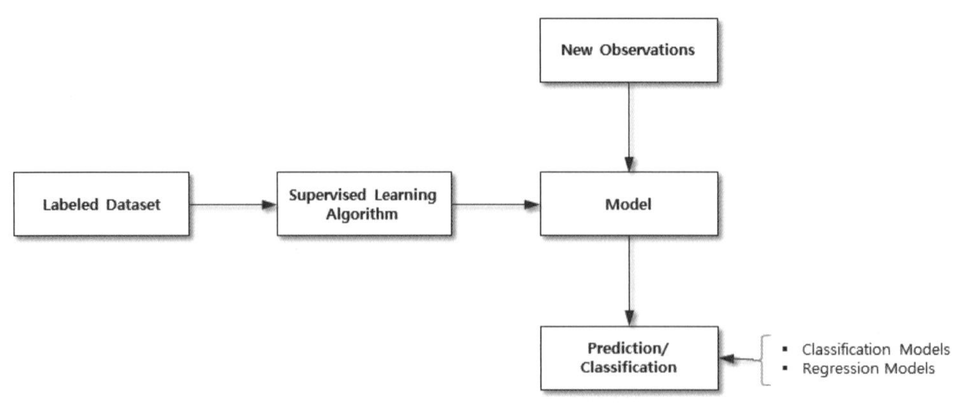

지도 학습 신경망과 카테고리

지도 학습은 특징과 종속 변수를 조합된 훈련 데이터를 학습하는 방법이라면, 비지도 학습(unsupervised learning)은 목표 데이터에 해당하는 종속 변수가 없는 방법이며, 알고리즘으로 훈련 데이터에 숨겨진 패턴을 찾는 클러스터링(clustering)이라는 방법이 있다. 클러스터링이란 데이터를 입력하면 결과로 데이터를 그룹으로 묶어주는 방법이다.

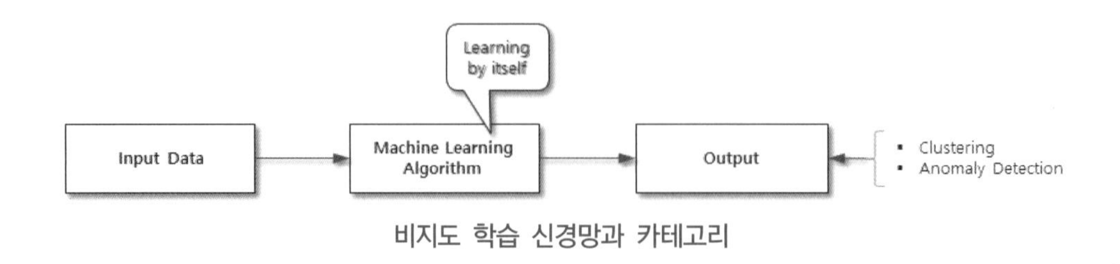

비지도 학습 신경망과 카테고리

준지도 학습(semi-supervised learning)은 클러스터링 및 분류 방법의 특성을 모두 포함하는 개념을 사용하여 레이블이 지정된 데이터와 레이블이 없는 데이터를 모두 포함하는 문제를 해결하려는 신경망 학습 방법이다. 특히 레이블이 있는 데이터가 적고 상대적으로 레이블이 없는 데이터가 많은 경우에 사용한다.

그리고 강화 학습(reinforcement learning)은 이전의 알고리즘과 매우 다른 알고리즘이고, 학습하는 시스템을 에이전트라 하며, 어떤 환경을 관찰해서 행동을 실행하고 그 결과로 보상을 받는다. 시간이 지나면서 가장 큰 보상을 얻기 위해 정책이라고 부르는 최상의 전략을 스스로 학습하게 되며, 정책은 주어진 상황에서 에이전트가 어떤 행동을 선택해야 할지 정의한다.

1.2 일반화, 과대적합/과소적합, 테스트와 검증

1.2.1 일반화

머신러닝 학습에서 훈련 데이터로 학습한 모델이 훈련 데이터와 특성이 같다면 처음 보는 새로운 데이터가 주어져도 정확히 예측할 거라고 기대하게 된다. 모델이 처음 보는 데이터를 정확하게 예측할 수 있으면 이를 훈련 데이터 세트에서 테스트 데이트 세트로 일반화되었다고 하며, 모델을 만들 때는 가능한 한 정확하게 일반화되도록 해야 한다.

학습은 훈련 데이터 세트에 대해 정확하도록 모델을 구축한다. 훈련 데이터 세트와 테스트 데이터 세트가 매우 비슷하다면 그 모델이 테스트 데이터 세트에서도 정확히 예측하리라 기대할 수 있지만, 항상 그렇지만 않은 게 문제이다.

알고리즘이 새로운 데이터에 잘 예측하는지 측정하는 방법은 테스트 데이터 세트로 평가해보는 것밖에는 없다. 그러나 직관적으로 간단한 모델이 새로운 데이터에 보다 잘 일반화될 것을 예상할 수 있으며, 그렇기 때문에 우리는 가장 간단한 모델을 찾으려고 한다. 이로 인해서 정확한 모델을 잘못 추정하여 과소적합과 과대적합 문제가 발생하게 된다. 개발자가 가진 정보를 모두 사용해서 너무 복잡한 모델을 만드는 것을 과대적합이라 하고 반대로 너무 간단한 모델을 선택하는 것을 과소적합이라고 한다. 과대적합은 모델이 훈련 데이터 세트에 너무 잘 맞춰져서 새로운 데이터에 일반화되기 어려울 때 발생한다. 반대로 모델이 너무 간단하면 데이터의 특성 및 다양성 등을 잡아내지 못할 것이며 훈련 데이터 세트에도 예측이 잘 맞지 않는다.

모델을 복잡하게 할수록 훈련 데이터에 대해서는 더 정확하게 예측할 수 있다. 그러나 너무 복잡해지면 훈련 데이터 세트의 각 데이터 포인트에 너무 민감해져 새로운 데이터에 잘 일반화되지 못한다. 우리가 찾고자 하는 모델은 일반화 성능이 최대가 되는 최적점에 있는 모델이다.

1.2.2 과대적합 vs 과소적합

과대적합(overfitting)은 모델이 훈련 데이터에 너무 잘 맞지만 일반성이 떨어진 현상을 의미한다. 딥러닝과 같은 복잡한 모델은 데이터에서 미묘한 패턴을 감지할 수 있지만, 훈련 데이터에 잡음이 많거나 데이터 세트가 너무 작으면 잡음이 섞인 패턴을 감지하게 된다. 이러한 패턴은 새로운 데이터에 일반화되지 못한다. 모델을 단순하게 하고 과대적합의 위험을 감소시키기 위해 모델에 제약을 가하는 것을 정규화(regularization)라고 한다.

과대적합은 훈련 데이터에 포함된 잡음의 양에 비해 모델이 너무 복잡할 때 일어나며, 해결 방안은 다음과 같다.

- 매개변수 수가 적은 모델을 선택함
- 훈련 데이터의 특성 수를 줄이거나, 모델에 제약을 가해서 단순화시킴
- 훈련 데이터를 더 많이 추가함
- 훈련 데이터의 잡음을 줄임

학습하는 동안 적용할 규제의 양은 하이퍼-파라미터(hyper-parameter)가 결정하며, 하이퍼-파라미터는 모델이 아니라 학습 알고리즘의 파라미터이다. 그래서 학습 알고리즘으로부터 영향을 받지 않으며, 훈련 전에 미리 지정되고, 훈련하는 동안에는 상수로 사용된다. 신경망 시스템을 구축할 때 하이퍼-파라미터 튜닝은 매우 중요한 과정이다.

과소적합(underfitting)은 과대적합의 반대 상황이며, 모델이 너무 단순해서 데이터의 내재된 구조를 학습하지 못할 때 발생한다. 선형 모델 같은 경우에 과소적합되기 쉬우며, 현상이 모델보다 더 복잡하므로 훈련 데이터에서조차 부정확한 예측을 하게 된다. 과소적합을 해결하는 방법은 다음과 같다.

- 모델 파라미터가 더 많은 복잡한 모델을 선택함
- 학습 알고리즘에 더 좋은 특성을 제공함
- 모델의 제약을 줄임

1.2.3 모델 복잡도와 데이터 세트 크기의 관계

모델의 복잡도는 훈련 데이터 세트에 담긴 입력 데이터의 다양성과 관련이 크다. 데이터 세트에 다양한 데이터 포인트가 많을수록 과대적합 없이 더 복잡한 모델을 만들 수 있다. 보통 데이터 포인트를 더 많이 모으는 것이 다양성을 키워주므로 큰 데이터 세트는 더 복잡한 모델을 만들 수 있게 해준다. 그러나 같은 데이터 포인트를 중복하거나 매우 비슷한 데이터를 모으는 것은 결코 도움이 되지 않는다.

데이터를 더 많이 수집하고 적절하게 더 복잡한 모델을 만들면 지도 학습은 문제 해결에 놀라운 성능을 얻을 수 있으며, 학습을 위한 데이터 양의 효과는 모델을 변경 및 조정하는 것보다 이득일 수 있다.

1.2.4 테스트와 검증

모델이 새로운 데이터에 얼마나 잘 일반화될지 아는 유일한 방법은 새로운 데이터에 실제로 적용해보는 것이다. 훈련 데이터를 훈련 세트와 테스트 세트로 나누어서 훈련 세트를 사용하여 모델을 훈련시키고 테스트 세트를 사용해 모델을 테스트한다.

새로운 데이터에 대한 오류 비율을 일반화 오차(generalization error)라고 하며, 테스트 세트에서 모델을 평가함으로써 이 오차에 대한 추정값을 얻을 수 있다. 이 값은 이전에 본 적이 없는 새로운 데이터에 모델이 얼마나 잘 작동하는지 알려준다. 훈련 세트에서 모델의 오차가 작지만, 일반화 오차가 크다면 이는 모델이 훈련 데이터에 과대적합되었다는 것을 의미한다.

모델 평가에서 일반화 오차를 테스트 세트에서 여러 번 측정하므로 모델과 하이퍼-파라미터가 테스트 세트에 최적화된 모델을 만들게 된다. 이것은 모델이 새로운 데이터에 잘 작동하지 않을 수 있다. 이 문제에 대한 해결 방법은 검증 세트(validation set)라는 두 번째 홀드아웃 세트를 만드는 것이다. 훈련 세트를 사용해 다양한 하이퍼-파라미터로 여러 모델을 훈련시키고 검증 세트에서 최상의 성능을 보이는 모델과 하이퍼-파라미터를 선택한다. 원하는 목표를 달성 가능한 모델을 찾으면 일반화 오차의 추정값을 얻기 위해 테스트 세트와 단 한 번의 최종 테스트를 수행한다. 훈련 데이터에서 검증 세트로 많은 양의 데이터를 뺏기지 않기 위해 일반적으로 교차 검증(cross-validation)기법을 사용한다. 훈련 세트를 여러 서브 세트로 나누어 각 모델을 이 서브 세트의 조합으로 훈련시키고 나머지 부분으로 검증한다. 모델과 하이퍼-파라미터가 선택되면 전체 훈련 데이터를 사용하여 선택한 하이퍼-파라미터로 최종 모델을 훈련시키고 테스트 세트에서 일반화 오차를 측정하게 된다.

1.2.5 시각화

시각화는 챠트와 그래프 등을 통한 데이터의 개요와 전반적인 데이터의 상황을 파악하는 것을 도와준다. 머신러닝 분야는 시각화를 이용해 데이터가 의미하는 대략적인 상황과 학습 결과를 그래프 등으로 확인하게 된다.

파이썬에서 사용하는 대표적인 시각화 도구는 matplotlib 라이브러리가 있으며, 다양한 시각화 기능을 제공하므로 데이터의 차이점이나 특징을 쉽게 파악하게 도와준다. 참고로 matplotlib 이외에도 파이썬을 활용한 시각화 라이브러리는 pandas(https://pandas.pydata.org/), seaborn(https://seaborn.pydata.org/), Bokeh(https://docs.bokeh.org/) 등이 있다.

1.2.6 학습 데이터 문제

학습 데이터를 어떻게 구성하는지에 따라 학습 성능이 크게 달라질 수 있다. 학습 데이터가 너무 많거나, 적거나, 치우침이 심할 경우에 대해 간략하게 살펴보며, 데이터 시각화는 이런 데이터의 특성을 이해하는 데 도움이 된다.

(1) 데이터가 많은 경우

머신러닝은 이론상으로 학습 데이터가 많을수록 좋다고 하며, 학습 데이터가 많을수록 성능이 좋은 모델을 얻을 수 있다. 그러나 학습 데이터가 많으면 학습 시간과 컴퓨팅 자원의 소모가 많기 때문에 문제가 될 수 있다. 특히 동일하거나 유사한 데이터가 많은 경우와 특정한 특징 항목의 데이터가 많고 그렇지 않은 항목은 매우 적은 경우이다. 이를 해결하기 위해서는 다음과 같은 방법을 고려해볼 수 있다.

■ 과소 샘플링

과소 샘플링(undersampling)은 전체 데이터 세트에서 데이터를 무작위 확률로 선택하여 구성된 작은 데이터 세트를 사용하는 방식이다. 데이터를 무작위로 선택하는 방법은 다양하지만, 가장 중요한 점은 데이터의 특성과 상관없이 뽑아야 한다는 것이다.

■ 중요도 샘플링

중요도 샘플링(importance sampling)은 데이터의 중요도에 따라 선택 확률을 변동하여 샘플링을 수행하는 기법이다. 무작위 확률로 선택하다보면 특정 경우에 해당하는 데이터가 거의 없어지는 문제가 발생할 수 있다. 이런 경우에는 데이터의 중요도에 따라 선택 확률을 변동하는 방법이 더 적합할 수 있다.

■ 특징 선택

특징 선택(feature selection)은 중요한 특징만 선택해서 전체 학습률과 성능을 증가시키는 방법이다. 선택된 특징이 많으면 학습에 사용하는 학습 데이터가 많아 학습률이 느려지고, 모델이 복잡해져서 과적합 우려가 있다. 특징을 선택하는 방법으로는 'Chi-squared 특징 선택법', 'Mutual information 특징 선택법', '검증 세트의 성능' 등이 주로 사용된다.

(2) 데이터가 매우 적은 경우

학습 데이터가 적은 경우에는 선택할 수 있는 방법이 많지 않으며, 다음과 같은 방법으로 개선이 가능하다.

■ 레이블된 데이터는 적지만 일반적인 데이터가 많은 경우

레이블된 데이터는 적지만 일반적인 데이터가 많은 경우에는 먼저 데이터의 일반적인 특성을 습득하는 학습을 수행하여 얻어진 정보를 이용해서 추가로 학습을 진행하면 어느 정도의 효과를 볼 수 있다. 이러한 과정을 표현형 학습(representation learning) 또는 비지도 선행학습(unsupervised pretraining) 등의 분야에서 연구하고 있으며, 오토인코더(auto-encorder)나 토픽 모델링 등이 있다.

■ 전이 학습

전이 학습(transfer learning)은 성격이 다른 데이터 세트를 이용해서 학습시킨 모델을 새로운 데이터 세트에 적용하는 방법이다. 다른 데이터 세트에서 얻은 정보를 이용해서 새로운 문제를 해결하기 위한 성능을 향상시키는 방법이다.

(3) 데이터가 치우쳐 있을 경우

- 레이블이 한쪽으로 치우쳐 있는 경우
- 데이터 값이 치우쳐 있을 경우

1.2.7 속도 문제

이전까지는 모델의 문제점을 개선하거나 훈련 데이터의 문제점을 해결해서 성능을 향상시키는 방법에 대해 알아보았다. 이 외에도 머신러닝을 운영하는 시스템의 구성을 변경하거나 최적화를 통해 속도를 향상하는 방법도 있다.

(1) 벡터 연산

머신러닝은 모델을 구성하는 계층과 뉴런들에 의해서 많은 행렬 계산이 필요하다. 특히 두 행렬 간의 연산이 많으며, 이러한 연산을 for 루프로 처리하기보다는 특별한 CPU 명령 또는 알고리즘을 사용하여 처리한다면 속도가 향상될 것이며, 대부분의 머신러닝 라이브러리는 이러한 알고리즘을 지원하는 다양한 함수들을 제공하고 있다.

(2) 머신러닝을 위한 시스템

머신러닝 시스템에는 다양한 요소의 하드웨어, 운영체제 그리고 네트워크 등의 컴퓨팅 자원들로 구성된다.

- 하드웨어 및 운영 체제

머신러닝의 모델 학습은 매우 연산 집약적이며, 하드웨어의 성능이 학습 속도에 큰 영향을 미친다. 특히 성능 좋은 CPU와 대용량 메모리도 중요하지만, 연산을 위한 GPU가 각광을 받고 있다. 엔비디아 CUDA를 이용한 연산의 가속화가 성능 향상에 도움이 되고 있으며, 모델 학습에서 가장 많이 사용되는 행렬 연산이며, GPU는 이러한 계산에 특화되어 있다. 또한 머신러닝을 구축하는 하드웨어의 운영 체제로 리눅스가 가장 많은 비율을 차지하고 있다.

- 네트워크 구성

머신러닝의 복잡한 모델은 컴퓨터 한 대로 처리하기는 불가능하기 때문에 여러 컴퓨터들을 묶어서 클러스터를 구성하고 동시에 연산을 분산 처리하게 된다. 클러스터는 보통 분산형으로 구현된 머신러닝 시스템으로 구현하게 되며, 클러스터 간의 데이터 전송 효율 측면 등을 고려해야만 성능 향상을 가져올 수 있다.

(3) 분산 처리

분산 처리는 여러 대의 컴퓨터로 머신러닝 시스템을 구성하는 방법으로, 속도를 향상시키는 목적 외에도 한 대의 컴퓨터로는 처리할 수 없는 큰 데이터를 처리하고자 할 때 사용한다. 점차적으로 데이터가 커지고 딥러닝의 학습에 소요되는 시간이 늘어나면서 성능 향상을 위한 핵심 기법이 되었다.

■ 스토리지에서의 데이터의 분산 처리

대규모의 데이터를 이용한 머신러닝을 수행할 때 가장 문제가 되는 것은 데이터 접근 방식이며, 이를 해결하기 위해 기존에 개발된 분산 데이터 저장 방식을 사용하게 된다. 하나의 예로 Hadoop은 데이터를 여러 컴퓨터의 디스크에 저장하고 그 데이터를 추상화하여 연산을 처리한다. Hadoop을 기반으로 사용할 수 있는 머신러닝 툴은 Mahout이 있으며, Mahout은 복잡한 딥러닝을 구현하기가 쉽지 않지만 협업 필터링이나 군집화 등을 위한 기본적인 함수들을 제공하고 있다.

■ 메모리에서의 데이터의 분산 처리

스토리지의 디스크에서 데이터를 불러들이면 속도가 느려질 수 있으므로 이를 개선하기 위해 데이터를 메모리에 적재하여 작업 속도를 높이는 기술로 Spark 등이 개발되었다. Hadoop보다 훨씬 빠른 성능을 보이며 Mahout과 마찬가지로 MLlib라는 머신러닝 라이브러리를 제공한다.

■ 연산의 분산 처리

데이터 단위의 분산 처리가 아니라 연산 자체를 분산 처리하기 쉽게 구성된 라이브러리로 Tensorflow가 있다. Tensorflow는 내부에서 사용하는 연산 그래프의 일부를 분산 처리하는 방식으로 연산의 분산 처리와 비동기 학습을 통한 빠른 학습이 가능하다.

분산 처리를 위한 파이썬 기반의 오픈소스 라이브러리들은 다음 그림과 같다.

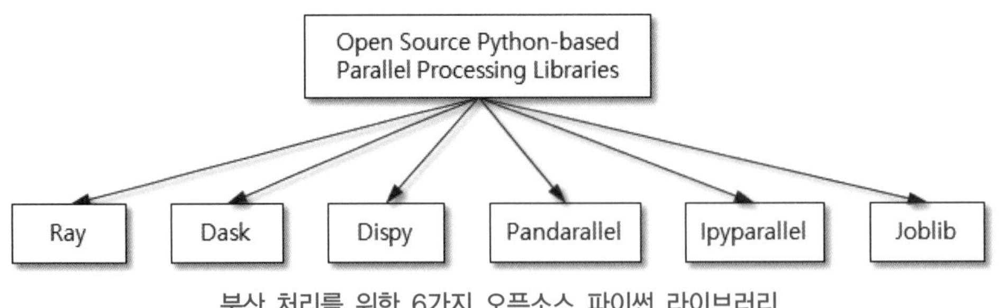

분산 처리를 위한 6가지 오픈소스 파이썬 라이브러리

- Ray

버클리 캘리포니아 대학의 연구팀에 의해 개발된 것으로, Ray는 많은 분산 머신러닝 라이브러리를 지원하고 있다. Ray는 원래 머신러닝 용도이지만 머신러닝 태스크에만 제한되지는 않는다. 어떠한 파이썬 태스크도 Ray를 통해 분할 및 시스템에 분산될 수 있다.

- Dask

Dask는 Ray와 매우 유사하지만, 파이썬 기반의 분산 병렬 컴퓨팅 라이브러리이다. Dask는 자체의 태스크 스케줄링 시스템이 있으며, NumPy와 같은 파이썬 데이터 프레임워크를 인식하고, 하나의 머신으로부터 여러 머신까지 확장할 수 있는 능력을 가지고 있다.

- Dispy

Dispy는 병렬 처리를 위해 파이썬 전체 프로그램 또는 단지 개별적인 함수만이라도 머신들의 클러스터에 분산하도록 해준다. Dispy는 빠른 작업과 효율성을 위해 네트워크 통신에 대해 플랫폼 특유의 메커니즘을 사용하며, 리눅스, MacOS, 윈도우 머신에서 잘 동작한다.

- Pandarallel

Pandarallel은 여러 노드에 Pandas 작업을 병렬화하는 방법이며, 단점은 Pandarallel이 오직 Pandas와 작업한다는 것이다. 단일 컴퓨터 자원의 여러 코어로 Pandas 작업을 가속화하는 작업이라면, Pandarallel이 최적의 선택이다.

■ Ipyparallel

Ipyparallel은 멀티프로세싱과 태스크 분배 시스템에 집중되어 있으며, 특히 주피터 노트북 코드의 실행을 클러스터의 병렬화에 사용되고 있다. 주피터 기반의 프로젝트는 Ipyparallel을 즉시 사용할 수 있다.

■ Joblib

Joblib은 파이썬 기반 경량 파이프라이닝(lightweight pipelining)을 제공하는 툴셋(tools set)이다. 특히 대용량 데이터에서 빠르고 강력하도록 최적화되었으며 numpy 배열에 대한 최적화를 지원한다.

2. 지도 학습

2.1 지도 학습

지도 학습은 가장 성공적이며 널리 사용되는 머신러닝 방법 중 하나이다. 지도 학습은 입력과 출력 샘플 데이터가 있고, 주어진 입력으로부터 출력을 예측하고자 할 때 사용하는 모델이다. 이와 같은 입력/출력 샘플 데이터, 즉 훈련 데이터 세트로부터 머신러닝 모델을 만들며, 목표는 이전에 본 적 없는 새로운 데이터에 대해 정확한 출력을 예측하는 것이다.

지도 학습에서 수행하는 테크닉은 크게 분류와 회귀가 있다. 분류는 미리 정의된, 가능성 있는 클래스 레이블 중 하나를 예측하는 것이다. 분류는 두 개의 클래스로 분류하는 이진 분류(binary classification)와 셋 이상의 클래스로 분류하는 다중 분류(multi-class classification)로 나뉜다.

회귀는 주어진 데이터에서 변수 간의 관계를 기반으로 숫자 값 또는 연속적인 숫자를 예측하는 것이며, 농산물의 수확량, 날씨 등의 예측하는 문제도 회귀 문제이다. 출력 값에 연속성이 있는지 질문해보면 회귀와 분류 문제를 쉽게 구분할 수 있다. 예상 출력 값 사이에 연속성이 있다면 회귀 문제로 간주할 수 있다.

지도 학습 알고리즘

구분	알고리즘	분류	회귀
지도 학습	선형 회귀(linear regression)	–	○
	정규화(regularization)	–	○
	로지스틱 회귀(logistic regression)	○	–
	서포트 벡터 머신(support vector machine)	○	○
	커널기법을 적용한 SVM	○	○
	나이브 베이즈 분류(Naive Bayes classification)	○	–
	랜덤 포레스트(random forest)	○	○
	신경망(neural network)	○	○
	k-최근접 이웃 알고리즘(K-nearest neighbors algorithms, KNN)	○	○

2.2 지도 학습 프로그래밍

지도 학습의 기술은 크게 분류와 회귀로 구분되며, 지도 학습 프로그래밍에서는 분류 프로그래밍과 회귀 프로그래밍을 실습해본다.

2.2.1 분류 프로그래밍

선형 서포트 벡터 머신(linear support vector machine)은 집단 사이의 마진(margin)을 최대화하는 기준으로 데이터에서 가능하면 먼 결정 경계를 학습하는 알고리즘이다.

```
from sklearn.svm import LinearSVC
from sklearn.datasets import make_blobs
from sklearn.model_selection import train_test_split
from sklearn.metrics import accuracy_score

centers = [(-1, -0.125), (0.5, 0.5)]
X_train, X_test, y_train, y_test = train_test_split(X, y, test_size=0.3)

model = LinearSVC()
model.fit(X_train, y_train)

y_pred = model.predict(X_test)
accuracy_score(y_pred, y_test)
```

```
Anaconda Powershell Prompt (Anaconda3)
>>> X_train, X_test, y_train, y_test = train_test_split(X, y, test_size=0.3)
>>> model = LinearSVC()
>>> model.fit(X_train, y_train)
LinearSVC()
>>> y_pred = model.predict(X_test)
>>> accuracy_score(y_pred, y_test)
1.0
```

이번에는 서포트 벡터 머신에 커널 기법을 적용해 복잡한 데이터의 결정 경계를 학습하는 방법을 알아본다. 선형 서포트 벡터 머신에서는 마진을 극대화해 데이터와 거리가 있는 좋은 결정 경계를 얻는데, 결정 경계가 곡선인 경우 데이터를 분류하기는 어렵다. 곡선 형태의 선형 결정 경계를 학습해야 하는 경우는 서포트 벡터 머신에 커널 기법을 적용해 복잡한 결정 경계를 학습할 수 있다.

```
from sklearn.svm import SVC
from sklearn.datasets import make_gaussian_quantiles
from sklearn.model_selection import train_test_split
from sklearn.metrics import accuracy_score

X, y = make_gaussian_quantiles(n_features=2, n_classes=2, n_samples=300)
X_train, X_test, y_train, y_test = train_test_split(X, y, test_size=0.3)

model = SVC(gamma='auto')
model.fit(X_train, y_train)

y_pred = model.predict(X_test)
accuracy_score(y_pred, y_test)
```

```
Anaconda Powershell Prompt (Anaconda3)
>>> model = SVC(gamma='auto')
>>> model.fit(X_train, y_train)
SVC(gamma='auto')
>>> y_pred = model.predict(X_test)
>>> accuracy_score(y_pred, y_test)
0.9666666666666667
>>>
```

2.2.2 회귀 프로그래밍

선형 회귀(linear regression)는 회귀 문제를 예측할 때 사용하는 알고리즘이며, 선형 회귀는 '독립 변수가 커질 때 종속 변수가 크거나 작게 변하는' 관계를 모델링하는 기법이다. 선형 회귀 모델을 구현하는 코드는 다음과 같다.

```
from sklearn.linear_model import LinearRegression

X = [[10.0], [8.0], [13.0], [9.0], [11.0], [14.0], [6.0], [4.0], [12.0], [7.0],
[5.0]]
y = [8.04, 6.95, 7.58, 8.81, 8.33, 9.96, 7.24, 4.26, 10.84, 4.82, 5.68]

model = LinearRegression()
model.fit(X, y)

print(model.coef_)
print(model.intercept_)

y_pred = model.predict([[0], [1]])
print(y_pred)
```

```
Anaconda Powershell Prompt (Anaconda3)
>>> print(model.coef_)
[0.50009091]
>>> print(model.intercept_)
3.0000909090909094
>>> y_pred = model.predict([[0], [1]])
>>> print(y_pred)
[3.00009091 3.50018182]
>>>
```

랜덤 포레스트(random forest)는 여러 가지 모델을 사용해 높은 성능의 모델을 만드는 방법이다. 랜덤 포레스트를 구현하는 코드는 다음과 같다.

```
from sklearn.datasets import load_wine
from sklearn.ensemble import RandomForestClassifier
from sklearn.model_selection import train_test_split
from sklearn.metrics import accuracy_score

data = load_wine()
X_train, X_test, y_train, y_test = train_test_split(data.data, data.target,
test_size=0.3)

model = RandomForestClassifier(n_estimators=10)
model.fit(X_train, y_train)
RandomForestClassifier(n_estimators=10)

y_pred = model.predict(X_test)
accuracy_score(y_pred, y_test)
```

```
Anaconda Powershell Prompt (Anaconda3)
>>> y_pred = model.predict(X_test)
>>> accuracy_score(y_pred, y_test)
0.9814814814814815
>>>
```

3. 비지도 학습

3.1 비지도 학습

비지도 학습은 출력 값이나 레이블 정보 없이 학습 알고리즘을 가르쳐야 하는 학습 방법이다. 비지도 학습에서 학습 알고리즘은 입력 데이터만으로 데이터에서 지식을 추출할 수 있어야 한다.

비지도 학습은 데이터의 비지도 변환(unsupervised transformation)과 클러스터링(clustering)이 있으며, 비지도 변환은 데이터를 새롭게 표현하여 개발자 알고리즘이 원래 데이터보다 쉽게 해석할 수 있도록 만드는 알고리즘이다. 비지도 변환이 사용되는 분야는 많은 특성들을 갖는 고차원 데이터의 특성 수를 줄이면서 꼭 필요한 특징만을 포함한 데이터로 변환하는 방법은 차원 축소(dimensionality reduction)이다. 그리고 클러스터링 알고리즘은 데이터를 유사한 것들로 그룹을 묶는 방법이다.

비지도 학습은 알고리즘은 데이터를 잘 이해하고 싶은 때 탐색적 분석 단계에서 사용하기도 하며, 비지도 학습은 지도 학습의 전처리 단계에서도 사용하기도 한다. 비지도 학습의 결과로 새롭게 표현된 데이터를 사용하여 학습하면 지도 학습의 정확도가 좋아지기도 하며, 컴퓨팅 자원들과 시간을 절약할 수 있다.

비지도 학습 알고리즘

구분	알고리즘	차원 축소	클러스터링
비지도 학습	주성분 분석(principal component analysis, PCA)	○	−
	잠재 의미 분석(latent semantic analysis, LSA)	○	−
	음수 미포함 행렬 분해(non-negative matrix factorization, NMF)	○	−
	잠재 다리클레 할당(latent dirichlet allocation, LDA)	○	−
	k-평균 알고리즘(k-mean algorithm)	−	○
	가우시안 혼합 모델(Gaussian mixture model)	−	○
	국소 선형 임베딩(local linear embedding, LLE)	○	−
	t-분포 확률적 임베딩(t-distributed stochastic neighbor embedding, t-SNE)	○	−

3.2 비지도 학습 프로그래밍

비지도 학습의 기술은 크게 차원 축소와 클러스터링으로 구분된다. 비지도 학습 프로그래밍에서는 PCA(principal component analysis), ICA(independent component analysis) 그리고 클러스터링 프로그래밍을 실습해본다.

3.2.1 PCA

차원 축소에는 2가지 유형이 있다. 첫 번째는 고차원 공간에서 저차원 공간으로 선형적으로 투영하는 선형 투영이 있으며, 두 번째는 데이터의 비선형 변환을 수행하는 비선형 차원 축소가 있다.

가장 일반적인 선형 차원 축소 기법인 주성분 분석(PCA) 알고리즘은 가능한 한 분산을 보존하면서 데이터의 저차원 표현을 찾아낸다. PCA에서는 특징(feature)들 간 상관관계를 다룸으로써 이 작업을 수행하게 된다. 일부 특징들 간 상관관계가 매우 높으면 PCA는 상관관계가 높은 특징들을 결합해 선형적인 상관관계가 없는, 더 적은 수의 특징들로 데이터를 표현한다.

이 알고리즘은 원본 고차원 데이터에서 최대 분산 방향을 찾음으로써 상관관계를 지속적으로 감소시키고 더 작은 차원 공간에 이들을 투영한다. 이렇게 새로 파생된 성분을 주성분이라고 한다. 주성분들을 사용해 완벽하지는 않지만 충분히 유사한 원본 특징들을 재구성할 수 있다. PCA 알고리즘은 최적의 성분을 찾는 과정에서 재구성 오차를 최소화한다.

일반 PCA, 점진적 PCA, 희소 PCA, 커널 PCA 등 여러 버전의 주성분 분석(PCA)에 대해서 살펴보고자 한다.

(1) 일반 PCA

먼저, 하이퍼-파라미터를 설정, PCA 적용 그리고 PCA 평가하기 위하여 다음과 같이 입력한다.

```
from sklearn.decomposition import PCA

n_components =784
whiten =False
random_state =2018

pca = PCA(n_components=n_components, whiten=whiten, random_state=random_state)

X_train_PCA = pca.fit_transform(X_train)
X_train_PCA = pd.DataFrame(data=X_train_PCA, index=train_index)

print("Variance Explained by all 784 principal components: ",
sum(pca.explained_variance_ratio_))

importanceOfPrincipalComponents =
pd.DataFrame(data=pca.explained_variance_ratio_)
importanceOfPrincipalComponents = importanceOfPrincipalComponents.T

print('Variance Captured by First 10 Principal Components: ',
     importanceOfPrincipalComponents.loc[:,0:9].sum(axis=1).values)
print('Variance Captured by First 20 Principal Components: ',
     importanceOfPrincipalComponents.loc[:,0:19].sum(axis=1).values)
print('Variance Captured by First 50 Principal Components: ',
     importanceOfPrincipalComponents.loc[:,0:49].sum(axis=1).values)
print('Variance Captured by First 100 Principal Components: ',
     importanceOfPrincipalComponents.loc[:,0:99].sum(axis=1).values)
print('Variance Captured by First 200 Principal Components: ',
     importanceOfPrincipalComponents.loc[:,0:199].sum(axis=1).values)
print('Variance Captured by First 300 Principal Components: ',
     importanceOfPrincipalComponents.loc[:,0:229].sum(axis=1).values)
```

```
1  print("Variance Explained by all 784 principal components: ",
2       sum(pca.explained_variance_ratio_))
```

```
Variance Explained by all 784 principal components:  0.9999999999999992
```

(계속)

```
1  importanceOfPrincipalComponents = pd.DataFrame(data=pca.explained_variance_ratio_
2  importanceOfPrincipalComponents = importanceOfPrincipalComponents.T
3
4  print('Variance Captured by First 10 Principal Components: ',
5       importanceOfPrincipalComponents.loc[:,0:9].sum(axis=1).values)
6  print('Variance Captured by First 20 Principal Components: ',
7       importanceOfPrincipalComponents.loc[:,0:19].sum(axis=1).values)
8  print('Variance Captured by First 50 Principal Components: ',
9       importanceOfPrincipalComponents.loc[:,0:49].sum(axis=1).values)
10 print('Variance Captured by First 100 Principal Components: ',
11      importanceOfPrincipalComponents.loc[:,0:99].sum(axis=1).values)
12 print('Variance Captured by First 200 Principal Components: ',
13      importanceOfPrincipalComponents.loc[:,0:199].sum(axis=1).values)
14 print('Variance Captured by First 300 Principal Components: ',
15      importanceOfPrincipalComponents.loc[:,0:229].sum(axis=1).values)
```

```
Variance Captured by First 10 Principal Components:  [0.48876238]
Variance Captured by First 20 Principal Components:  [0.64398025]
Variance Captured by First 50 Principal Components:  [0.8248609]
Variance Captured by First 100 Principal Components:  [0.91465857]
Variance Captured by First 200 Principal Components:  [0.96650076]
Variance Captured by First 300 Principal Components:  [0.97402201]
```

PCA로 데이터 분리해서 시각화를 위해 다음의 코드로 실행한다.

```
def scatterPlot(xDF, yDF, algoName):
    tempDF = pd.DataFrame(data=xDF.loc[:,0:1], index=xDF.index)
    tempDF = pd.concat((tempDF, yDF), axis=1, join="inner")
    tempDF.columns = ["First Vector", "Second Vector", "Label"]
    sns.lmplot(x="First Vector", y="Second Vector", hue="Label", data=tempDF,
fit_reg=False)
    ax = plt.gca()
    ax.set_title("Separation of Observations using"+algoName)

scatterPlot(X_train_PCA, y_train, "PCA")
```

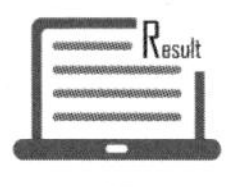


```
1 def scatterPlot(xDF, yDF, algoName):
2     tempDF = pd.DataFrame(data=xDF.loc[:,0:1], index=xDF.index)
3     tempDF = pd.concat((tempDF, yDF), axis=1, join="inner")
4     tempDF.columns = ["First Vector", "Second Vector", "Label"]
5     sns.lmplot(x="First Vector", y="Second Vector", hue="Label", data=tempDF, fi
6     ax = plt.gca()
7     ax.set_title("Separation of Observations using"+algoName)
8
9 scatterPlot(X_train_PCA, y_train, "PCA")
```

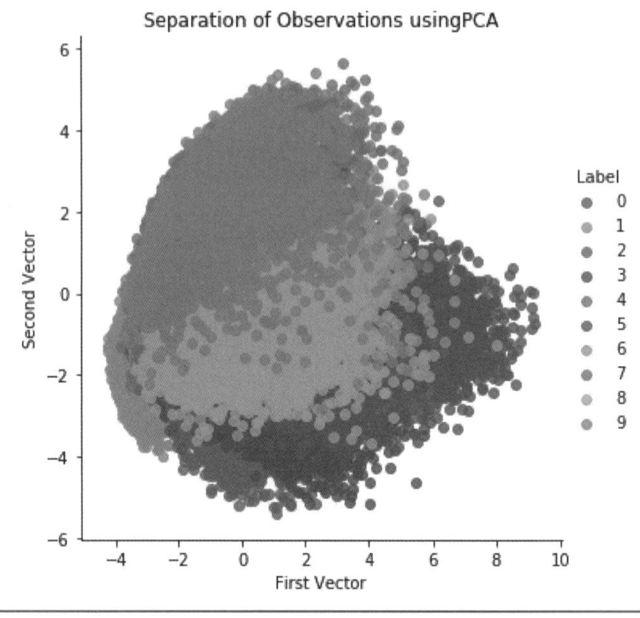

(2) 점진적 PCA

일반 PCA와 점진적 PCA의 주성분 결과는 일반적으로 매우 유사하다. 다음은 점진적 PCA 수행 코드이다.

```
from sklearn.decomposition import IncrementalPCA

n_components =784
batch_size =None
incrementalPCA = IncrementalPCA(n_components=n_components,
batch_size=batch_size)

X_train_incrementalPCA = incrementalPCA.fit_transform(X_train)
X_train_incrementalPCA = pd.DataFrame(data=X_train_incrementalPCA,
index=train_index)
X_validation_incrementalPCA = incrementalPCA.transform(X_validation)
X_validation_incrementalPCA = pd.DataFrame(data=X_validation_incrementalPCA,
                                           index=validation_index)

scatterPlot(X_train_incrementalPCA, y_train, "Incremental PCA")
```

```
1  from sklearn.decomposition import IncrementalPCA
2
3  n_components = 784
4  batch_size = None
5
6  incrementalPCA = IncrementalPCA(n_components=n_components, batch_size=batch_size
7
8  X_train_incrementalPCA = incrementalPCA.fit_transform(X_train)
9  X_train_incrementalPCA = pd.DataFrame(data=X_train_incrementalPCA, index=train_i
10
11 X_validation_incrementalPCA = incrementalPCA.transform(X_validation)
12 X_validation_incrementalPCA = pd.DataFrame(data=X_validation_incrementalPCA, ind
13
14 scatterPlot(X_train_incrementalPCA, y_train, "Incremental PCA")
```

(계속)

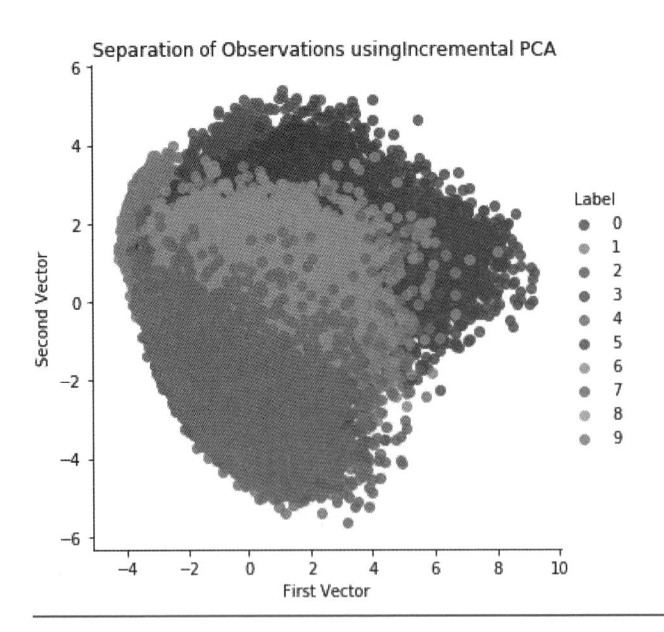

(3) 희소 PCA

희소 PCA 알고리즘은 일반 PCA보다 훈련 속도가 느리기 때문에 훈련 데이터 세트(총 50,000개)의 처음 10,000개 케이스만 훈련시킨다.

```
from sklearn.decomposition import SparsePCA

n_components =100
alpha =0.0001
random_state =2018
n_jobs =-1

sparsePCA = SparsePCA(n_components = n_components, alpha=alpha, random_state =
random_state, n_jobs=n_jobs)
sparsePCA.fit(X_train.loc[:10000,:])

X_train_sparcePCA = sparsePCA.transform(X_train)
X_train_sparcePCA = pd.DataFrame(data=X_train_sparcePCA, index=train_index)

X_validation_sparsePCA = sparsePCA.transform(X_validation)
```

(계속)

```
X_validation_sparsePCA = pd.DataFrame(data=X_validation_sparsePCA,
index=validation_index)

scatterPlot(X_train_sparcePCA, y_train, "Sparse PCA")
```

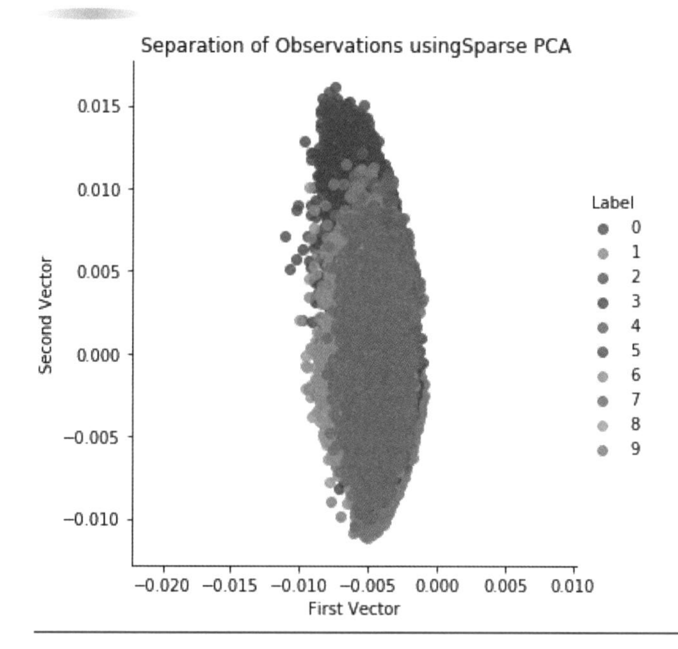

위의 그림은 희소 PCA로 도출한 처음 두 주성분을 사용해 나타낸 2차원 산점도이다. 이 산점도는 일반 PCA의 산점도와 다르게 보인다. 일반 PCA와 희소 PCA는 주성분을 서로 다르게 생성하며 관측치의 분리도 조금 다르다.

(4) 커널 PCA

커널 PCA 알고리즘의 경우 원하는 주성분의 수, 커널 유형, 감마라는 커널 계수를 설정해야 한다. 가장 많이 사용하는 커널은 방사형 기저 함수 커널이며, 보통 RBF(radial basis function) 커널이라고 하며, 여기에서는 RBF 커널을 사용한다.

```
from sklearn.decomposition import KernelPCA

n_components =100
kernel ='rbf'
gamma =None
random_state =2018
n_jobs =1

kernelPCA = KernelPCA(n_components=n_components, kernel=kernel, gamma=gamma,
n_jobs=n_jobs, random_state=random_state)
kernelPCA.fit(X_train.loc[:10000,:])

X_train_kernelPCA = kernelPCA.transform(X_train)
X_train_kernelPCA = pd.DataFrame(data=X_train_kernelPCA, index=train_index)

X_validation_kernelPCA = kernelPCA.transform(X_validation)
X_validation_kernelPCA = pd.DataFrame(data=X_validation_kernelPCA,
index=validation_index)

scatterPlot(X_train_kernelPCA, y_train, "Kernel PCA")
```

```
1  from sklearn.decomposition import KernelPCA
2
3  n_components = 100
4  kernel = 'rbf'
5  gamma = None
6  random_state = 2018
7  n_jobs = 1
8
9  kernelPCA = KernelPCA(n_components=n_components, kernel=kernel, gamma=gamma, n_j
10 kernelPCA.fit(X_train.loc[:10000,:])
11
12 X_train_kernelPCA = kernelPCA.transform(X_train)
13 X_train_kernelPCA = pd.DataFrame(data=X_train_kernelPCA, index=train_index)
14
15 X_validation_kernelPCA = kernelPCA.transform(X_validation)
16 X_validation_kernelPCA = pd.DataFrame(data=X_validation_kernelPCA, index=validat
17
18 scatterPlot(X_train_kernelPCA, y_train, "Kernel PCA")
```

(계속)

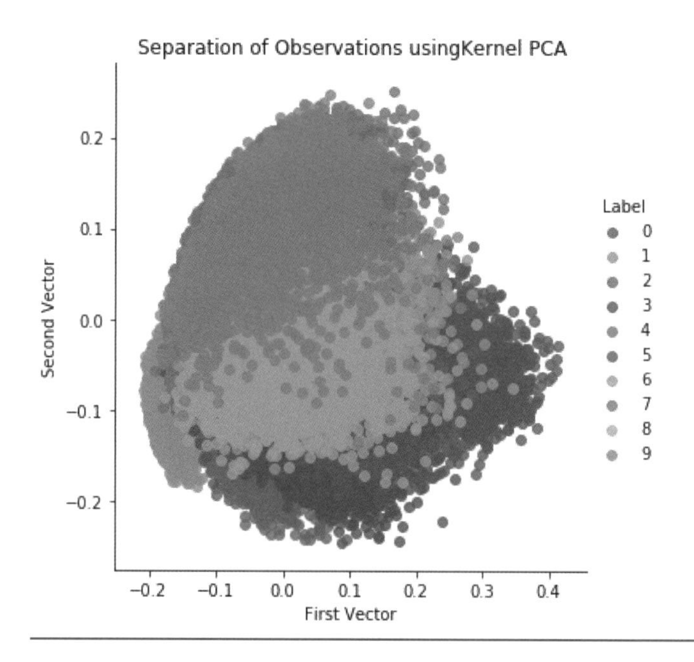

MNIST 데이터 세트에 적용한 커널 PCA의 2차원 산점도는 이전 선형 PCA 중 하나와 결과가 거의 동일하다. RBF 커널을 사용해도 차원 축소 결과는 개선되지 않는다.

3.2.2 ICA 프로그래밍

레이블 없는 데이터의 공통적인 문제 중 하나는 주어진 특징에 수많은 독립 신호가 함께 포함됐다는 것이다. 독립 성분 분석(ICA)을 사용하여 이러한 혼합 신호를 개별 성분으로 분리할 수 있다. 분리가 완료되면 생성된 개별 성분들을 여러 방식으로 조합해 원본 특징을 재구성할 수 있다. ICA는 일반적으로 신호 처리 작업에 사용된다. 다음은 ICA 수행 코드이며, ICA를 사용한 2차원 산점도를 보여준다.

```
from sklearn.decomposition import FastICA

n_components =25
algorithm ='parallel'
```

(계속)

```
whiten =True
max_iter =100
random_state =2018

fastICA = FastICA(n_components=n_components, algorithm=algorithm, whiten=whiten,
max_iter=max_iter, random_state=random_state)

X_train_fastICA = fastICA.fit_transform(X_train)
X_train_fastICA = pd.DataFrame(data=X_train_fastICA, index=train_index)

X_validation_fastICA = fastICA.transform(X_validation)
X_validation_fastICA = pd.DataFrame(data=X_validation_fastICA,
index=validation_index)

scatterPlot(X_train_fastICA, y_train, "Independent Component Analysis")
```

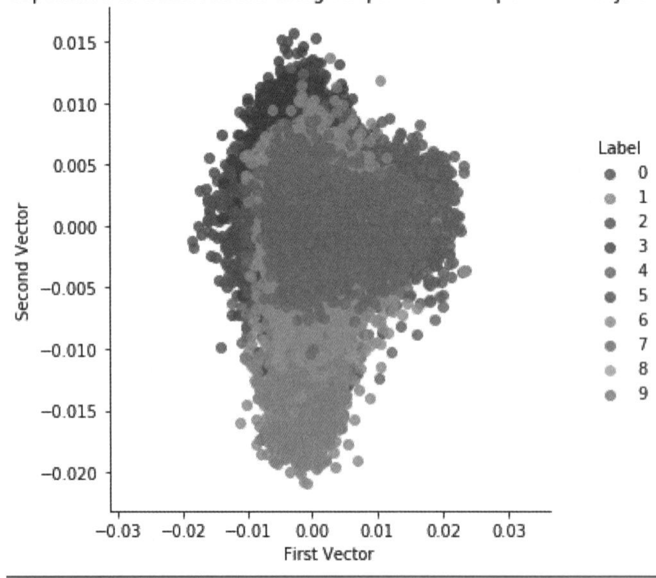

3.2.3 클러스터링 프로그래밍

클러스터링은 레이블을 사용하지 않고 하나의 관측치가 다른 관측치 및 그룹의 데이터와 얼마나 유사한지 비교하는 작업을 수행한다. 원래의 특징 집합을 더 작고 관리하기 쉬운 집합으로 줄인 후 유사한 데이터 인스턴스를 그룹화해 흥미로운 패턴을 찾을 수 있다. 클러스터링은 다양한 비지도 학습 알고리즘들을 사용해 수행할 수 있으며, 다양한 실제 응용 분야에 사용할 수 있다.

클러스터링 알고리즘의 예제로 Iris 데이터 세트를 이용한 k-평균 알고리즘과 가우시안 혼합 모델을 프로그래밍하고자 한다.

```
from sklearn.cluster import KMeans
from sklearn.datasets import load_iris

data = load_iris()
n_clusters = 3

model = KMeans(n_clusters=n_clusters)
model.fit(data.data)

print(model.labels_)
print(model.cluster_centers_)
```

```
Anaconda Powershell Prompt (Anaconda3)
>>> print(model.labels_)
[1 1 1 1 1 1 1 1 1 1 1 1 1 1 1 1 1 1 1 1 1 1 1 1 1 1 1 1 1 1 1 1 1 1 1 1 1
 1 1 1 1 1 1 1 1 1 1 1 1 1 0 0 2 0 0 0 0 0 0 0 0 0 0 0 0 0 0 0 0 0 0 0 0 0
 0 0 0 2 0 0 0 0 0 0 0 0 0 0 0 0 0 0 0 0 0 0 0 0 2 0 2 2 2 2 0 2 2 2 2
 2 2 0 0 2 2 2 2 0 2 0 2 0 2 2 0 0 2 2 2 2 2 0 2 2 2 2 0 2 2 2 0 2 2 2 0 2
 2 0]
>>> print(model.cluster_centers_)
[[5.9016129  2.7483871  4.39354839 1.43387097]
 [5.006      3.428      1.462      0.246     ]
 [6.85       3.07368421 5.74210526 2.07105263]]
>>>
```

```
from sklearn.datasets import load_iris
from sklearn.mixture import GaussianMixture

data = load_iris()
n_components = 3

model = GaussianMixture(n_components=n_components)
model.fit(data.data)

print(model.predict(data.data))
print(model.means_)
print(model.covariances_)
```

Anaconda Powershell Prompt (Anaconda3)

```
>>> model = GaussianMixture(n_components=n_components)
>>> model.fit(data.data)
GaussianMixture(n_components=3)
>>> print(model.predict(data.data))
[0 0 0 0 0 0 0 0 0 0 0 0 0 0 0 0 0 0 0 0 0 0 0 0 0 0 0 0 0 0 0 0 0 0 0 0 0
 0 0 0 0 0 0 0 0 0 0 0 0 0 1 1 1 1 1 1 1 1 1 1 1 1 1 1 1 1 1 1 2 1 2 1 2 1
 1 1 1 2 1 1 1 1 1 2 1 1 1 1 1 1 1 1 1 1 1 1 1 1 1 1 2 2 2 2 2 2 2 2 2 2 2
 2 2 2 2 2 2 2 2 2 2 2 2 2 2 2 2 2 2 2 2 2 2 2 2 2 2 2 2 2 2 2 2 2 2 2 2 2
 2 2]
>>> print(model.means_)
[[5.006      3.428      1.462      0.246     ]
 [5.91697517 2.77803998 4.20523542 1.29841561]
 [6.54632887 2.94943079 5.4834877  1.98716063]]
>>> print(model.covariances_)
[[[0.121765   0.097232   0.016028   0.010124  ]
  [0.097232   0.140817   0.011464   0.009112  ]
  [0.016028   0.011464   0.029557   0.005948  ]
  [0.010124   0.009112   0.005948   0.010885  ]]

 [[0.27550587 0.09663458 0.18542939 0.05476915]
  [0.09663458 0.09255531 0.09103836 0.04299877]
  [0.18542939 0.09103836 0.20227635 0.0616792 ]
  [0.05476915 0.04299877 0.0616792  0.03232217]]

 [[0.38741443 0.09223101 0.30244612 0.06089936]
  [0.09223101 0.11040631 0.08386768 0.0557538 ]
  [0.30244612 0.08386768 0.32595958 0.07283247]
  [0.06089936 0.0557538  0.07283247 0.08488025]]]
>>>
```

4. 강화 학습

4.1 강화 학습

선형 회귀, 이미지 분류, 음성의 텍스트 변환 등의 기술은 입력을 학습하여 어떤 방식으로 변형하는 정도의 수준으로 꽤 인상적으로 발전했지만, 인공지능에 대한 큰 그림을 제공하지 못했다. 이러한 접근 방법에는 상호 관계에 대한 고려가 부족했으며, 상호 관계에 바탕을 둔 학습이 강화 학습(reinforcement learning)이다.

강화 학습 에이전트의 액션은 환경에 영향을 주며, 특정 액션은 환경의 상태를 변화시키고 이에 따라 에이전트는 보상을 받는다. 이러한 상호 관계를 포착하여 공식적인 모델로 만든 것이 강화 학습이다. 강화 학습의 개념은 수십 년 전에 나왔지만 일반 머신러닝에 비해 상대적으로 영향력이 미비했다. 그러나 최근에 다계층 신경망 기술의 딥러닝에 의해서 강화 학습의 진가가 드러나게 되었다.

지도 학습 환경에 익숙한 개발자들은 약간 사고를 바꿔야 강화 학습 에이전트를 구현할 수 있다. 강화 학습은 입력 값과 미리 획득한 출력 값의 쌍을 준비할 필요가 없다. 대신 강화 학습 알고리즘은 에이전트가 관찰을 통해 환경으로부터 얻는 보상과 취할 수 있는 액션, 즉 보상과 액션의 정확한 쌍을 학습할 수 있게 해야만 한다. 우리는 주어진 어떤 환경에서 에이전트에게 정확한 액션에 대한 정보를 가지고 있지 않으며, 따라서 에이전트는 어떤 액션을 취해야만 시간의 흐름에 따라 가장 큰 보상을 가져올지를 스스로 학습해야만 한다. 이러한 개념을 기대 보상의 최대화라고 표현하며, 이것이 우리가 에이전트에게 원하는 것이다.

4.2 강화 학습 프로그래밍

강화 학습 프로그래밍의 예제로 Gym 라이브러리의 설치와 간단한 프로그래밍을 수행해본다.

4.2.1 Gym 설치

먼저 해당 작업을 컨테이너에 실행하기 위한 docker를 설치하기 위해 다음과 같이 입력한다.

```
$ sudo apt-get update

$ sudo apt-get install \
    apt-transport-https \
    ca-certificates \
    curl \
    gnupg-agent \
    software-properties-common
```

```
패키지 ca-certificates는 이미 최신 버전입니다 (20190110ubuntu1.1).
ca-certificates 패키지는 수동설치로 지정합니다.
패키지 software-properties-common는 이미 최신 버전입니다 (0.98.9.2).
software-properties-common 패키지는 수동설치로 지정합니다.
다음 패키지가 자동으로 설치되었지만 더 이상 필요하지 않습니다:
  libfprint-2-tod1
'sudo apt autoremove'를 이용하여 제거하십시오.
다음 새 패키지를 설치할 것입니다:
  apt-transport-https curl gnupg-agent
0개 업그레이드, 3개 새로 설치, 0개 제거 및 43개 업그레이드 안 함.
168 k바이트 아카이브를 받아야 합니다.
이 작업 후 616 k바이트의 디스크 공간을 더 사용하게 됩니다.
계속 하시겠습니까? [Y/n]
```

이어서 docker의 공식 gpg 키를 추가하기 위해 다음과 같이 입력한다.

```
$ curl -fsSL https://download.docker.com/linux/ubuntu/gpg | sudo apt-key
    add -
$ sudo apt-key fingerprint 0EBFCD88
```

```
genoc@test01:~$ curl -fsSL https://download.docker.com/linux/ubuntu/gpg | sudo a
pt-key add -
[sudo] genoc의 암호:
OK
genoc@test01:~$
```

```
genoc@test01:~$ sudo apt-key fingerprint 0EBFCD88
pub   rsa4096 2017-02-22 [SCEA]
      9DC8 5822 9FC7 DD38 854A  E2D8 8D81 803C 0EBF CD88
uid           [ unknown] Docker Release (CE deb) <docker@docker.com>
sub   rsa4096 2017-02-22 [S]

genoc@test01:~$
```

이어서 repository를 추가한다. 다음을 입력한다.

```
$ sudo add-apt-repository \
     "deb [arch=amd64] https://download.docker.com/linux/ubuntu \
     $(lsb_release -cs) \
     stable"
```

```
genoc@test01:~$ sudo add-apt-repository       "deb [arch=amd64] https://download
.docker.com/linux/ubuntu \
      $(lsb_release -cs) \
      stable"
받기 :1 file:/var/cuda-repo-ubuntu2004-11-0-local  InRelease
무시 :1 file:/var/cuda-repo-ubuntu2004-11-0-local  InRelease
받기 :2 file:/var/cuda-repo-ubuntu2004-11-0-local  Release [564 B]
받기 :2 file:/var/cuda-repo-ubuntu2004-11-0-local  Release [564 B]
받기 :3 https://download.docker.com/linux/ubuntu focal InRelease [36.2 kB]
받기 :5 https://download.docker.com/linux/ubuntu focal/stable amd64 Packages [3,6
84 B]
기존 :6 http://kr.archive.ubuntu.com/ubuntu focal InRelease
받기 :7 http://security.ubuntu.com/ubuntu focal-security InRelease [107 kB]
기존 :8 http://ppa.launchpad.net/graphics-drivers/ppa/ubuntu focal InRelease
받기 :9 http://kr.archive.ubuntu.com/ubuntu focal-updates InRelease [111 kB]
받기 :10 http://kr.archive.ubuntu.com/ubuntu focal-backports InRelease [98.3 kB]
받기 :11 http://kr.archive.ubuntu.com/ubuntu focal-updates/restricted i386 Packag
es [8,392 B]
받기 :12 http://kr.archive.ubuntu.com/ubuntu focal-updates/restricted amd64 Packa
ges [43.0 kB]
내려받기 408 k바이트, 소요시간 2초 (180 k바이트/초)
패키지 목록을 읽는 중입니다... 완료
genoc@test01:~$
```

이제 docker engine을 설치한다. 다음을 입력한다.

```
$ sudo apt-get update
$ sudo apt-get install docker-ce docker-ce-cli containerd.io
```

```
genoc@test01:~$ sudo apt-get install docker-ce docker-ce-cli containerd.io
패키지 목록을 읽는 중입니다... 완료
의존성 트리를 만드는 중입니다
상태 정보를 읽는 중입니다... 완료
다음 패키지가 자동으로 설치되었지만 더 이상 필요하지 않습니다:
  libfprint-2-tod1
'sudo apt autoremove'를 이용하여 제거하십시오.
다음의 추가 패키지가 설치될 것입니다 :
  aufs-tools cgroupfs-mount pigz
다음 새 패키지를 설치할 것입니다:
  aufs-tools cgroupfs-mount containerd.io docker-ce docker-ce-cli pigz
0개 업그레이드, 6개 새로 설치, 0개 제거 및 43개 업그레이드 안 함.
91.2 M바이트 아카이브를 받아야 합니다.
이 작업 후 410 M바이트의 디스크 공간을 더 사용하게 됩니다.
계속 하시겠습니까? [Y/n]
```

제대로 설치가 되었는지 다음을 입력하여 확인한다.

```
$ sudo docker run hello-world
```

```
genoc@test01:~$ sudo docker run hello-world
Unable to find image 'hello-world:latest' locally
latest: Pulling from library/hello-world
0e03bdcc26d7: Pull complete
Digest: sha256:4cf9c47f86df71d48364001ede3a4fcd85ae80ce02ebad74156906caff5378bc
Status: Downloaded newer image for hello-world:latest

Hello from Docker!
This message shows that your installation appears to be working correctly.

To generate this message, Docker took the following steps:
 1. The Docker client contacted the Docker daemon.
 2. The Docker daemon pulled the "hello-world" image from the Docker Hub.
    (amd64)
 3. The Docker daemon created a new container from that image which runs the
    executable that produces the output you are currently reading.
 4. The Docker daemon streamed that output to the Docker client, which sent it
    to your terminal.

To try something more ambitious, you can run an Ubuntu container with:
 $ docker run -it ubuntu bash

Share images, automate workflows, and more with a free Docker ID:
 https://hub.docker.com/

For more examples and ideas, visit:
 https://docs.docker.com/get-started/

genoc@test01:~$ 
```

이제 여기에 ubuntu 18.04 컨테이너를 하나 생성한다. 다음을 입력한다.

```
$ sudo docker pull ubuntu
```

```
genoc@test01:~$ sudo docker pull ubuntu
[sudo] genoc의 암호 :
Using default tag: latest
latest: Pulling from library/ubuntu
e6ca3592b144: Pull complete
534a5505201d: Pull complete
990916bd23bb: Pull complete
Digest: sha256:cbcf86d7781dbb3a6aa2bcea25403f6b0b443e20b9959165cf52d2cc9608e4b9
Status: Downloaded newer image for ubuntu:latest
docker.io/library/ubuntu:latest
genoc@test01:~$ 
```

```
$ sudo docker create ubuntu:18.04
```

```
genoc@test01:~$ sudo docker create ubuntu:18.04
Unable to find image 'ubuntu:18.04' locally
18.04: Pulling from library/ubuntu
5d9821c94847: Pull complete
a610eae58dfc: Pull complete
a40e0eb9f140: Pull complete
Digest: sha256:2f1aaf987e9f4806f076a08b1263f2b81376a54f811bb971434c483bd78eb858
Status: Downloaded newer image for ubuntu:18.04
13579cec5b66c928f85c309a5b1c6565db242a9c9b8da10d01798bed93596b44
genoc@test01:~$
```

```
$ sudo docker run -i -t ubuntu:18.04 /bin/bash
```

```
genoc@test01:~$ sudo docker run -i -t ubuntu:18.04 /bin/bash
root@086c9b5187e8:/# ls
bin  boot  dev  etc  home  lib  lib64  media  mnt  opt  proc  root
root@086c9b5187e8:/#
```

위의 명령어는 컨테이너를 나가는 순간 종료된다. 아래의 명령을 입력하면 백그라운드로 컨테이너가 계속 실행된다.

```
$ sudo docker run -i -t -d ubuntu:18.04 /bin/bash
$ sudo docker ps
```

```
genoc@test01:~$ sudo docker run -i -t -d ubuntu:18.04 /bin/bash
815d152b6a644e271e8a7557957e8b33c90e442bc15576ba16ef051f2fc1bbf7
genoc@test01:~$ sudo docker ps
CONTAINER ID        IMAGE               COMMAND             CREATED             STATUS              PORTS
          NAMES
815d152b6a64        ubuntu:18.04        "/bin/bash"         4 seconds ago       Up 3 seconds
          charming_napier
genoc@test01:~$
```

실행된 컨테이너는 다음을 입력하여 접속할 수 있다.

```
$ sudo docker exec -i -t (컨테이너 아이디) /bin/bash
```

```
genoc@test01:~$ sudo docker exec 815d152b6a64 /bin/bash
genoc@test01:~$ sudo docker exec -i -t 815d152b6a64 /bin/bash
root@815d152b6a64:/# 
```

이제 컨테이너에서 다음의 명령을 입력한다.

```
# apt-get update
# apt-get install net-tools
# ifconfig
```

```
root@815d152b6a64:/# apt-get install net-tools
Reading package lists... Done
Building dependency tree
Reading state information... Done
The following NEW packages will be installed:
  net-tools
0 upgraded, 1 newly installed, 0 to remove and 10 not upgraded.
Need to get 194 kB of archives.
After this operation, 803 kB of additional disk space will be used.
Get:1 http://archive.ubuntu.com/ubuntu bionic/main amd64 net-tools amd64 1.60+gi
t20161116.90da8a0-1ubuntu1 [194 kB]
Fetched 194 kB in 2s (105 kB/s)
debconf: delaying package configuration, since apt-utils is not installed
Selecting previously unselected package net-tools.
(Reading database ... 4045 files and directories currently installed.)
Preparing to unpack .../net-tools_1.60+git20161116.90da8a0-1ubuntu1_amd64.deb ..
.
Unpacking net-tools (1.60+git20161116.90da8a0-1ubuntu1) ...
Setting up net-tools (1.60+git20161116.90da8a0-1ubuntu1) ...
root@815d152b6a64:/# ifconfig
eth0: flags=4163<UP,BROADCAST,RUNNING,MULTICAST>  mtu 1500
        inet 172.17.0.2  netmask 255.255.0.0  broadcast 172.17.255.255
        ether 02:42:ac:11:00:02  txqueuelen 0  (Ethernet)
        RX packets 10599  bytes 19433192 (19.4 MB)
        RX errors 0  dropped 0  overruns 0  frame 0
        TX packets 5384  bytes 359952 (359.9 KB)
        TX errors 0  dropped 0 overruns 0  carrier 0  collisions 0

lo: flags=73<UP,LOOPBACK,RUNNING>  mtu 65536
        inet 127.0.0.1  netmask 255.0.0.0
        loop  txqueuelen 1000  (Local Loopback)
        RX packets 0  bytes 0 (0.0 B)
        RX errors 0  dropped 0  overruns 0  frame 0
        TX packets 0  bytes 0 (0.0 B)
        TX errors 0  dropped 0 overruns 0  carrier 0  collisions 0

root@815d152b6a64:/# 
```

앞의 그림에서 알 수 있듯이 docker를 설치하면 자동으로 docker 내부 IP가 적용되는 것을 확인할 수 있다. 계속해서 docker에서 아래를 입력하여 설치한다.

```
# apt-get install nano
# apt-get install openssh-server
```

```
  openssh-sftp-server openssl publicsuffix python3 python3-certifi
  python3-chardet python3-dbus python3-gi python3-idna python3-minimal
  python3-pkg-resources python3-requests python3-six python3-urllib3 python3.6
  python3.6-minimal readline-common shared-mime-info ssh-import-id systemd
  systemd-sysv ucf wget xauth xdg-user-dirs xz-utils
0 upgraded, 82 newly installed, 0 to remove and 10 not upgraded.
Need to get 27.1 MB of archives.
After this operation, 118 MB of additional disk space will be used.
Do you want to continue? [Y/n]
```

```
# nano /etc/ssh/sshd_config
```

```
  GNU nano 2.9.3                /etc/ssh/sshd_config                 Modified

# Authentication:

#LoginGraceTime 2m
PermitRootLogin yes
#StrictModes yes
#MaxAuthTries 6
#MaxSessions 10

#PubkeyAuthentication yes

^G Get Help   ^O Write Out  ^W Where Is   ^K Cut Text   ^J Justify    ^C Cur Pos
^X Exit       ^R Read File  ^\ Replace    ^U Uncut Text ^T To Spell   ^_ Go To Line
```

```
# passwd root
```

```
root@815d152b6a64:/# passwd root
Enter new UNIX password:
Retype new UNIX password:
passwd: password updated successfully
root@815d152b6a64:/# █
```

```
# service ssh start
```

```
root@815d152b6a64:/# service ssh start
 * Starting OpenBSD Secure Shell server sshd                              [ OK ]
```

그다음 호스트로 돌아와서 container를 재부팅시킨 다음 ssh로 docker container에 접속한다.

```
$ sudo docker container restart (컨테이너ID)
$ sudo docker exec -i -t (컨테이너 아이디) service ssh start
$ ssh root@172.17.0.2
```

```
genoc@test01:~$ sudo docker container restart 815d152b6a64
[sudo] genoc의 암 호 :
815d152b6a64
genoc@test01:~$ sudo docker exec -i -t 815d152b6a64 service ssh start
 * Starting OpenBSD Secure Shell server sshd                              [ OK ]
genoc@test01:~$ ssh root@172.17.0.2
root@172.17.0.2's password:
Welcome to Ubuntu 18.04.5 LTS (GNU/Linux 5.4.0-47-generic x86_64)

 * Documentation:  https://help.ubuntu.com
 * Management:     https://landscape.canonical.com
 * Support:        https://ubuntu.com/advantage
This system has been minimized by removing packages and content that are
not required on a system that users do not log into.

To restore this content, you can run the 'unminimize' command.
Last login: Tue Sep 22 04:52:57 2020 from 172.17.0.1
root@815d152b6a64:~# █
```

이제 이 컨테이너에서 gym을 설치하기 위해 다음을 설치한다.

```
# apt-get install python3-pip
```

```
  binutils binutils-common binutils-x86-64-linux-gnu build-essential cpp cpp-7
  dh-python dirmngr dpkg-dev fakeroot g++ g++-7 gcc gcc-7 gcc-7-base gnupg
  gnupg-l10n gnupg-utils gpg gpg-agent gpg-wks-client gpg-wks-server gpgconf
  gpgsm libalgorithm-diff-perl libalgorithm-diff-xs-perl
  libalgorithm-merge-perl libasan4 libasn1-8-heimdal libassuan0 libatomic1
  libbinutils libc-dev-bin libc6-dev libccl-0 libcilkrts5 libdpkg-perl
  libexpat1-dev libfakeroot libfile-fcntllock-perl libgcc-7-dev
  libgdbm-compat4 libgdbm5 libgomp1 libgssapi3-heimdal libhcrypto4-heimdal
  libheimbase1-heimdal libheimntlm0-heimdal libhx509-5-heimdal libisl19
  libitm1 libkrb5-26-heimdal libksba8 libldap-2.4-2 libldap-common
  liblocale-gettext-perl liblsan0 libmpc3 libmpfr6 libmpx2 libnpth0
  libperl5.26 libpython3-dev libpython3.6 libpython3.6-dev libquadmath0
  libroken18-heimdal libsasl2-2 libsasl2-modules libsasl2-modules-db
  libstdc++-7-dev libtsan0 libubsan0 libwind0-heimdal linux-libc-dev make
  manpages manpages-dev netbase patch perl perl-modules-5.26 pinentry-curses
  python-pip-whl python3-asn1crypto python3-cffi-backend python3-crypto
  python3-cryptography python3-dev python3-distutils python3-keyring
  python3-keyrings.alt python3-lib2to3 python3-pip python3-secretstorage
  python3-setuptools python3-wheel python3-xdg python3.6-dev
The following packages will be upgraded:
  gpgv
1 upgraded, 99 newly installed, 0 to remove and 9 not upgraded.
Need to get 104 MB of archives.
After this operation, 314 MB of additional disk space will be used.
Do you want to continue? [Y/n] 
```

```
# apt-get install git
```

```
root@815d152b6a64:~# apt-get install git
Reading package lists... Done
Building dependency tree
Reading state information... Done
The following additional packages will be installed:
  git-man less libcurl3-gnutls liberror-perl libnghttp2-14 librtmp1
Suggested packages:
  gettext-base git-daemon-run | git-daemon-sysvinit git-doc git-el git-email
  git-gui gitk gitweb git-cvs git-mediawiki git-svn
The following NEW packages will be installed:
  git git-man less libcurl3-gnutls liberror-perl libnghttp2-14 librtmp1
0 upgraded, 7 newly installed, 0 to remove and 9 not upgraded.
Need to get 5197 kB of archives.
After this operation, 35.2 MB of additional disk space will be used.
Do you want to continue? [Y/n] 
```

이제 gym을 설치하기 위해 다음을 순서대로 입력한다.

```
# pip3 install gym
```

```
Successfully built gym future
Installing collected packages: cloudpickle, numpy, future, pyglet, scipy, gym
Successfully installed cloudpickle-1.3.0 future-0.18.2 gym-0.17.2 numpy-1.19.2 p
yglet-1.5.0 scipy-1.5.2
root@815d152b6a64:~#
```

```
# git clone https://github.com/openai/gym
# cd gym
# pip3 install -e .
```

```
Requirement already satisfied: future in /usr/local/lib/python3.6/dist-packages
(from pyglet<=1.5.0,>=1.4.0->gym==0.17.2)
Installing collected packages: gym
  Found existing installation: gym 0.17.2
    Uninstalling gym-0.17.2:
      Successfully uninstalled gym-0.17.2
  Running setup.py develop for gym
Successfully installed gym
root@815d152b6a64:~/gym#
```

이제 제대로 동작하는지 확인하기 위해서 desktop에서 docker container에 접속한다.

```
$ ssh -X root@172.17.0.2
```

```
genoc@test01:~$ ssh -X root@172.17.0.2
root@172.17.0.2's password:
X11 forwarding request failed on channel 0
Welcome to Ubuntu 18.04.5 LTS (GNU/Linux 5.4.0-47-generic x86_64)

 * Documentation:  https://help.ubuntu.com
 * Management:     https://landscape.canonical.com
 * Support:        https://ubuntu.com/advantage
This system has been minimized by removing packages and content that are
not required on a system that users do not log into.

To restore this content, you can run the 'unminimize' command.
Last login: Tue Sep 22 05:14:13 2020 from 172.17.0.1
root@815d152b6a64:~#
```

그다음 아래와 같이 파일을 생성한다.

```
# nano ex1.py
```

```
 GNU nano 2.9.3                    ex1.py                    Modified

import gym
env = gym.make('CartPole-v0')
env.reset()

for _ in range(1000):
    env.render()
    env.step(env.action_space.sample()) # take a random action

env.close()
```

그다음 아래를 입력하여 실행한다.

```
# python3 ex1.py
```

```
ImportError:
    Error occurred while running `from pyglet.gl import *`
    HINT: make sure you have OpenGL install. On Ubuntu, you can run 'apt-get ins
tall python-opengl'.
    If you're running on a server, you may need a virtual frame buffer; somethin
g like this should work:
    'xvfb-run -s "-screen 0 1400x900x24" python <your_script.py>'

root@815d152b6a64:~#
```

그럼 위와 같은 에러가 발생하는데, python-opengl을 설치하지 않아서이며, 다음과 같이 입력하여 설치를 진행한다.

```
# apt-get install python-opengl
```

```
The following NEW packages will be installed:
  freeglut3 libdrm-amdgpu1 libdrm-common libdrm-intel1 libdrm-nouveau2
  libdrm-radeon1 libdrm2 libelf1 libgl1 libgl1-mesa-dri libgl1-mesa-glx
  libglapi-mesa libglu1-mesa libglvnd0 libglx-mesa0 libglx0 libllvm10
  libpciaccess0 libpython-stdlib libpython2.7-minimal libpython2.7-stdlib
  libsensors4 libx11-xcb1 libxcb-dri2-0 libxcb-dri3-0 libxcb-glx0
  libxcb-present0 libxcb-sync1 libxdamage1 libxfixes3 libxi6 libxshmfence1
  libxxf86vm1 python python-minimal python-opengl python2.7 python2.7-minimal
0 upgraded, 38 newly installed, 0 to remove and 9 not upgraded.
Need to get 30.1 MB of archives.
After this operation, 350 MB of additional disk space will be used.
Do you want to continue? [Y/n]
```

그러나 설치하고 실행해도 디스플레이를 불러올 수 없다면서 에러가 발생한다. 원인을 찾아본 결과 docker 컨테이너를 생성할 때 디스플레이를 연동하는 것으로 이를 해결할 수 있는 것을 알아냈다. 다음을 입력하여 컨테이너를 생성한다.

```
$ sudo docker run -it -v /tmp/.X11-unix:/tmp/.X11-unix -e
   DISPLAY=unix$DISPLAY --name gym ubuntu:18.04
```

```
genoc@test01:~$ sudo docker run -it -v /tmp/.X11-unix:/tmp/.X11-unix -e DISPLAY=
unix$DISPLAY --name gym ubuntu:18.04
root@994bcc594947:/#
```

그다음 컨테이너를 종료하고 다음을 입력하여 실행한다.

```
$ sudo docker container start gym
$ sudo docker exec -i -t gym bash
# export $DISPLAY
```

```
genoc@test01:~$ sudo docker exec -i -t gym bash
root@994bcc594947:/# echo $DISPLAY
unix:10.0
root@994bcc594947:/#
```

여기서 디스플레이가 제대로 동작하는지 테스트하기 위해 다음을 입력하여 설치한다.

```
# apt-get update
# apt-get install x11-apps
# xclock
```

```
root@994bcc594947:/# xclock
No protocol specified
Error: Can't open display: unix:10.0
root@994bcc594947:/#
```

그럼 위와 같이 화면을 출력하지 못하는 것을 확인할 수 있다. 이는 호스트에서 해당 화면의 출력 권한이 없기 때문이다. 호스트에서 아래를 입력하면 컨테이너에서 정상적으로 화면이 출력되는 것을 확인할 수 있다.

```
$ xhost +local:root
# xclock
```

```
genoc@test01:~$ xhost +local:root
non-network local connections being added to access control list
genoc@test01:~$
```

이제 이전의 설치할 때와 동일하게 gym을 설치하고 ex1.py를 생성하여 테스트를 진행한다. 그럼 몇 초 사이에 다음과 같은 그림이 나오면서 프로그램이 실행되는 것을 확인할 수 있다.

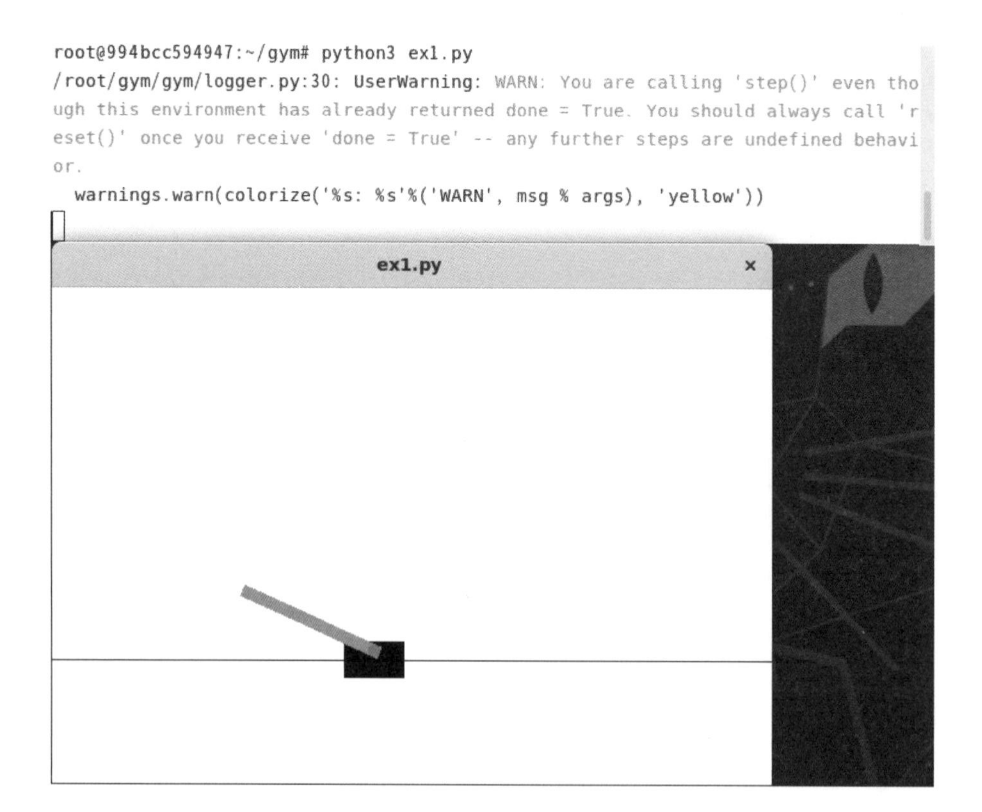

4.2.2 Gym 예제

먼저 설치하면서 테스트했던 예제의 소스 코드와 결과는 다음과 같으며, 1,000timestep 동안 CartPole-v0 환경의 인스턴스를 실행하여 각 단계에서 환경을 렌더링하는 예제이다.

```
import gym
env = gym.make('CartPole-v0')
env.reset()
for _ in range(1000):
    env.render()
    env.step(env.action_space.sample()) # take a random action
env.close()
```

```
root@994bcc594947:~/gym# python3 ex1.py
/root/gym/gym/logger.py:30: UserWarning: WARN: You are calling 'step()' even tho
ugh this environment has already returned done = True. You should always call 'r
eset()' once you receive 'done = True' -- any further steps are undefined behavi
or.
  warnings.warn(colorize('%s: %s'%('WARN', msg % args), 'yellow'))
```

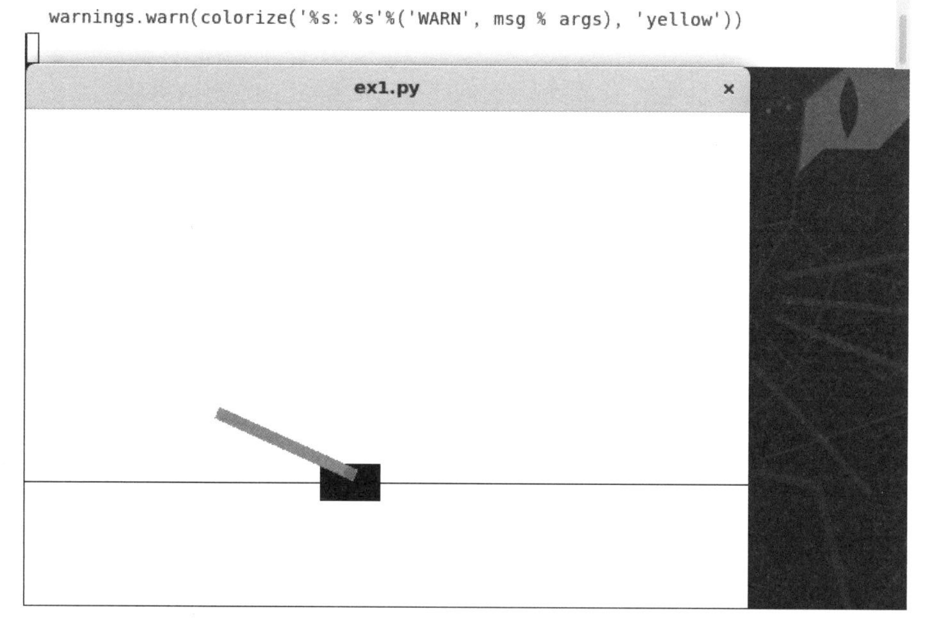

이어서 다음의 소스 코드는 전 코드에서 observation, reward, done, info를 추가한 버전이며, 프로그램을 실행하면 해당 작업이 언제 리셋이 되는지를 확인할 수 있다.

```
import gym
env = gym.make('CartPole-v0')
for i_episode in range(20):
    observation = env.reset()
    for t in range(100):
        env.render()
        print(observation)
        action = env.action_space.sample()
```

(계속)

```
        observation, reward, done, info = env.step(action)
        if done:
            print("Episode finished after {} timesteps".format(t+1))
            break
env.close()
```

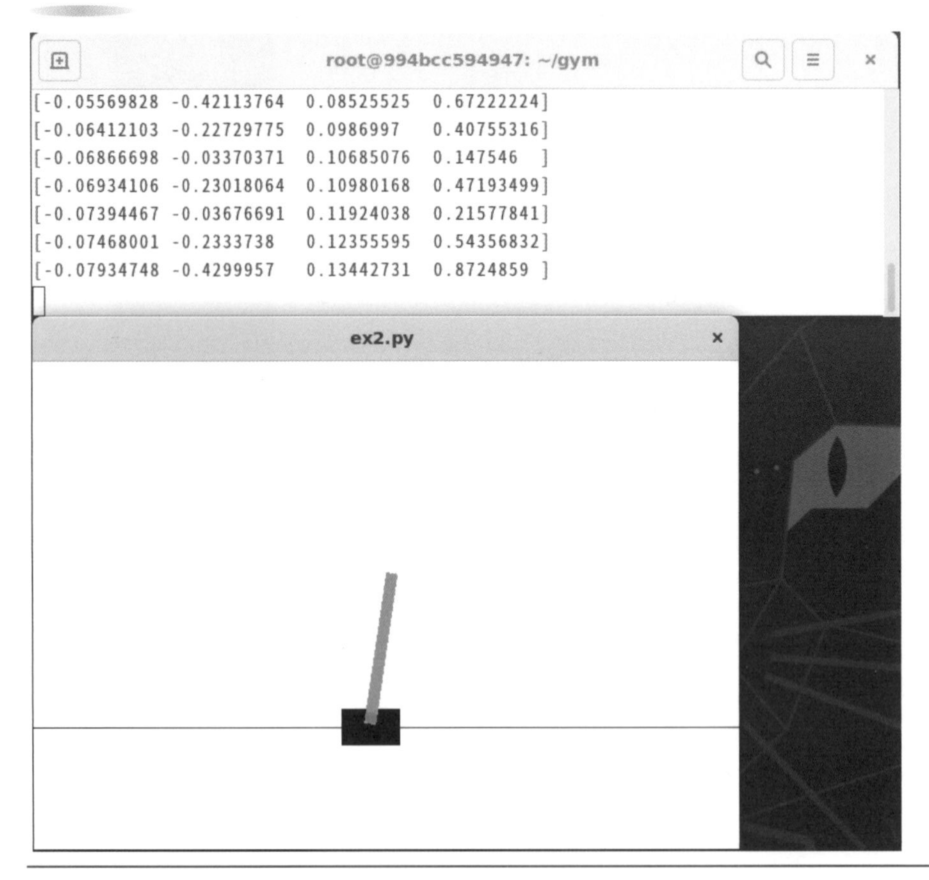

5. 학습 데이터

데이터는 인공신경망 학습 및 딥러닝(deep-learning)의 성공을 위한 가장 중요한 요소이며, 인터넷의 폭넓은 활용과 스마트폰 사용의 증가로 인해 facebook 및 google과 같은 여러 회사는 다양한 형식, 특히 텍스트, 이미지, 비디오 및 오디오 등의 많은 데이터를 수집할 수 있게 되었다.

컴퓨터 비전 분야에서 imagenet 대회는 1,000개 카테고리에서 140만 개의 이미지 데이터 세트를 제공하는 데 큰 역할을 했다. 이 카테고리는 손으로 주석이 달려 있으며, 매년 수백 개의 팀이 경쟁하여 이 경쟁에서 성공한 알고리즘 중 일부는 VGG, ResNet, Inception, DenseNet 등이다.

이러한 알고리즘은 오늘날 다양한 컴퓨터 비전 문제를 해결하기 위해 산업에서 사용되며, 다양한 알고리즘을 벤치마킹하기 위해 딥러닝 공간에서 자주 사용되는 다른 인기 있는 데이터 세트를 다음과 같이 나열한다.

- MNIST
- CIFAR
- PASCAL VOC
- 20 Newsgroups
- Kaggle
- COCO dataset
- The Street View House Numbers
- Wikipedia dump
- Penn Treebank

5.1 MNIST

MNIST(modified national institute of standards and technology)는 다양한 이미지 처리 시스템을 교육하는데, 일반적으로 사용되는 손으로 쓴 숫자의 대규모 데이터베이스이며, 머신러닝 분야의 교육 및 테스트에도 널리 사용되고 있다.

MNIST 데이터베이스에는 60,000개의 학습 이미지와 10,000개의 테스트 이미지가 포함되어 있다. 훈련 세트의 절반과 테스트 세트의 절반은 NIST의 훈련 데이터 세트에서 가져왔고, 훈련 세트의 나머지 절반과 테스트 세트의 나머지 절반은 NIST의 테스트 데이터 세트에서 가져왔다. 또한 EMNIST라는 MNIST와 유사한 확장 데이터 세트은 2017년에 발표되었으며, 여기에는 240,000개의 교육 이미지와 40,000개의 필기 숫자 및 문자 테스트 이미지가 포함되어 있다.

5.2 다양한 학습 데이터 세트

5.2.1 Image Data

객체 탐지(object detection), 얼굴 인식(facial recognition) 및 다중 라벨 분류(multi-label classification)와 같은 작업을 위해 주로 이미지 또는 비디오로 구성된 데이터 세트이다.

(1) Facial Recognition Data

컴퓨터 비전에서 얼굴 이미지는 얼굴 인식 시스템, 얼굴 탐지 및 얼굴 이미지를 사용하는 다른 많은 프로젝트 개발에 광범위하게 사용되고 있다.

- FERET(facial recognition technology)
- RAVDESS(ryerson audio-visual database of emotional speech and song)
- SCFace
- Yale Face Database
- Cohn-Kanade AU-Coded Expression Database
- JAFFE Facial Expression Database
- FaceScrub
- BioID Face Database
- Skin Segmentation Dataset
- Bosphorus
- UOY 3D-Face
- CASIA 3D Face Database
- CASIA NIR
- BU-3DFE
- Face Recognition Grand Challenge Dataset
- Gavabdb
- 3D-RMA
- SoF
- IMDB-WIKI

(2) Action Recognition Data

- TV Human Interaction Dataset
- MHAD(berkeley multimodal human action database)
- THUMOS Dataset
- MEXAction2

(3) Object Detection and Recognition Data

- Visual Genome
- Berkeley 3-D Object Dataset
- BSDS500(berkeley segmentation data set and benchmarks 500)
- COCO(microsoft common objects in context)
- SUN Database
- ImageNet
- Open Images
- notMNIST
- TV News Channel Commercial Detection Dataset
- Statlog (Image Segmentation) Dataset
- Caltech 101
- Caltech-256
- SIFT10M Dataset
- LabelMe
- Cityscapes Dataset
- PASCAL VOC Dataset
- CIFAR-10 Dataset
- CIFAR-100 Dataset
- CINIC-10 Dataset
- Fashion-MNIST
- German Traffic Sign Detection Benchmark Dataset
- KITTI Vision Benchmark Dataset
- Linnaeus 5 dataset
- FieldSAFE
- 11K Hands
- CORe50
- OpenLORIS-Object
- THz and thermal video data set

(4) Handwriting and Character Recognition Data

- Artificial Characters Dataset
- Letter Dataset
- CASIA-HWDB
- CASIA-OLHWDB
- Character Trajectories Dataset
- Chars74K Dataset
- UJI Pen Characters Dataset
- Gisette Dataset
- Omniglot dataset
- MNIST database
- Optical Recognition of Handwritten Digits Dataset
- Pen-Based Recognition of Handwritten Digits Dataset
- Semeion Handwritten Digit Dataset
- Noisy Handwritten Bangla Dataset
- notMNIST

(5) Aerial Images Data

- Aerial Image Segmentation Dataset
- KIT AIS Data Set
- Wilt Dataset
- MASATI dataset
- Forest Type Mapping Dataset
- Overhead Imagery Research Data Set
- SpaceNet
- UC Merced Land Use Dataset
- SAT-4 Airborne Dataset
- SAT-6 Airborne Dataset

(6) Other Images Data

- Density functional theory quantum simulations of graphene
- Quantum simulations of an electron in a two dimensional potential well
- MPII Cooking Activities Dataset
- FAMOS Dataset
- PharmaPack Dataset
- Stanford Dogs Dataset
- The Oxford-IIIT Pet Dataset
- Corel Image Features Data Set
- Online Video Characteristics and Transcoding Time Dataset
- SIND(microsoft sequential image narrative dataset)
- Caltech-UCSD Birds-200-2011 Dataset
- YouTube-8M
- YFCC100M
- Discrete LIRIS-ACCEDE
- Continuous LIRIS-ACCEDE
- MediaEval LIRIS-ACCEDE
- Leeds Sports Pose
- Leeds Sports Pose Extended Training
- MCQ Dataset
- Surveillance Videos
- LILA BC
- Can We See Photosynthesis?

5.2.2 Text Data

텍스트 데이터는 자연어 처리, 감정 분석, 번역 및 클러스터 분석과 같은 작업을 위해 주로 텍스트로 구성된 데이터 세트이다.

(1) Reviews Data

- Amazon reviews
- OpinRank Review Dataset
- MovieLens
- Car Evaluation Data Set
- Yahoo! Music User Ratings of Musical Artists
- YouTube Comedy Slam Preference Dataset
- Skytrax User Reviews Dataset
- Teaching Assistant Evaluation Dataset

(2) News Articles Data

- NYSK Dataset
- The Reuters Corpus Volume 1
- The Reuters Corpus Volume 2
- Saudi Newspapers Corpus
- Thomson Reuters Text Research Collection
- RE3D(relationship and entity extraction evaluation dataset)
- Examiner Spam Clickbait Catalogue
- ABC Australia News Corpus
- Reuters News Wire Headline
- Worldwide News-Aggregate of 20K Feeds
- The Irish Times Ireland News Corpus
- News Headlines Dataset for Sarcasm Detection

(3) Messages Data

- Enron Email Dataset
- Ling-Spam Dataset
- SMS Spam Collection Dataset
- Twenty Newsgroups Dataset
- Spambase Dataset

(4) Twitter and Tweets Data

- MovieTweetings
- Twitter100k
- Sentiment140
- ASU Twitter Dataset

- SNAP Social Circles: Twitter Database
- Twitter Dataset for Arabic Sentiment Analysis
- Buzz in Social Media Dataset
- PIT(paraphrase and semantic similarity in twitter)
- Geoparse Twitter benchmark dataset

(5) Dialogues Data

- NPS Chat Corpus
- Twitter Triple Corpus
- UseNet Corpus
- NUS SMS Corpus
- Reddit All Comments Corpus
- Ubuntu Dialogue Corpus

(6) Other Text Data

- Web of Science Dataset
- Legal Case Reports
- Blogger Authorship Corpus
- T-REx
- Social Structure of Facebook Networks
- Dataset for the Machine Comprehension of Text
- The Penn Treebank Project
- DEXTER Dataset
- Google Books N-grams
- Personae Corpus
- CNAE-9 Dataset
- BlogFeedback Dataset
- Sentiment Labeled Sentences Dataset
- SNLI(stanford natural language inference) Corpus
- DSLCC(dsl corpus collection)
- Urban Dictionary Dataset
- GLUE(general language understanding evaluation)

5.2.3 Sound Data

사운드 데이터는 사운드 및 사운드 특징의 데이터 세트로 구성되었다.

(1) Speech Data

- Zero Resource Speech Challenge 2015

- Parkinson Speech Dataset
- Spoken Arabic Digits
- ISOLET Dataset
- Japanese Vowels Dataset
- Parkinson's Telemonitoring Dataset
- TIMIT
- Arabic Speech Corpus
- Common Voice

(2) Music Data

- Geographical Original of Music Data Set
- Million Song Dataset
- MUSDB18
- Free Music Archive
- Bach Choral Harmony Dataset

(3) Other Sounds Data

- UrbanSound
- AudioSet
- Bird Audio Detection challenge
- WSJ0 Hipster Ambient Mixtures

5.2.4 Signal Data

시그널 데이터는 추가 분석을 위해 일종의 신호 처리가 필요한 전기 신호 정보가 포함된 데이터 세트로 구성되었다.

(1) Electrical Data

- Witty Worm Dataset
- Gas Sensor Array Drift Dataset
- Cuff-Less Blood Pressure Estimation Dataset
- Servo Dataset
- UJIIndoorLoc-Mag Dataset
- Sensorless Drive Diagnosis Dataset

(2) Motion-tracking Data

- Wearable Computing: Classification of Body Postures and Movements(PUC-Rio)
- Gesture Phase Segmentation Dataset
- Vicon Physical Action Data Set Dataset

- Daily and Sports Activities Dataset
- Human Activity Recognition Using Smartphones Dataset
- Australian Sign Language Signs
- Weight Lifting Exercises monitored with Inertial Measurement Units
- sEMG for Basic Hand movements Dataset
- REALDISP Activity Recognition Dataset
- Heterogeneity Activity Recognition Dataset
- Indoor User Movement Prediction from RSS Data
- PAMAP2 Physical Activity Monitoring Dataset
- OPPORTUNITY Activity Recognition Dataset
- Real World Activity Recognition Dataset
- Toronto Rehab Stroke Pose Dataset

(3) Other Signals Data

- Wine Dataset
- Combined Cycle Power Plant Data Set

5.2.5 Physical Data

물리적 데이터는 물리적 시스템에서 획득된 데이터 세트로 구성되었다.

(1) High-energy Physics Data

- HIGGS Dataset
- HEPMASS Dataset

(2) Systems Data

- Yacht Hydrodynamics Dataset
- Robot Execution Failures Dataset
- Pittsburgh Bridges Dataset
- Automobile Dataset
- Auto MPG Dataset
- Energy Efficiency Dataset
- Airfoil Self-Noise Dataset
- Statlog (Shuttle) Dataset
- Challenger USA Space Shuttle O-Ring Dataset

(3) Astronomy Data

- Volcanoes on Venus-JARtool experiment Dataset
- MAGIC Gamma Telescope Dataset
- Solar Flare Dataset

(4) Earth Science Data

- Volcanoes of the World
- Seismic-bumps Dataset

(5) Other Physical Data

- Concrete Compressive Strength Dataset
- Concrete Slump Test Dataset
- Musk Dataset
- Steel Plates Faults Dataset

5.2.6 Biological Data

생물학적 데이터는 생물학적 시스템으로부터 생성된 데이트 세트로 구성되었다.

(1) Human Data

- EEG Database
- P300 Interface Dataset
- Heart Disease Data Set
- Arrhythmia Dataset
- Breast Cancer Wisconsin (Diagnostic) Dataset
- National Survey on Drug Use and Health
- Lung Cancer Dataset
- Thyroid Disease Dataset
- Diabetes 130-US hospitals for years 1999-2008 Dataset
- Diabetic Retinopathy Debrecen Dataset
- Diabetic Retinopathy Messidor Dataset
- Liver Disorders Dataset
- Mesothelioma Dataset
- Parkinson's Vision-Based Pose Estimation Dataset
- KEGG Metabolic Reaction Network (Undirected) Dataset
- MHSMA(modified human sperm morphology analysis dataset)

(2) Animal Data

- Abalone Dataset
- Zoo Dataset
- Demospongiae Dataset
- Mice Protein Expression Dataset
- Splice-junction Gene Sequences Dataset

(3) Plant Data

- Forest Fires Dataset
- Iris Dataset
- Plant Species Leaves Dataset
- Mushroom Dataset
- Soybean Dataset
- Seeds Dataset
- Covertype Dataset
- Abscisic Acid Signaling Network Dataset
- Folio Dataset
- Oxford Flower Dataset
- Plant Seedlings Dataset
- Fruits 360 dataset

(4) Microbe Data

- Ecoli Dataset
- MicroMass Dataset
- Yeast Dataset

(5) Drug Discovery Data

- Tox21 Dataset

5.2.7 Anomaly Data

- NAB(numenta anomaly benchmark)
- On the Evaluation of Unsupervised Outlier Detection: Measures, Datasets, and an Empirical Study

5.2.8 Question Answering Data

- DBNQA(dbpedia neural question answering) Dataset

5.2.9 Multivariate Data

다변량 데이터는 관측 행과 특징 속성 열로 구성된 데이터 세트이며, 일반적으로 회귀 분석 또는 분류에 사용되지만 다른 유형의 알고리즘도 사용할 수 있다.

(1) Financial Data

- Dow Jones Index
- eBay auction data
- Bank Marketing Dataset
- Default of Credit Card Clients
- Statlog(Australian Credit Approval)
- Statlog(German Credit Data
- Istanbul Stock Exchange Dataset

(2) Weather Data

- Cloud DataSet
- El Nino Dataset
- Greenhouse Gas Observing Network Dataset
- Atmospheric CO2 from Continuous Air Samples at Mauna Loa Observatory
- Ionosphere Dataset
- Ozone Level Detection Dataset

(3) Census Data

- Adult Dataset
- IPUMS Census Database
- Census-Income(KDD)
- US Census Data 1990

(4) Transit Data

- Bike Sharing Dataset
- Taxi Service Trajectory ECML PKDD
- New York City Taxi Trip Data

(5) Internet Data

- Webpages from Common Crawl 2012
- Internet Advertisements Datase
- URL Dataset
- Online Retail Datase
- Internet Usage Dataset
- Phishing Websites Dataset
- Freebase Simple Topic Dump

- Farm Ads Dataset

(6) Games Data

- Poker Hand Dataset
- Connect-4 Dataset
- Chess (King-Rook vs. King) Dataset
- Chess(King-Rook vs. King-Pawn) Dataset
- Tic-Tac-Toe Endgame Dataset

(7) Other Multivariate Data

- Housing Data Set
- The Getty Vocabularies
- Yahoo! Front Page Today Module User Click Log
- British Oceanographic Data Centre
- Congressional Voting Records Dataset
- Entree Chicago Recommendation Dataset
- Insurance Company Benchmark(COIL 2000)
- Nursery Dataset
- University Dataset
- Blood Transfusion Service Center Dataset
- Record Linkage Comparison Patterns Dataset
- Nomao Dataset
- Movie Dataset
- Open University Learning Analytics Dataset
- Mobile phone records

6. 데이터 과학

데이터 과학을 적용하는 과정을 간략하게 정리하며, 데이터 과학의 각 단계를 다음의 '데이터 과학의 로드맵'에 나타낸다.

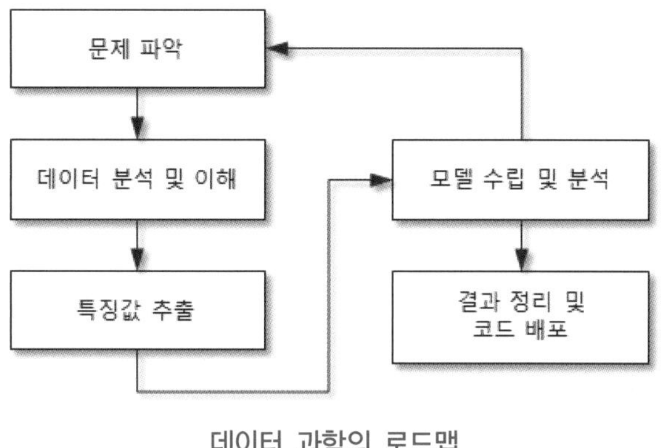

데이터 과학의 로드맵

데이터 과학의 첫 단계는 주어진 문제를 파악하는 것이다. 당면한 상황에서 어떤 문제가 있는지 찾아내고 어떻게 공학적인 문제로 전환하여 풀 수 있는지 정의하게 된다. 문제 파악이 끝나면 실제 데이터를 들여다보면서 문제 해결에 필요한 정보가 있는지, 어떻게 활용할지 데이터의 분석과 이해가 진행되어야 한다. 이를 기반으로 데이터에서 필요한 특징 값을 추출한다. 그리고 이 특징 값에 알맞은 도구를 이용해 분석을 수행하기 위한 모델 수립과 분석이 진행되며, 마지막으로 모델을 이용한 적정한 결과 도출과 공유를 위한 코드 배포가 진행된다.

■ 단계 1 - 문제 파악

데이터 과학의 실력은 수학이나 코딩 실력이 아니라 상황에 맞는 정확한 문제를 찾아내는 능력이다. 파악한 문제에 대해서는 요구 사항과 목표를 정확하게 서술 및 문서화가 이루어져야 한다.

■ 단계 2 - 데이터 이해 및 분석

데이터 과학의 두 번째 단계는 주어진 데이터를 이해하는 것이며, 가장 중요한 사항은 이 데이터로 주어진 문제를 해결할 수 있느냐이다. 그렇지 않다면 다른 데이터를 찾아보거나 목표를 현실적으로 수정해야 한다.

데이터를 통한 문제 해결이 가능하다면 데이터 분석을 위하여 원본 데이터를 분석하기 편한 형태로 변환하는 데이터 전처리 과정을 진행하게 된다. 일반적인 전처리 과정은 다음과 같다.

- 전처리 프로그램 개발
- 전처리 프로그램에 데이터 적재
- 원본 데이터에서 불필요한 데이터 제거 및 변환
- 원하는 형태로 변환하여 분석에 적합한 형식으로 저장

데이터 전처리는 데이터 과학자 고유의 업무 영역이다. 일반적인 데이터베이스를 사용해 필요한 값을 저장하지만, 데이터 규모가 크거나 데이터의 복잡성과 특수성으로 빅데이터 기술이 사용될 수도 있다. 원본 데이터가 복잡하고 크다면 데이터의 전처리 과정 또한 복잡하며 시간도 많이 소요되므로 효율성을 고려하여야 한다.

데이터 전처리가 끝나면 실질적으로 데이터를 들여다보고 직접 탐험을 시작한다. 전처리된 데이터를 이용하여 시각화 및 다양한 변환을 적용하면서 데이터의 내용을 살펴보게 된다. 시각화는 데이터를 이해하는 아주 중요한 과정이다.

■ 단계 3 - 특징 값 추출

특징 값 추출 단계는 데이터 전처리 및 데이터 탐험 단계와 매우 밀접하며, 특징 값은 데이터의 여러 특징들을 나타내는 값을 의미한다. 특징을 추출하는 과정은 원본 데이터를 가공해서 그 텍스트 또는 값 등으로 저장하는 일이다. 특징 값 추출은 머신러닝, 통계 모델, 코드 구현 이전에 데이터 분석 단계 중에서 매우 중요한 일이며, 데이터 과학에서 가장 창의성을 발휘하는 업무 중의 하나이다.

■ 단계 4 - 모델 수립 및 분석

특징 값을 추출하고 나면 머신러닝 모델을 사용할 단계이며, 분류, 회귀 그리고 클러스터링 알고리즘 등을 사용한다. 보통 모델을 정하는 과정은 그리 복잡하지 않으며, 표준화된 모델 중 적당한 모델들을 선택 및 성능 비교하여 사용하면 된다. 데이터 분석은 목표가 달성되기까지의 유사한 작업의 끝없는 반복이다.

■ 단계 5 - 결과 정리 및 코드 배포

여러 모델을 사용해보고 장단점을 정리하여 보고서를 작성하며, 개발된 모델을 공유하기 위해 코드를 배포한다.

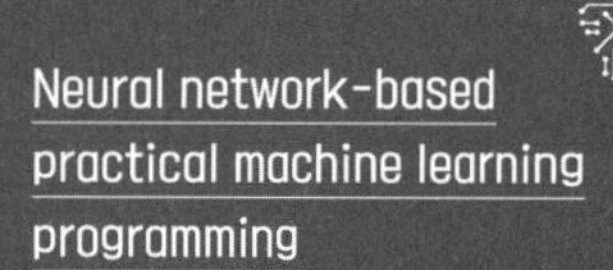

Neural network-based
practical machine learning
programming

III. 딥러닝

Deep-learning

III 딥러닝(Deep-learning)

1. 딥러닝

1.1 딥러닝의 이해

이번 장에서는 딥러닝의 핵심 개념을 간단히 살펴본다. 머신러닝에서는 입력 데이터를 원하는 출력에 매핑하기 위한 규칙을 자동으로 발견하려고 한다. 딥러닝은 머신러닝의 하위 분야로 데이터를 계층적으로 표현한다. 하위 레벨 표현이 조합되어 상위 레벨로 구조화된다. 더 중요한 것은 머신러닝에서 가장 중요한 특성 엔지니어링을 완전히 자동화하면 이 표현의 계층이 데이터로부터 자동으로 학습된다는 것이다. 시스템이 추상화의 여러 레벨에서 함수를 자동으로 학습하면서 사람이 만든 특성과는 별도로 입력된 데이터에서 복잡한 표현을 직접 학습해 출력한다.

딥러닝 모델은 실제로 여러 개의 은닉 계층이 있는 신경망으로, 입력 데이터의 계층적 표현을 만들 수 있다. '심층(deep)'이라고 한 이유는 여러 개의 은닉 계층을 통해 표현을 얻기 때문이다. 간단히 말하면, 딥러닝은 계층적 특성 엔지니어링(hierarchical feature-engineering)이라고 할 수 있으며, 심층 신경망의 간단한 한 가지 예는 하나 이상의 은닉 계층이 있는 MLP(multi-layered perceptron)이다.

딥러닝을 이해하려면 신경망의 구성 요소와 네트워크의 훈련 방법, 그러한 훈련 알고리즘을 매우 큰 심층 네트워크로 확장하는 방법을 명확하게 이해해야 한다. 현재 딥러닝이 대중에게 관심을 받는 데는 다음과 같은 세 가지 이유가 있다.

■ 효율적인 하드웨어 가용성

무어의 법칙은 CPU의 처리 능력을 높이고 컴퓨팅 파워를 향상시켰다. 그 밖에도 GPU는 딥러닝 모델에서 매우 일반적인 연산인 스케일이 조정되는 수백만 개의 행렬 연산에도 매우 유용하다. 연구 커뮤니티들이 CUDA 같은 SDK를 사용하면서 거대한 CPU 클러스터로 하던 일이 이제 소수의 GPU 병렬 처리로 대체되었다. 모델 훈련에는 행렬곱이나 내적과 같은 여러 작은 선형 대수 연산이 포함되며, 이는 CUDA에서 매우 효율적으로 구현되어 GPU에서 실행된다.

■ 대용량 데이터 소스와 저렴한 저장소의 이용

이제 텍스트, 이미지, 음성을 위한 레이블된 훈련 세트를 무료로 이용할 수 있다.

■ 신경망을 훈련하는 데 사용되는 최적화 알고리즘의 발전

전통적으로 가중치를 학습하기 위해 신경망에 사용하는 알고리즘은 경사 하강 또는 확률적 경사 하강(stochastic gradient descent, SGD)뿐이었다. SGD에는 몇 가지 제약, 즉 국소 최솟값(local minima)이나 느린 수렴 등의 걸림돌이 있었는데, 최신 알고리즘은 이를 극복했다.

1.2 딥러닝 프레임워크

딥러닝이 널리 보급되고 채택되는 주요 이유 중 하나는 사용하기 쉬운 오픈소스 딥러닝 프레임워크로 구성된 파이썬 딥러닝 생태계 덕분이다. 그러나 새로운 프레임워크가 지속해서 출시되고 오래된 프레임워크가 수명을 다하는 것을 고려하면 딥러닝 환경이 빠르게 변화하고 있다. 따라서 딥러닝 프레임워크 중에서 구현하고 활용할 수 있는 것은 무엇이 있는지 이해하는 것이 무엇보다 중요하며, 다음은 가장 널리 사용되는 딥러닝 프레임워크를 보여준다.

■ 테아노

기본적으로 테아노(theano)는 지금은 일반적으로 텐서(tensor)로 알려진 다차원 배열에서 효율적인 수치 계산을 가능하게 하는 저수준 프레임워크다. 테아노는 매우 안정적이고 구문은 텐서플로와 매우 유사하다. GPU를 지원하지만 상당히 제한적이다. 특히 여러

GPU를 사용하려는 경우 더욱 그렇다. 1.0 이후에 개발과 지원이 중단되었기 때문에 딥러닝을 구현할 때 테아노를 사용하려면 주의해야 한다.

■ 텐서플로

아마도 가장 많이 쓰이는 딥러닝 프레임워크일 것이다(또는 가장 많이 쓰이는 것 중 하나). 구글 브레인에서 만들었고, 2015년에 출시하자마자 머신러닝과 딥러닝 연구자, 엔지니어, 데이터 과학자들의 많은 관심을 모았다. 출시 초기에는 성능에 문제가 있었지만, 현재도 개발 중이며 출시할 때마다 계속 개선되고 있다. 텐서플로(tensorflow)는 다중 CPU와 GPU 기반 실행을 지원하고 C++, 자바, R과 파이썬을 비롯한 여러 언어를 지원한다. 조금 더 복잡한 딥러닝 모델을 구축하기 위한 기호 프로그래밍(symbolic programming) 스타일만 지원했다가 v1.5 이후 널리 보급됨에 따라 더 대중적이고 사용하기 쉬운 명령형 프로그래밍 스타일(즉시 실행(eagar execution)이라고도 불림)을 지원하기 시작했다. 텐서플로는 일반적으로 테아노와 비슷한 저수준 라이브러리지만, 신속한 프로토타이핑 및 개발을 위해 고급 API 함수를 갖추고 있다. 텐서플로의 중요한 부분은 tf.contrib 모듈에 포함되어 있는데, 케라스 API를 비롯한 다양한 실험적인 기능을 포함하고 있다.

■ 케라스

어떤 문제를 풀기 위해 저수준의 딥러닝 프레임워크를 활용하다가 혼란에 빠지면 언제든지 케라스(keras)에 의지할 수 있다. 이 프레임워크는 하드코어 개발자가 아니더라도 과학자를 포함한 다양한 기술 세트를 보유한 사람들이 널리 사용할 수 있다. 케라스는 최소한의 코드로 효율적인 딥러닝 모델을 구축할 수 있는 간단하고 깨끗하며 사용하기 쉬운 고수준 API를 제공하기 때문이다. 케라스의 장점은 테아노나 텐서플로를 비롯한 여러 하위 수준의 딥러닝 프레임워크(백엔드라고도 함)를 기반으로 작동하도록 구성할 수 있다는 것이다. 케라스 설명서는 https://keras.io/에서 확인할 수 있으며 매우 상세하다.

■ 카페

버클리 비전 및 학습 센터(berkeley vision and learning center)에서 C++(파이썬 바인딩 포함)로 개발된 오래된 학습 프레임워크 중 하나다. 카페(caffe)에서 가장 중요한 부분은 Caffe Model Zoo의 일부로 여러 가지 사전 훈련된 딥러닝 모델을 제공한다는 것이다. 페이스북은 최근 Caffe2를 오픈소스화했다. Caffe2는 Caffe에 더 많은 기능을 향상시켜 만들었으며, 이전 제품보다 사용하기가 쉽다.

■ 파이토치

토치 프레임워크는 루아(lua)로 작성됐고 매우 유연하고 빠르며, 자주 성능이 크게 향상된다. 파이토치(pytorch)는 토치에서 영감을 얻어 딥러닝 모델을 만들 수 있는 파이썬 기반 프레임워크다. 단순히 토치에 대한 확장 또는 파이썬 래퍼가 아니라 토치 프레임워크 아키텍처의 다양한 측면을 개선한 완전한 프레임워크다. 여기에는 컨테이너 제거, 모듈 활용과 메모리 최적화와 같은 성능 향상도 포함되어 있다.

■ CNTK

마이크로소프트에서 제공하는 오픈소스 코그니티브 툴킷(cognitive toolkit) 프레임 워크는 파이썬과 C++를 모두 지원한다. 구문은 케라스와 매우 유사하며, 다양한 모델 아키텍처를 지원한다. 엄청난 인기를 얻고 있는 것은 아니지만, 마이크로소프트 내부의 cognitive-intelligence에서도 사용하는 프레임워크다.

■ MXNet

널리 사용되는 XGBoost 패키지의 제작사인 DMLC(distributed machine learning community)에서 개발했다. 현재 아파치 인큐베이터의 공식 프로젝트다. MXNet은 C++, 파이썬, R, 줄리아 등의 다양한 언어를 지원하는 최초의 딥러닝 프레임워크 중 하나이며, 다른 딥러닝 프레임워크에서 소홀히 했던 윈도우를 비롯한 여러 운영체제를 지원한다. 이 프레임워크는 다중 GPU를 지원하기 때문에 매우 효율적이고 확장성도 좋다. 그 결과 글루온(Gluon)이라는 고수준 인터페이스를 개발해서 아마존의 딥러닝 프레임워크가 됐다.

■ 글루온

CNNet뿐만 아니라 MXNet이 최상위에서 활용될 수 있는 고급 학습 프레임워크 또는 인터페이스라고 할 수 있다. 아마존 AWS와 마이크로소프트가 공동으로 개발한 글루온(gluon)은 케라스와 매우 유사하며 직접적인 경쟁자로 생각할 수 있다. 인공지능을 민주화하자는 비전을 가지고 시간이 지날수록 더욱더 저수준의 딥러닝 프레임워크를 지원할 것이라고 주장한다. 글루온은 누구나 쉽게 최소한의 코드로 딥러닝 아키텍처를 구축할 수 있는 매우 간단하고 깨끗하며 간결한 API를 제공한다.

■ BigDL

BigDL은 빅데이터를 위한 딥러닝으로 생각하면 된다. 인텔이 개발한 이 프레임워크는 아파치 스파크를 기반으로 하둡 클러스터를 이용해 분산 처리하기 때문에 스파크 프로그램으로 딥러닝 모델을 구축하고 실행할 수 있다. 또한 효율적이고 향상된 성능을 제공하기 위해 많이 쓰이는 인텔 매스 커널 라이브러리(math kernel library, MKL)를 활용한다.

딥러닝 프레임워크로 여기서 설명한 프레임워크만 있는 것은 아니지만, 딥러닝 환경에 무엇이 있는지에 대한 대략적인 개념은 얻었을 것이다. 앞에서 나열한 프레임워크를 살펴보고 자신에게 가장 적합한 프레임워크를 선택한다. 프레임워크별로 장단점이 있지만, 항상 해결해야 할 문제에 더 집중해야 하며 문제 해결에 가장 적합한 프레임워크를 활용해야 한다.

2. Tensorflow

2.1 Tensorflow 2.0 개발 환경

2.1.1 Python 설치하기

파이썬(https://www.python.org/downloads/)에 접속하여 64-bit용 파이썬을 다운로드한다.

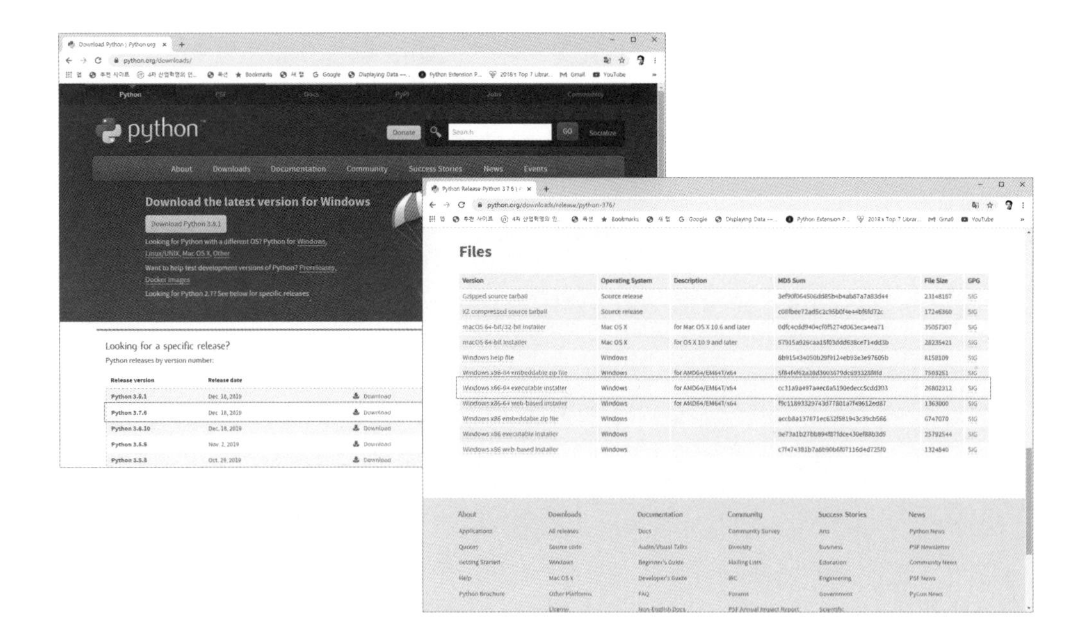

파이썬의 다운로드 완료 시에 더블 클릭하여 Python 설치를 진행한다.

2.1.2 Anaconda 설치하기

Anaconda를 설치하기 위해서는 Anaconda 웹사이트(https://www.anaconda.com/)에 접속하여 Python 3 버전 호환용을 다운로드한다.

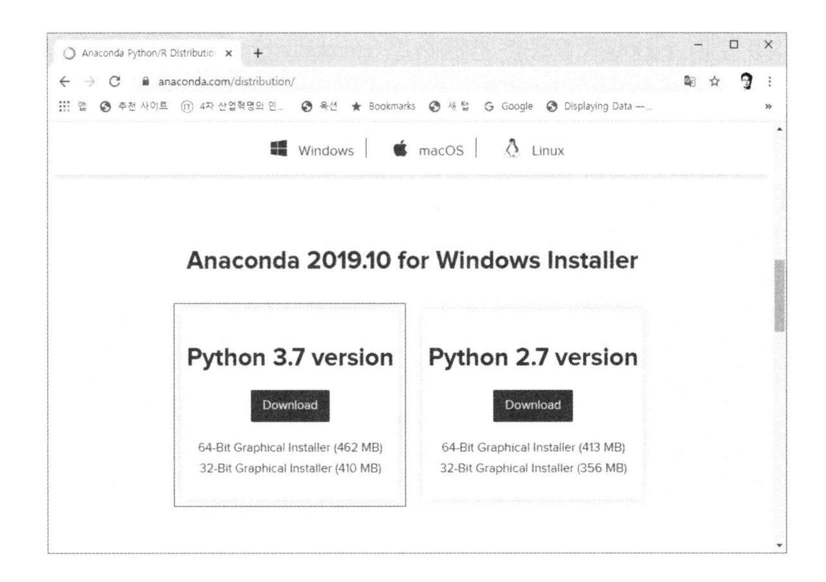

다운로드한 Anaconda를 더블 클릭하여 Python 설치를 진행하며, Anaconda 설치가 완료되면 다음과 같다.

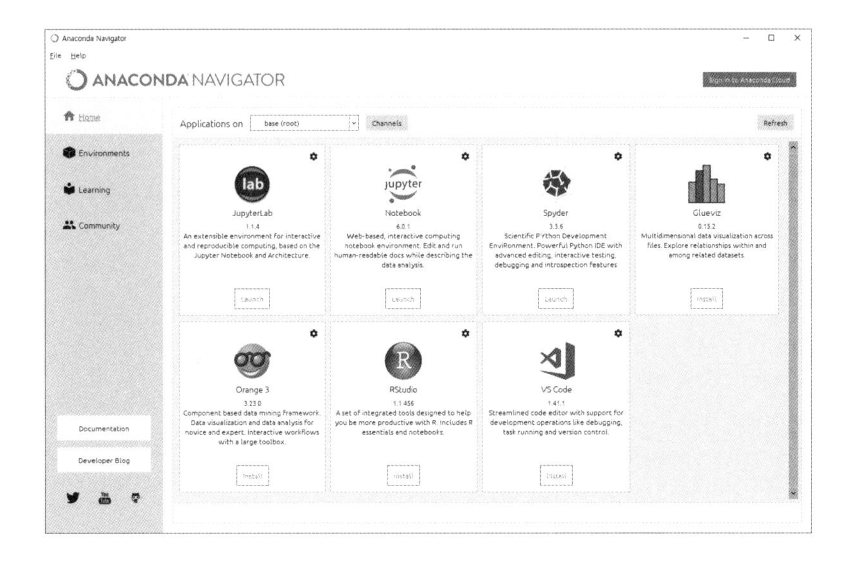

2.1.3 Tensorflow 2.0 설치하기

Tensflow 2.0을 설치하기 위해서는 다음과 같이 명령을 입력한다.

```
>conda create -n TF2_env
```

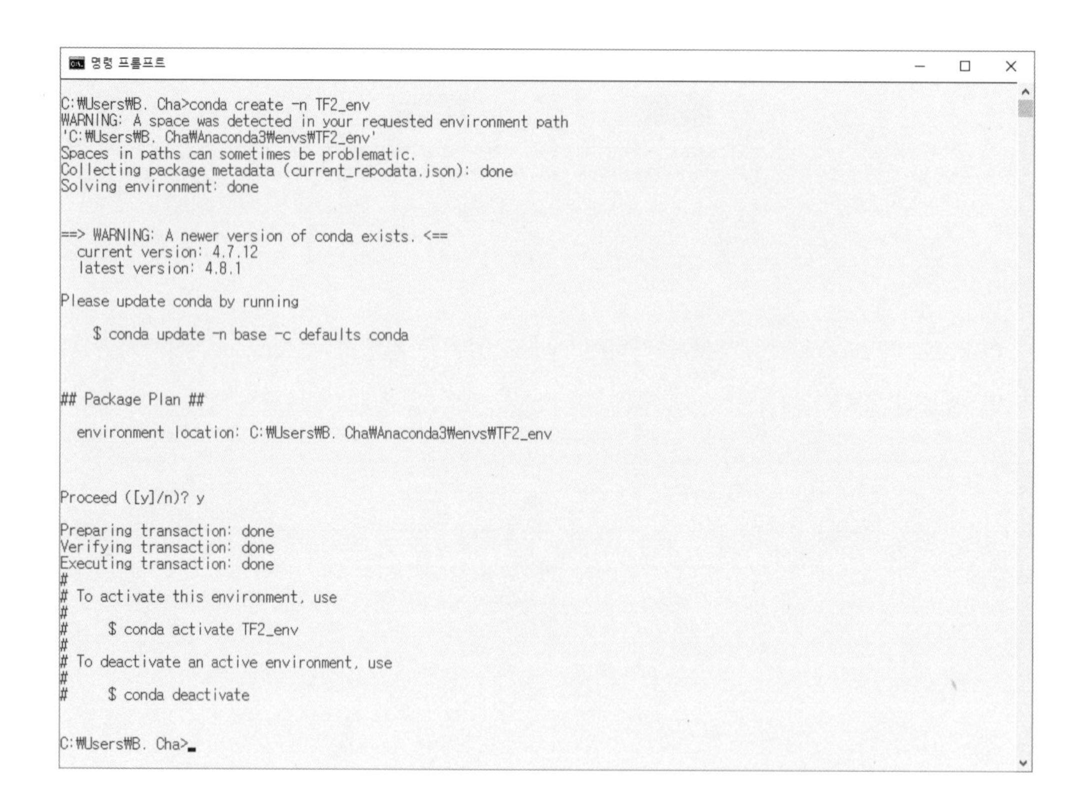


```
> conda env list
> conda info --envs
> activate TF2_env
```

```
>pip install --user --upgrade pip
```

```
명령 프롬프트 - deactivate - activate  TF2.0_env - activate  TF2_env
(TF2_env) C:₩Users₩B. Cha>pip install --user --upgrade pip
Requirement already up-to-date: pip in c:₩users₩b. cha₩anaconda3₩lib₩site-packages (20.0.2)

(TF2_env) C:₩Users₩B. Cha>_
```

```
>pip install --upgrade tensorflow
```

```
명령 프롬프트 - deactivate - activate  TF2.0_env - activate  TF2_env
1d1d4c7f2
  Building wheel for absl-py (setup.py) ... done
  Created wheel for absl-py: filename=absl_py-0.9.0-py3-none-any.whl size=121935 sha256=15d7b5da218b6ca2eb38ff8b3072759b
13c072f4a59b66d05227a6cb388e3f6a
  Stored in directory: c:₩users₩b. cha₩appdata₩local₩pip₩cache₩wheels₩cc₩af₩1a₩498a24d0730ef484019e007bb9e8cef3ac00311a6
72c049a3e
Successfully built gast opt-einsum termcolor absl-py
Installing collected packages: keras-applications, gast, opt-einsum, tensorflow-estimator, google-pasta, protobuf, termc
olor, keras-preprocessing, scipy, absl-py, grpcio, markdown, pyasn1, pyasn1-modules, cachetools, rsa, google-auth, oauth
lib, requests-oauthlib, google-auth-oauthlib, tensorboard, astor, tensorflow
  Attempting uninstall: scipy
    Found existing installation: scipy 1.3.1
    Uninstalling scipy-1.3.1:
      Successfully uninstalled scipy-1.3.1
Successfully installed absl-py-0.9.0 astor-0.8.1 cachetools-4.0.0 gast-0.2.2 google-auth-1.11.0 google-auth-oauthlib-0.4
.1 google-pasta-0.1.8 grpcio-1.26.0 keras-applications-1.0.8 keras-preprocessing-1.1.0 markdown-3.1.1 oauthlib-3.1.0 opt
-einsum-3.1.0 protobuf-3.11.2 pyasn1-0.4.8 pyasn1-modules-0.2.8 requests-oauthlib-1.3.0 rsa-4.0 scipy-1.4.1 tensorboard-
2.1.0 tensorflow-2.1.0 tensorflow-estimator-2.1.0 termcolor-1.1.0

(TF2_env) C:₩Users₩B. Cha>_
```

```
>conda install tensorflow
```

```
명령 프롬프트 - conda  install tensorflow
Microsoft Windows [Version 10.0.18362.592]
(c) 2019 Microsoft Corporation. All rights reserved.

C:₩Users₩B. Cha>conda install tensorflow
Collecting package metadata (current_repodata.json): done
Solving environment: done
```

2.2 Tensorflow 2.0 기초 과정

파이썬의 가상환경에서 Tensorflow를 로드하기 위해 다음의 명령어를 입력한다.

```
> activate TF2_env
> python
>>> import tensorflow as tf
```

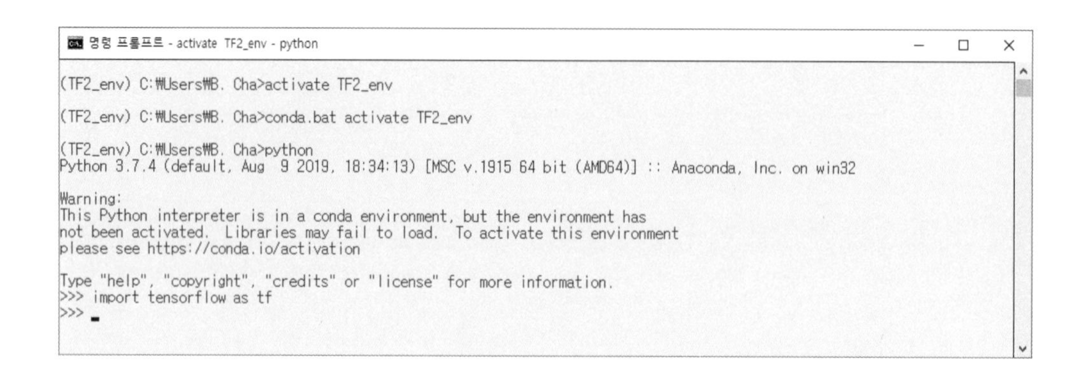

MNIST 데이터 세트를 적재하며, 샘플 값을 정수에서 부동소수로 변환한다.

```
>>> mnist = tf.keras.datasets.mnist
>>> (x_train, y_train), (x_test, y_test) = mnist.load_data()
>>> x_train, x_test = x_train / 255.0, x_test / 255.0
```

```
명령 프롬프트 - activate TF2_env - python
>>> import tensorflow as tf
>>> mnist = tf.keras.datasets.mnist
>>> (x_train, y_train), (x_test, y_test) = mnist.load_data()
>>> x_train, x_test = x_train / 255.0, x_test / 255.0
>>>
```

tf.keras.Sequential 모델을 만들며, 학습에 사용할 optimizer와 손실 함수를 선택한다.

```
>>>model = tf.keras.models.Sequential([
      tf.keras.layers.Flatten(input_shape=(28, 28)),
      tf.keras.layers.Dense(128, activation='relu'),
      tf.keras.layers.Dropout(0.2),
   tf.keras.layers.Dense(10, activation='softmax')
   ])

>>> model.compile(optimizer='adam', loss='sparse_categorical_crossentropy',
        metrics=['accuracy'])
```

```
명령 프롬프트 - activate TF2_env - python
>>> model = tf.keras.models.Sequential([
...     tf.keras.layers.Flatten(input_shape=(28, 28)),
...     tf.keras.layers.Dense(128, activation='relu'),
...     tf.keras.layers.Dropout(0.2),
...     tf.keras.layers.Dense(10, activation='softmax')
... ])
2020-01-29 06:52:10.061875: I tensorflow/core/platform/cpu_feature_guard.cc:145] This TensorFlow binary is optimized wit
h Intel(R) MKL-DNN to use the following CPU instructions in performance critical operations:  AVX
To enable them in non-MKL-DNN operations, rebuild TensorFlow with the appropriate compiler flags.
2020-01-29 06:52:10.084745: I tensorflow/core/common_runtime/process_util.cc:115] Creating new thread pool with default
inter op setting: 4. Tune using inter_op_parallelism_threads for best performance.
>>> model.compile(optimizer='adam', loss='sparse_categorical_crossentropy', metrics=['accuracy'])
>>>
```

모델을 학습하고 평가하기 위하여 다음과 같이 입력한다.

```
>>>model.fit(x_train, y_train, epochs=10)
```

```
명령 프롬프트 - activate TF2_env - python
>>> model.fit(x_train, y_train, epochs=10)
Train on 60000 samples
Epoch 1/10
60000/60000 [==============================] - 6s 102us/sample - loss: 0.2992 - accuracy: 0.9134
Epoch 2/10
60000/60000 [==============================] - 5s 90us/sample - loss: 0.1455 - accuracy: 0.9572
Epoch 3/10
60000/60000 [==============================] - 6s 98us/sample - loss: 0.1068 - accuracy: 0.9674
Epoch 4/10
60000/60000 [==============================] - 6s 93us/sample - loss: 0.0870 - accuracy: 0.9736
Epoch 5/10
60000/60000 [==============================] - 5s 89us/sample - loss: 0.0772 - accuracy: 0.9762
Epoch 6/10
60000/60000 [==============================] - 5s 89us/sample - loss: 0.0656 - accuracy: 0.9793
Epoch 7/10
60000/60000 [==============================] - 6s 96us/sample - loss: 0.0589 - accuracy: 0.9804
Epoch 8/10
60000/60000 [==============================] - 5s 91us/sample - loss: 0.0530 - accuracy: 0.9824
Epoch 9/10
60000/60000 [==============================] - 5s 87us/sample - loss: 0.0499 - accuracy: 0.9837
Epoch 10/10
60000/60000 [==============================] - 5s 87us/sample - loss: 0.0446 - accuracy: 0.9851
<tensorflow.python.keras.callbacks.History object at 0x00000235CFF9BF48>
>>>
```

```
>>>model.evaluate(x_test, y_test, verbose=2)
```

```
명령 프롬프트 - activate TF2_env - python
>>> model.evaluate(x_test, y_test, verbose=2)
10000/1 - 1s - loss: 0.0363 - accuracy: 0.9788
[0.07237672766717733, 0.9788]
>>>
```

2.3 Tensorflow 2.0 기초 과정 2

Anaconda를 이용한 파이썬의 matplotlib 라이브러리를 설치하기 위하여 다음과 같이 입력한다.

```
> conda install matplotlib
> python
```

```
>>> import matplotlib.pyplot as plt
>>> import tensorflow as tf
>>> import numpy as np
>>> layers = tf.keras.layers
>>> print(tf.__version__)
```

```
선택 명령 프롬프트 - conda install matplotlib - conda install numpy - python
(TF2_env) C:\Users\B. Cha>python
Python 3.7.6 (default, Jan  8 2020, 20:23:39) [MSC v.1916 64 bit (AMD64)] :: Anaconda, Inc. on win32
Type "help", "copyright", "credits" or "license" for more information.
>>> import matplotlib.pyplot as plt
>>> import tensorflow as tf
>>> import numpy as np
>>> layers = tf.keras.layers
>>> print(tf.__version__)
2.0.0
>>>
```

```
>>> mnist = tf.keras.datasets.fashion_mnist
>>> (x_train, y_train), (x_test, y_test) = mnist.load_data()
>>> x_train, x_test = x_train / 255.0, x_test / 255.0
```

명령 프롬프트 - conda install matplotlib - conda install numpy - python

```
>>> print(tf.__version__)
2.0.0
>>> mnist = tf.keras.datasets.fashion_mnist
>>> (x_train, y_train), (x_test, y_test) = mnist.load_data()
```

```
>>> class_names = ['T-shirt/top', 'Trouser', 'Pullover', 'Dress', 'Coat',
'Sandal', 'Shirt', 'Sneaker', 'Bag', 'Ankle boot']

>>> plt.figure(figsize=(10,10))

>>> for i in range(25):
...     plt.subplot(5,5,i+1)
...     plt.xticks([])
...     plt.yticks([])
...     plt.grid(False)
...     plt.imshow(x_train[i], cmap=plt.cm.binary)
...     plt.xlabel(class_names[y_train[i]])

>>> plt.show()
```

Result

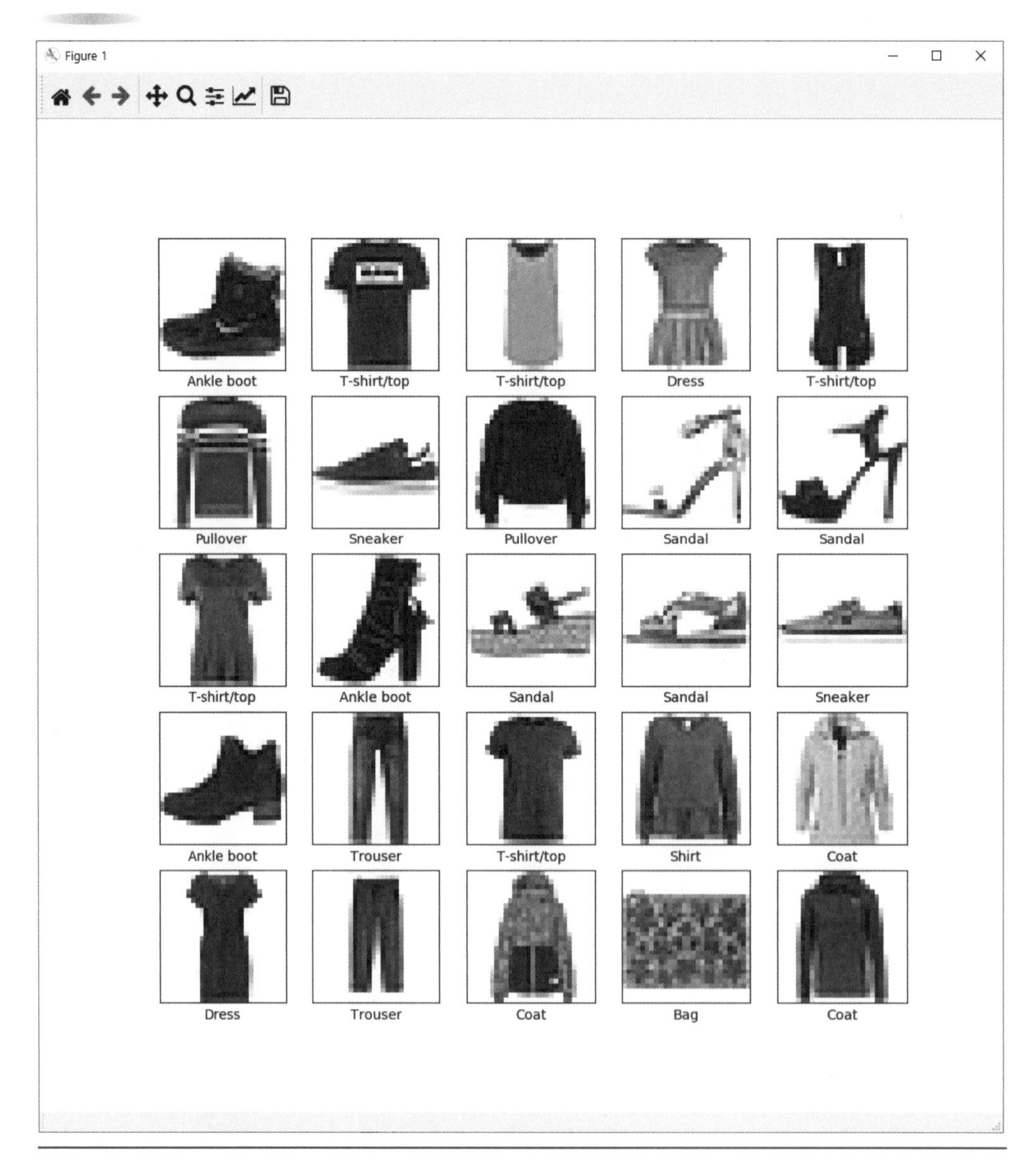
Figure 1
Ankle boot
T-shirt/top
T-shirt/top
Dress
T-shirt/top
Pullover
Sneaker
Pullover
Sandal
Sandal
T-shirt/top
Ankle boot
Sandal
Sandal
Sneaker
Ankle boot
Trouser
T-shirt/top
Shirt
Coat
Dress
Trouser
Coat
Bag
Coat

```
>>> model = tf.keras.Sequential()
>>> model.add(layers.Flatten())
>>> model.add(layers.Dense(64, activation='relu'))
>>> model.add(layers.Dense(64, activation='relu'))
>>> model.add(layers.Dense(10, activation='softmax'))
>>> model.compile(optimizer='adam', loss='sparse_categorical_crossentropy',
...  metrics=['accuracy'])
>>> model.fit(x_train, y_train, epochs=10)
```

```
명령 프롬프트 - conda install matplotlib - conda install numpy - python
>>> model = tf.keras.Sequential()
>>> model.add(layers.Flatten())
>>> model.add(layers.Dense(64, activation='relu'))
>>> model.add(layers.Dense(64, activation='relu'))
>>> model.add(layers.Dense(10, activation='softmax'))
>>> model.compile(optimizer='adam',
...   loss='sparse_categorical_crossentropy',
...   metrics=['accuracy'])
>>> model.fit(x_train, y_train, epochs=10)
2020-01-29 12:15:00.258819: I tensorflow/core/platform/cpu_feature_guard.cc:145] This TensorFlow binary is optimized wit
h Intel(R) MKL-DNN to use the following CPU instructions in performance critical operations:  AVX
To enable them in non-MKL-DNN operations, rebuild TensorFlow with the appropriate compiler flags.
2020-01-29 12:15:00.268352: I tensorflow/core/common_runtime/process_util.cc:115] Creating new thread pool with default
inter op setting: 4. Tune using inter_op_parallelism_threads for best performance.
Train on 60000 samples
Epoch 1/10
60000/60000 [==============================] - 3s 58us/sample - loss: 0.5066 - accuracy: 0.8232
Epoch 2/10
60000/60000 [==============================] - 3s 44us/sample - loss: 0.3776 - accuracy: 0.8628
Epoch 3/10
60000/60000 [==============================] - 3s 45us/sample - loss: 0.3445 - accuracy: 0.8749
Epoch 4/10
60000/60000 [==============================] - 3s 44us/sample - loss: 0.3224 - accuracy: 0.8818
Epoch 5/10
60000/60000 [==============================] - 3s 44us/sample - loss: 0.3039 - accuracy: 0.8877
Epoch 6/10
60000/60000 [==============================] - 3s 45us/sample - loss: 0.2917 - accuracy: 0.8914
Epoch 7/10
60000/60000 [==============================] - 3s 45us/sample - loss: 0.2802 - accuracy: 0.8963
Epoch 8/10
60000/60000 [==============================] - 3s 44us/sample - loss: 0.2690 - accuracy: 0.9003
Epoch 9/10
60000/60000 [==============================] - 3s 43us/sample - loss: 0.2599 - accuracy: 0.9027
Epoch 10/10
60000/60000 [==============================] - 3s 44us/sample - loss: 0.2495 - accuracy: 0.9067
<tensorflow.python.keras.callbacks.History object at 0x000001F96A195788>
>>>
```

```
>>> def plot_image(i, predictions_array, true_label, img):
...    predictions_array, true_label, img = predictions_array[i], true_label[i],
img[i]
...     plt.grid(False)
...     plt.xticks([])
...     plt.yticks([])
...     plt.imshow(img, cmap=plt.cm.binary)
...     predicted_label = np.argmax(predictions_array)
...     if predicted_label == true_label:
...        color = 'blue'
...     else:
...        color = 'red'
...     plt.xlabel("{} {:2.0f}% ({})".format(class_names[predicted_label],
...   100*np.max(predictions_array), class_names[true_label]), color=color)

>>> def plot_value_array(i, predictions_array, true_label):
...     predictions_array, true_label = predictions_array[i], true_label[i]
...     plt.grid(False)
...     plt.xticks([])
...     plt.yticks([])
...     thisplot = plt.bar(range(10), predictions_array, color="#777777")
...     plt.ylim([0, 1])
...     predicted_label = np.argmax(predictions_array)
...     thisplot[predicted_label].set_color('red')
...     thisplot[true_label].set_color('blue')
...     predictions = model.predict(x_test)
```

```
명령 프롬프트 - conda  install matplotlib - conda  install numpy - python
>>> def plot_image(i, predictions_array, true_label, img):
...    predictions_array, true_label, img = predictions_array[i], true_label[i], img[i]
...    plt.grid(False)
...    plt.xticks([])
...    plt.yticks([])
...    plt.imshow(img, cmap=plt.cm.binary)
...    predicted_label = np.argmax(predictions_array)
...    if predicted_label == true_label:
...       color = 'blue'
...    else:
...       color = 'red'
...    plt.xlabel("{} {:2.0f}% ({})".format(class_names[predicted_label],
...  100*np.max(predictions_array),
...  class_names[true_label]),
...  color=color)
...
>>> def plot_value_array(i, predictions_array, true_label):
...    predictions_array, true_label = predictions_array[i], true_label[i]
...    plt.grid(False)
...    plt.xticks([])
...    plt.yticks([])
...    thisplot = plt.bar(range(10), predictions_array, color="#777777")
...    plt.ylim([0, 1])
...    predicted_label = np.argmax(predictions_array)
...    thisplot[predicted_label].set_color(red)
...    thisplot[true_label].set_color(blue)
...    predictions = model.predict(x_test)
...
>>>
```

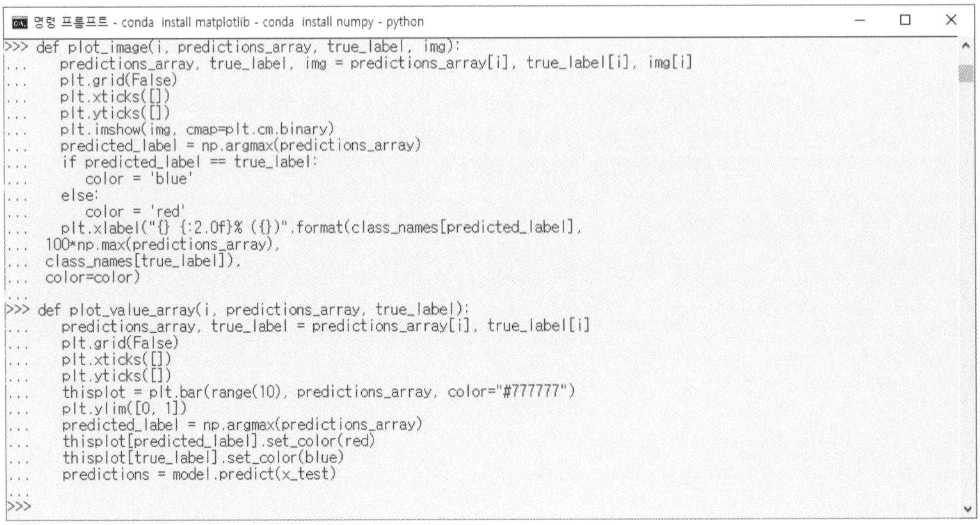

```
>>> predictions = model.predict(x_test)
>>> i = 0
>>> plt.figure(figsize=(6,3))
>>> plt.subplot(1,2,1)
>>> plot_image(i, predictions, y_test, x_test)
>>> plt.subplot(1,2,2)
>>> plot_value_array(i, predictions, y_test)
>>> plt.show()
```

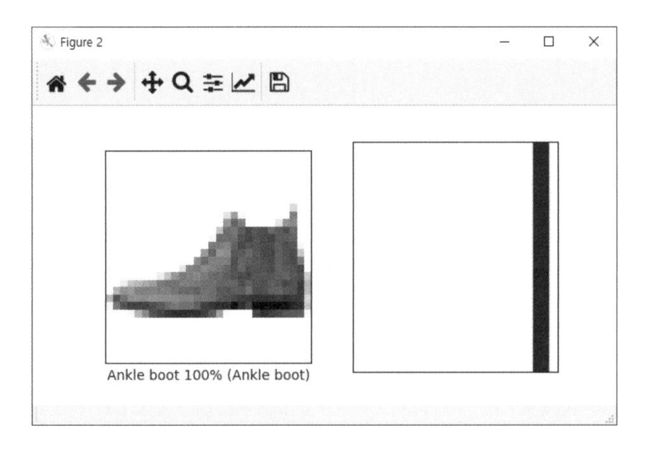


```
>>> predicted_label = class_names[np.argmax(predictions[0])]
>>> print('Actual label:', class_names[y_test[0]])
>>> print('Predicted label:', predicted_label)
```

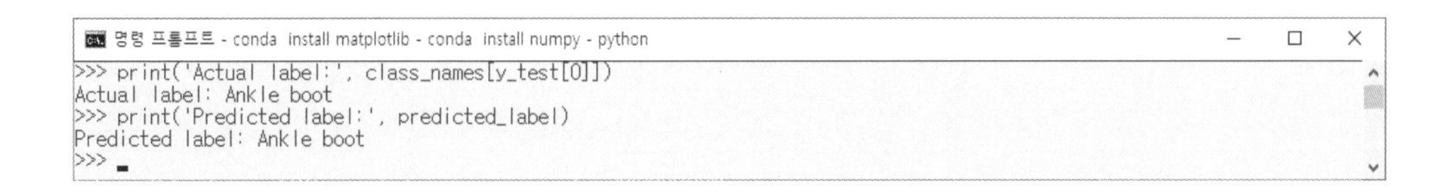

2.4 Tensorflow 2.0 기초 과정 3

(1) 불러오기

```
# tensorflow와 tf.keras를 불러온다
        >>> import tensorflow as tf
        >>> from tensorflow import keras
```

```
# 헬퍼(helper) 라이브러리를 불러온다
>>> import numpy as np
>>> import matplotlib.pyplot as plt

>>> print(tf.__version__)
```

(2) 패션 MNIST 데이터 세트 불러오기

패션 MNIST는 컴퓨터 비전 분야의 "Hello, World" 프로그램격인 고전 MNIST 데이터 세트를 대신해서 자주 사용된다. MNIST 데이터 세트는 손글씨 숫자(0, 1, 2 등)의 이미지로 이루어져 있으며, 여기서 사용하려는 옷 이미지와 동일한 포맷이다.

패션 MNIST는 일반적인 MNIST보다 조금 더 어려운 문제이고 다양한 예제를 만들기 위해 선택되었다. 두 데이터 세트는 비교적 작기 때문에 알고리즘의 작동 여부를 확인하기 위해 사용되며, 코드를 테스트하고 디버깅하는 용도로 좋다.

네트워크를 훈련하는 데 60,000개의 이미지를 사용한다. 그다음 네트워크가 얼마나 정확하게 이미지를 분류하는지 10,000개의 이미지로 평가하게 된다. 패션 MNIST 데이터 세트는 텐서플로에서 바로 적재할 수 있다.

```
>>> fashion_mnist = keras.datasets.fashion_mnist
>>> (train_images, train_labels), (test_images, test_labels) = fashion_mnist.load_data()
```

```
명령 프롬프트 - python
>>> fashion_mnist = keras.datasets.fashion_mnist
>>>
>>> (train_images, train_labels), (test_images, test_labels) = fashion_mnist.load_data()
Downloading data from https://storage.googleapis.com/tensorflow/tf-keras-datasets/train-labels-idx1-ubyte.gz
32768/29515 [==============================] - 0s 1us/step
Downloading data from https://storage.googleapis.com/tensorflow/tf-keras-datasets/train-images-idx3-ubyte.gz
26427392/26421880 [==============================] - 2s 0us/step
Downloading data from https://storage.googleapis.com/tensorflow/tf-keras-datasets/t10k-labels-idx1-ubyte.gz
8192/5148 [==============================================] - 0s 0us/step
Downloading data from https://storage.googleapis.com/tensorflow/tf-keras-datasets/t10k-images-idx3-ubyte.gz
4423680/4422102 [==============================] - 1s 0us/step
>>>
```

load_data() 함수를 호출하면 네 개의 넘파이(NumPy) 배열이 반환하게 된다.

- train_images와 train_labels 배열은 모델 학습에 사용되는 훈련 세트
- test_images와 test_labels 배열은 모델 테스트에 사용되는 테스트 세트

이미지는 28×28 크기의 Numpy 배열이고 픽셀 값은 0과 255 사이의 값을 가진다. 레이블(label)은 0에서 9까지의 정수 배열이며, 이 값은 이미지에 있는 옷의 클래스(class)를 나타낸다.

레이블	클래스	레이블	클래스
0	T-shirt/top	5	Sandal
1	Trouser	6	Shirt
2	Pullover	7	Sneaker
3	Dress	8	Bag
4	Coat	9	Ankle boot

각 이미지는 하나의 레이블에 매핑되어 있으며, 데이터 세트에 클래스 이름이 들어 있지 않기 때문에 나중에 이미지를 출력할 때 사용하기 위해 별도의 변수를 만들어 저장한다.

```
>>> class_names = ['T-shirt/top', 'Trouser', 'Pullover', 'Dress', 'Coat',
        'Sandal', 'Shirt', 'Sneaker', 'Bag', 'Ankle boot']
```

```
명령 프롬프트 - python
>>> class_names = ['T-shirt/top', 'Trouser', 'Pullover', 'Dress', 'Coat',
...                'Sandal', 'Shirt', 'Sneaker', 'Bag', 'Ankle boot']
>>> class_names
['T-shirt/top', 'Trouser', 'Pullover', 'Dress', 'Coat', 'Sandal', 'Shirt', 'Sneaker', 'Bag', 'Ankle boot']
>>>
```

(3) 데이터 탐색

모델을 훈련하기 전에 데이터 세트 구조를 살펴보면, 다음 코드는 훈련 세트에 60,000개의 이미지가 있다는 것을 보여주며, 각 이미지는 28x28 픽셀로 표현되어 있다.

```
>>> train_images.shape
>>> len(train_labels)
>>> train_labels

>>> test_images.shape
>>> len(test_labels)
>>> test_labels
```

```
명령 프롬프트 - python
>>> train_images.shape
(60000, 28, 28)
>>> len(train_labels)
60000
>>> train_labels
array([9, 0, 0, ..., 3, 0, 5], dtype=uint8)
>>>
>>> test_images.shape
(10000, 28, 28)
>>> len(test_labels)
10000
>>> test_labels
array([9, 2, 1, ..., 8, 1, 5], dtype=uint8)
>>>
```

(4) 데이터 전처리

네트워크를 훈련하기 전에 데이터를 전처리해야 하며, 훈련 세트에 있는 첫 번째 이미지를 보면 픽셀 값의 범위가 0~255 사이라는 것을 알 수 있다.

```
>>> plt.figure()
>>> plt.imshow(train_images[0])
>>> plt.colorbar()
>>> plt.grid(False)
>>> plt.show()
```

```
명령 프롬프트 - python
>>> plt.figure()
<Figure size 640x480 with 0 Axes>
>>> plt.imshow(train_images[0])
<matplotlib.image.AxesImage object at 0x00000190593B8B48>
>>> plt.colorbar()
<matplotlib.colorbar.Colorbar object at 0x00000190593FCF88>
>>> plt.grid(False)
>>> plt.show()
```

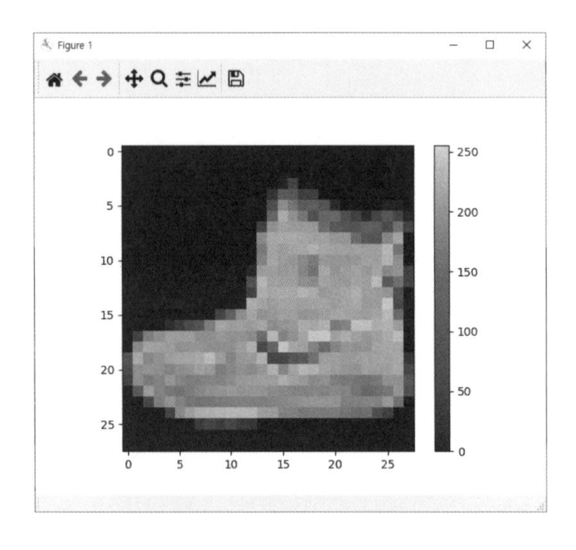

신경망 모델에 주입하기 전에 이 값의 범위를 0~1 사이로 조정하는 것이 필요하며, 이렇게 하려면 255로 나누어야 한다. 훈련 세트와 테스트 세트를 동일한 방식으로 전처리를 수행한다.

```
>>> train_images = train_images / 255.0
>>> test_images = test_images / 255.0
```

```
명령 프롬프트 - python
>>> train_images = train_images / 255.0
>>> test_images = test_images / 255.0
>>>
```

훈련 세트에서 처음 25개 이미지와 그 아래 클래스 이름을 출력해보자. 데이터 포맷이 올바른지 확인하고 네트워크 구성과 훈련할 준비를 마치게 된다.

```
>>> for i in range(25):
...     plt.subplot(5, 5, i+1)
...     plt.xticks([])
...     plt.yticks([])
...     plt.grid(False)
...     plt.imshow(train_images[i], cmap=plt.cm.binary)
...     plt.xlabel(class_names[train_labels[i]])

>>> plt.show()
```

테스트 세트에서 처음 25개 이미지와 그 아래 클래스 이름을 출력해본다. 데이터 포맷이 올바른지 확인하고 네트워크 구성과 훈련할 준비를 마친다.

```
>>> for i in range(25):
...     plt.subplot(5, 5, i+1)
...     plt.xticks([])
...     plt.yticks([])
...     plt.grid(False)
...     plt.imshow(test_images[i], cmap=plt.cm.binary)
...     plt.xlabel(class_names[test_labels[i]])

>>> plt.show()
```

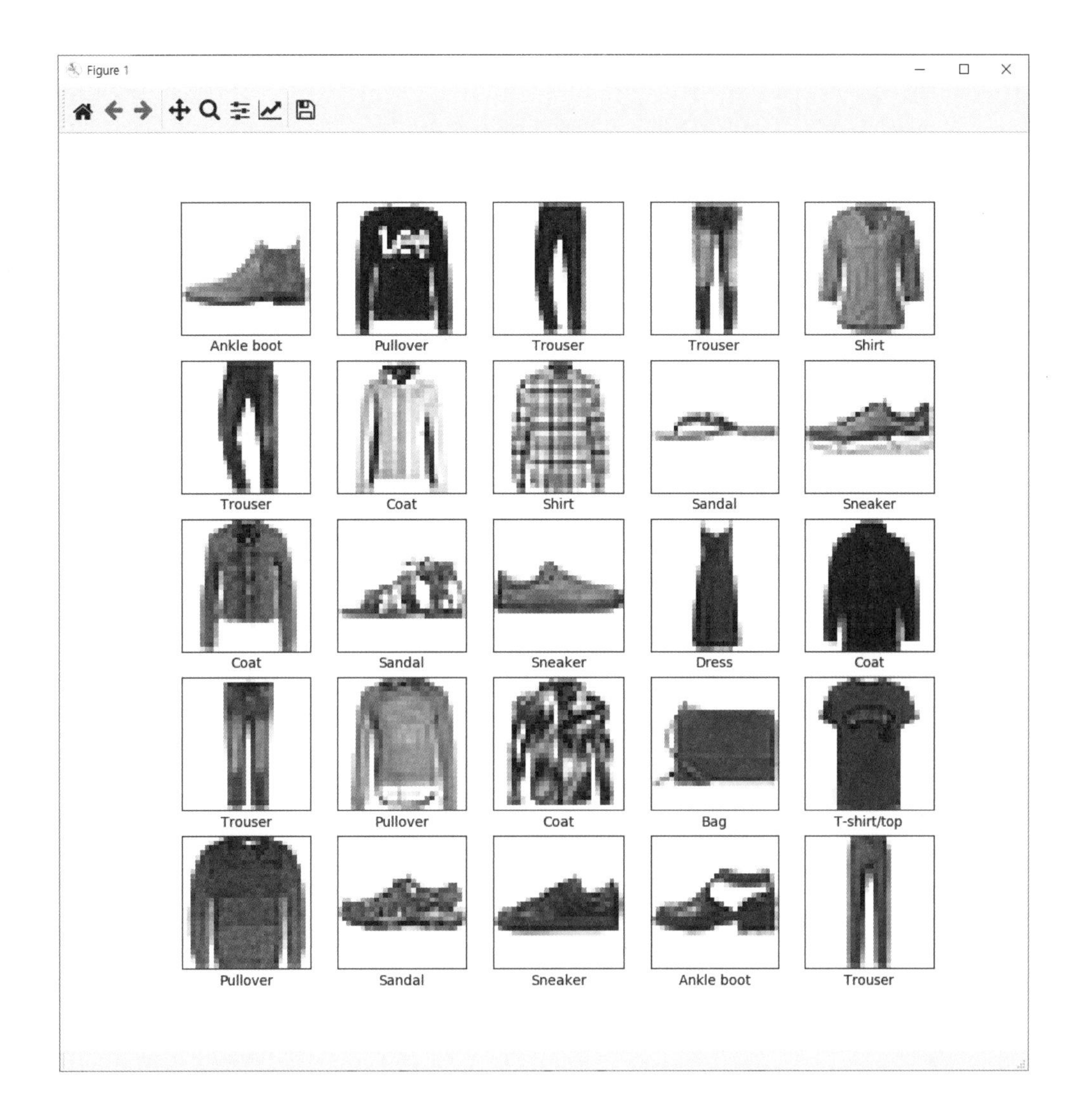

(5) 신경망 모델 구성

신경망 모델을 만들려면 모델의 계층(layer)을 구성한 다음 모델을 컴파일을 수행한다. 계층 설정은 다음과 같다.

- 신경망의 기본 구성 요소는 계층이며, 계층은 주입된 데이터에서 표현을 추출한 아마도 문제를 해결하는 데 더 의미 있는 표현이 추출될 것이다.
- 대부분 딥러닝은 간단한 계층을 연결하여 구성되며, tf.keras.layers.Dense와 같은 계층들의 가중치(parameter)는 훈련하는 동안 학습하게 된다.

```
>>> model = keras.Sequential([
...     keras.layers.Flatten(input_shape=(28,28)),
...     keras.layers.Dense(128, activation='relu'),
...     keras.layers.Dense(10, activation='softmax')
... ])
```

명령 프롬프트 - python

```
>>> model = keras.Sequential([
...     keras.layers.Flatten(input_shape=(28,28)),
...     keras.layers.Dense(128, activation='relu'),
...     keras.layers.Dense(10, activation='softmax')
... ])
2020-01-30 05:37:42.385430: I tensorflow/core/platform/cpu_feature_guard.cc:145] This TensorFlow binary is optimized wit
h Intel(R) MKL-DNN to use the following CPU instructions in performance critical operations:  AVX
To enable them in non-MKL-DNN operations, rebuild TensorFlow with the appropriate compiler flags.
2020-01-30 05:37:42.405998: I tensorflow/core/common_runtime/process_util.cc:115] Creating new thread pool with default
inter op setting: 4. Tune using inter_op_parallelism_threads for best performance.
>>> 
```

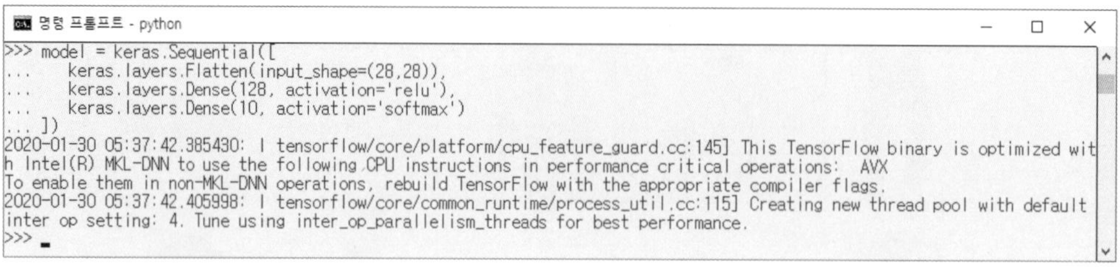

- 이 네트워크의 첫 번째 계층인 tf.keras.layers.Flatten은 2차원 배열(28x28픽셀)의 이미지 포맷을 28 * 28=784픽셀의 1차원 배열로 변환한다. 이 계층은 이미지에 있는 픽셀의 행을 펼쳐서 일렬로 펼치게 되며, 이 계층에는 학습되는 가중치가 없고 데이터를 변환하기만 한다.
- 픽셀을 펼친 후에는 두 개의 tf.keras.layers.Dense 계층이 연속되어 연결되며, 이 계층을 밀집 연결(densely-connected) 또는 완전 연결(fully-connected) 계층이라고 한다. 첫 번째 Dense 계층은 128개의 노드(또는 뉴런)를 가지며, 두 번째(마지막) 계층은 10개의 노드의 소프트맥스(softmax) 계층이다. 이 계층은 10개의 확률을 반환하고 반환된 값의 전체 합은 1이며, 각 노드는 현재 이미지가 10개 클래스 중 하나에 속할 확률을 출력하게 된다.

(6) 신경망 모델의 컴파일

신경망 모델의 컴파일 과정은 다음과 같다.

- 모델을 훈련하기 전에 필요한 몇 가지 설정이 모델 컴파일 단계에서 추가된다.
  - 손실 함수(Loss function): 훈련하는 동안 모델의 오차를 측정하게 되며, 모델의 학습이 올바른 방향으로 향하도록 이 함수를 최소화해야 한다.
  - 옵티마이저(Optimizer): 데이터와 손실 함수를 바탕으로 모델의 업데이트 방법을 결정한다.
  - 지표(Metrics): 훈련 단계와 테스트 단계를 모니터링하기 위해 사용된다. 다음 예에서는 올바르게 분류된 이미지의 비율인 정확도를 사용한다.

```
>>> model.compile(optimizer = 'adam',
...     loss = 'sparse_categorical_crossentropy',
...     metrics=['accuracy'])
```

```
명령 프롬프트 - python
>>> model.compile(optimizer = 'adam',
...     loss = 'sparse_categorical_crossentropy',
...     metrics=['accuracy'])
>>>
```

(7) 신경망 모델 훈련

신경망 모델을 훈련하는 단계는 다음과 같다.

1. 훈련 데이터를 모델에 입력한다.－이 예제에서는 train_images와 train_labels 배열이다.
2. 모델이 이미지와 레이블을 매핑하는 방법을 학습한다.
3. 테스트 세트에 대한 모델의 예측을 한다.－이 예제에서는 test_images 배열이며, 이 예측이 test_labels 배열의 레이블과 맞는지 확인하게 된다.

훈련을 시작하기 위해 model.fit 메서드를 호출하면 모델이 훈련 데이터를 학습한다.

```
>>> model.fit(train_images, train_labels, epochs = 10)
```

```
명령 프롬프트 - python
>>> model.fit(train_images, train_labels, epochs = 10)
Train on 60000 samples
Epoch 1/10
60000/60000 [==============================] - 6s 101us/sample - loss: 2.3028 - accuracy: 0.0994
Epoch 2/10
60000/60000 [==============================] - 5s 88us/sample - loss: 2.3028 - accuracy: 0.0969
Epoch 3/10
60000/60000 [==============================] - 5s 86us/sample - loss: 2.3028 - accuracy: 0.0970
Epoch 4/10
60000/60000 [==============================] - 5s 86us/sample - loss: 2.3028 - accuracy: 0.0992
Epoch 5/10
60000/60000 [==============================] - 6s 93us/sample - loss: 2.3028 - accuracy: 0.0970
Epoch 6/10
60000/60000 [==============================] - 5s 86us/sample - loss: 2.3028 - accuracy: 0.0973
Epoch 7/10
60000/60000 [==============================] - 5s 86us/sample - loss: 2.3028 - accuracy: 0.0987
Epoch 8/10
60000/60000 [==============================] - 5s 86us/sample - loss: 2.3028 - accuracy: 0.0991
Epoch 9/10
60000/60000 [==============================] - 5s 91us/sample - loss: 2.3027 - accuracy: 0.1009
Epoch 10/10
60000/60000 [==============================] - 5s 86us/sample - loss: 2.3028 - accuracy: 0.0989
<tensorflow.python.keras.callbacks.History object at 0x0000019051DF6B48>
>>>
```

(8) 정확도 평가

다음으로 테스트 세트에서 모델의 성능을 평가한다.

```
>>> test_loss, test_acc = model.evaluate(test_images, test_labels, verbose=2)
>>> print('\n테스트 정확도:', test_acc)
```

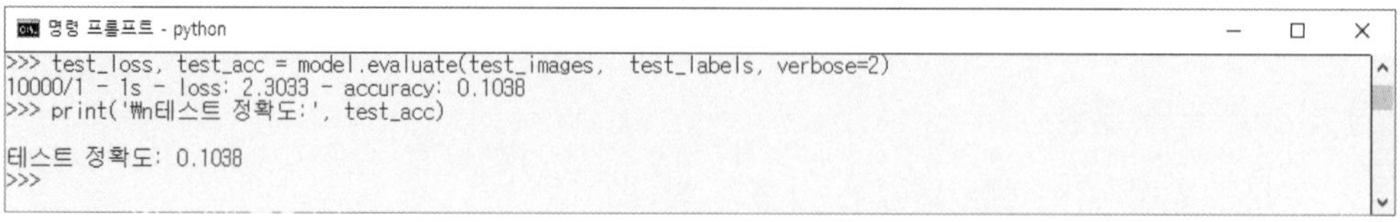

```
명령 프롬프트 - python
>>> test_loss, test_acc = model.evaluate(test_images,  test_labels, verbose=2)
10000/1 - 1s - loss: 2.3033 - accuracy: 0.1038
>>> print('₩n테스트 정확도:', test_acc)

테스트 정확도: 0.1038
>>>
```

테스트 세트의 정확도가 훈련 세트의 정확도보다 조금 낮다. 훈련 세트의 정확도와 테스트 세트의 정확도 사이의 차이는 과대적합(overfitting) 때문이며, 과대적합은 머신러닝 모델이 훈련 데이터보다 새로운 데이터에서 성능이 낮아지는 현상을 말한다.

(9) 예측하기

훈련된 모델을 사용하여 이미지에 대한 예측이 가능하다. 여기서는 테스트 세트에 있는 각 이미지의 레이블을 예측했으며, 첫 번째 예측을 확인하고자 한다.

```
>>> predictions = model.predict(test_images)
>>> predictions[0]
```

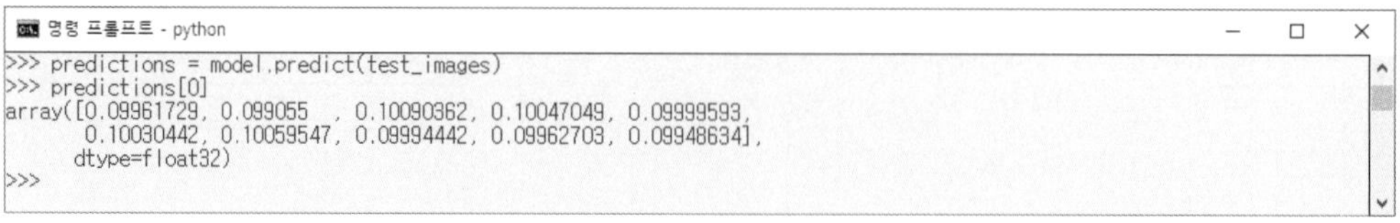

```
명령 프롬프트 - python
>>> predictions = model.predict(test_images)
>>> predictions[0]
array([0.09961729, 0.099055  , 0.10090362, 0.10047049, 0.09999593,
       0.10030442, 0.10059547, 0.09994442, 0.09962703, 0.09948634],
      dtype=float32)
>>>
```

이 예측은 10개의 숫자 배열로 나타내며, 이 값은 10개의 옷 품목에 상응하는 모델의 신뢰도(confidence)를 나타내며, 가장 높은 신뢰도를 가진 레이블을 찾는다.

```
>>> np.argmax(predictions[0])
```

```
선택 명령 프롬프트 - python
>>> predictions[0]
array([0.09961729, 0.099055  , 0.10090362, 0.10047049, 0.09999593,
       0.10030442, 0.10059547, 0.09994442, 0.09962703, 0.09948634],
      dtype=float32)
>>> np.argmax(predictions[0])
2
>>>
```

모델은 이 이미지가 앵클 부츠(class_name[9])라고 가장 확신하고 있으며, 이 값이 맞는지 테스트 레이블을 확인하면 된다.

```
명령 프롬프트 - python
>>> np.argmax(predictions[0])
2
>>> test_labels[0]
9
>>>
```

이번에는 10개 클래스에 대한 예측을 모두 그래프로 표현해본다.

```
>>> def plot_image(i, predictions_array, true_label, img):
...   predictions_array, true_label, img = predictions_array[i], true_label[i],
img[i]
...    plt.grid(False)
...    plt.xticks([])
...    plt.yticks([])
...    plt.imshow(img, cmap=plt.cm.binary)
...    predicted_label = np.argmax(predictions_array)
...    if predicted_label == true_label:
...       color = 'blue'
...    else:
...       color = 'red'
...
...    plt.xlabel("{} {:2.0f}% ({})".format(class_names[predicted_label],
...                                  100*np.max(predictions_array),
...                                  class_names[true_label]),
...                                  color=color)

>>> def plot_value_array(i, predictions_array, true_label):
...    predictions_array, true_label = predictions_array[i], true_label[i]
...    plt.grid(False)
```

```
...     plt.xticks([])
...     plt.yticks([])
...     thisplot = plt.bar(range(10), predictions_array, color="#777777")
...     plt.ylim([0, 1])
...     predicted_label = np.argmax(predictions_array)
...     thisplot[predicted_label].set_color('red')
...     thisplot[true_label].set_color('blue')
```

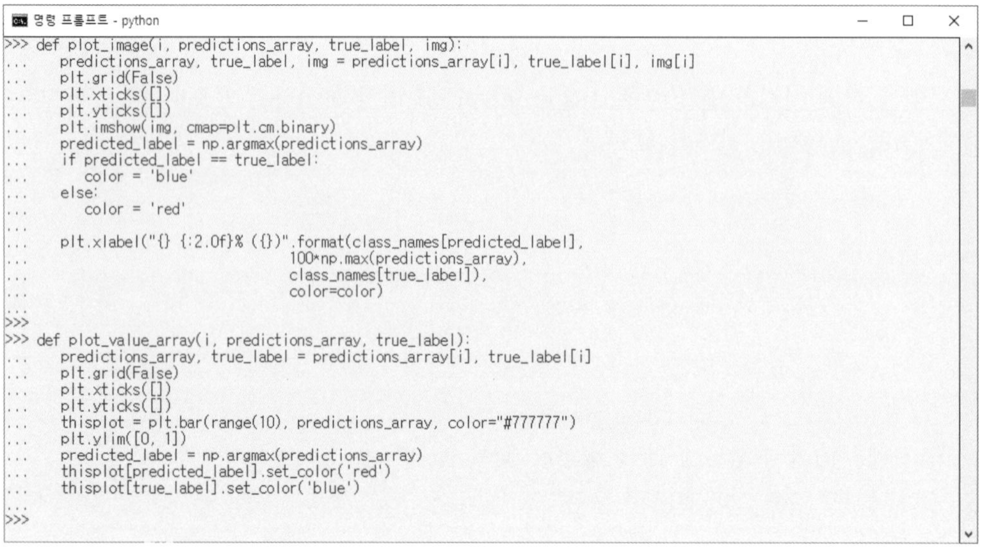

```
명령 프롬프트 - python
>>> def plot_image(i, predictions_array, true_label, img):
...     predictions_array, true_label, img = predictions_array[i], true_label[i], img[i]
...     plt.grid(False)
...     plt.xticks([])
...     plt.yticks([])
...     plt.imshow(img, cmap=plt.cm.binary)
...     predicted_label = np.argmax(predictions_array)
...     if predicted_label == true_label:
...         color = 'blue'
...     else:
...         color = 'red'
...
...     plt.xlabel("{} {:2.0f}% ({})".format(class_names[predicted_label],
...                                 100*np.max(predictions_array),
...                                 class_names[true_label]),
...                                 color=color)
...
>>>
>>> def plot_value_array(i, predictions_array, true_label):
...     predictions_array, true_label = predictions_array[i], true_label[i]
...     plt.grid(False)
...     plt.xticks([])
...     plt.yticks([])
...     thisplot = plt.bar(range(10), predictions_array, color="#777777")
...     plt.ylim([0, 1])
...     predicted_label = np.argmax(predictions_array)
...     thisplot[predicted_label].set_color('red')
...     thisplot[true_label].set_color('blue')
...
>>>
```

그리고 0번째 원소의 이미지, 예측, 신뢰도 점수 배열을 확인해본다.

```
>>> i = 0
>>> plt.figure(figsize=(6,3))
>>> plt.subplot(1,2,1)
>>> plot_image(i, predictions, test_labels, test_images)
>>> plt.subplot(1,2,2)
>>> plot_value_array(i, predictions, test_labels)
>>> plt.show()
```

```
명령 프롬프트 - python
>>> i = 0
>>> plt.figure(figsize=(6,3))
<Figure size 600x300 with 0 Axes>
>>> plt.subplot(1,2,1)
<matplotlib.axes._subplots.AxesSubplot object at 0x0000019041B3E888>
>>>
KeyboardInterrupt
>>> plot_image(i, predictions, test_labels, test_images)
>>> plt.subplot(1,2,2)
<matplotlib.axes._subplots.AxesSubplot object at 0x0000019056304588>
>>> plot_value_array(i, predictions,  test_labels)
>>> plt.show()
```

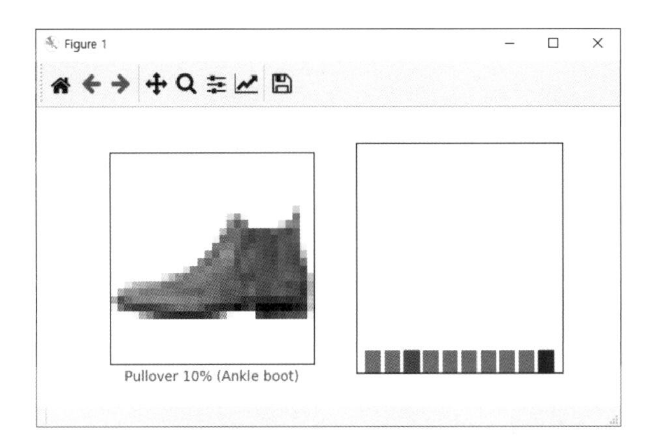

추가적으로 100번째 원소의 이미지, 예측, 신뢰도 점수 배열을 확인해본다.

```
>>> i = 100
>>> plt.figure(figsize=(6,3))
>>> plt.subplot(1,2,1)
>>> plot_image(i, predictions, test_labels, test_images)
>>> plt.subplot(1,2,2)
>>> plot_value_array(i, predictions, test_labels)
>>> plt.show()
```

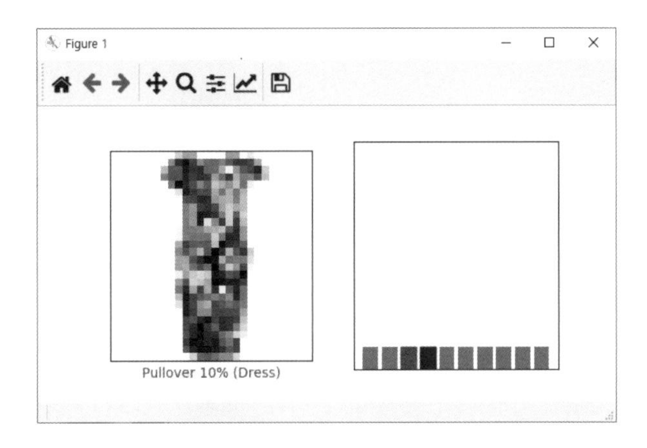

몇 개의 이미지의 예측을 출력해보자. 올바르게 예측된 레이블은 파란색이고 잘못 예측된 레이블은 빨간색이다. 숫자는 예측 레이블의 신뢰도 퍼센트(100점 만점)이며, 신뢰도 점수가 높을 때도 잘못 예측할 수 있다.

마지막으로 훈련된 모델을 사용하여 한 이미지에 대한 예측을 만들어보자.

```
>>> img = test_images[0]
>>> print(img.shape)
```

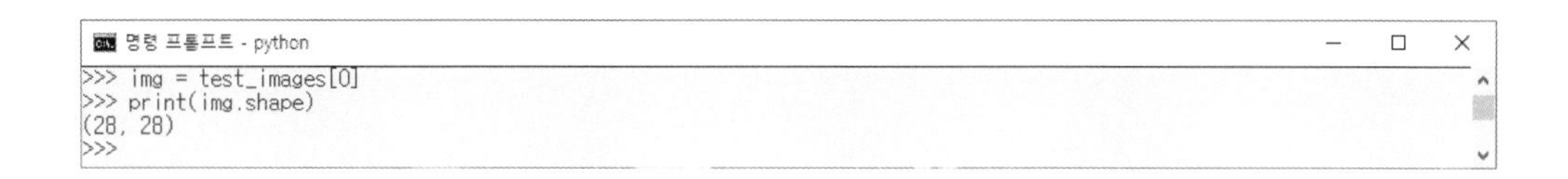

tf.keras 모델은 한 번에 샘플의 묶음 또는 배치(batch)로 예측을 만드는 데 최적화되어 있으며, 하나의 이미지를 사용할 때에도 2차원 배열로 만들어야 한다.

```
>>> img = (np.expand_dims(img,0))
>>> print(img.shape)
```

```
명령 프롬프트 - python
>>> img = (np.expand_dims(img,0))
>>> print(img.shape)
(1, 28, 28)
>>>
```

이제 이 이미지의 예측을 만들어보자.

```
>>> predictions_single = model.predict(img)
>>> print(predictions_single)
```

```
명령 프롬프트 - python
>>> predictions_single = model.predict(img)
>>> print(predictions_single)
[[0.099154   0.09842341 0.09994057 0.10015659 0.10043764 0.10134197
  0.09889302 0.10204218 0.09860818 0.10100249]]
>>>
```

```
>>> plot_value_array(0, predictions_single, test_labels)
>>> plt.xticks(range(10), class_names, rotation=45)
>>> plt.show()
```

```
명령 프롬프트 - python
>>> plot_value_array(0, predictions_single, test_labels)
>>> plt.xticks(range(10), class_names, rotation=45)
([<matplotlib.axis.XTick object at 0x000001905F43EE08>, <matplotlib.axis.XTick object at 0x000001905F43E188>, <matplotli
b.axis.XTick object at 0x000001905F45D6C8>, <matplotlib.axis.XTick object at 0x000001905F491188>, <matplotlib.axis.XTick
 object at 0x000001905F491C08>, <matplotlib.axis.XTick object at 0x000001905F495648>, <matplotlib.axis.XTick object at 0
x000001905F4981C8>, <matplotlib.axis.XTick object at 0x000001905F495C88>, <matplotlib.axis.XTick object at 0x000001905F4
98C88>, <matplotlib.axis.XTick object at 0x000001905F49B808>], <a list of 10 Text xticklabel objects>)
>>>
>>>
>>> plt.show()
```

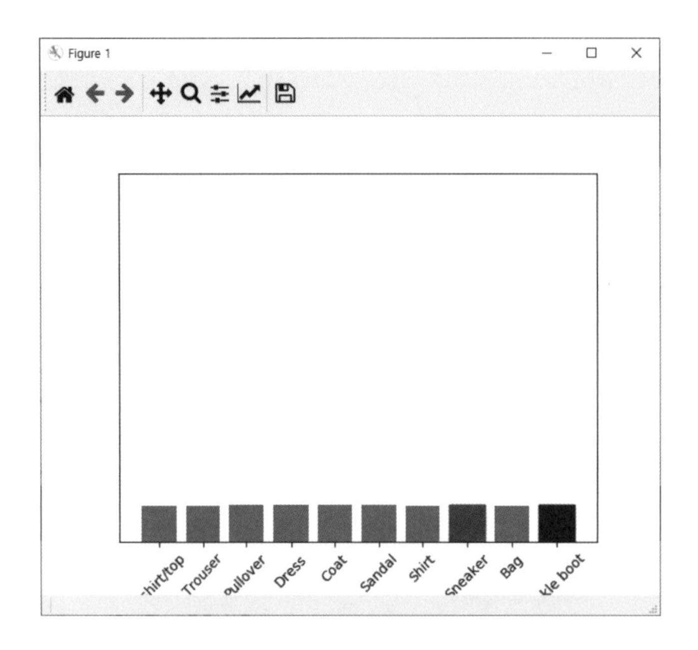


```
>>> np.argmax(predictions_single[0])
>>> test_labels[0]
```

```
명령 프롬프트 - python
>>> np.argmax(predictions_single[0])
7
>>> test_labels[0]
9
>>>
```

2.5 Tensorflow 2.0 중급 과정

Tensorflow를 이용한 한 단계 업그레이드된 작업을 위하여 다음과 같이 입력한다.

```
> activate TF2_env
> python
>>> import tensorflow as tf
>>> from tensorflow.keras.layers import Dense, Flatten, Conv2D
>>> from tensorflow.keras import Model
```

```
명령 프롬프트 - activate TF2_env - deactivate - activate TF2_env - python

C:₩Users₩B. Cha>activate TF2_env

C:₩Users₩B. Cha>conda.bat activate TF2_env

(TF2_env) C:₩Users₩B. Cha>python
Python 3.7.4 (default, Aug  9 2019, 18:34:13) [MSC v.1915 64 bit (AMD64)] :: Anaconda, Inc. on win32

Warning:
This Python interpreter is in a conda environment, but the environment has
not been activated.  Libraries may fail to load.  To activate this environment
please see https://conda.io/activation

Type "help", "copyright", "credits" or "license" for more information.
>>> import tensorflow as tf
>>> from tensorflow.keras.layers import Dense, Flatten, Conv2D
>>> from tensorflow.keras import Model
>>>
```

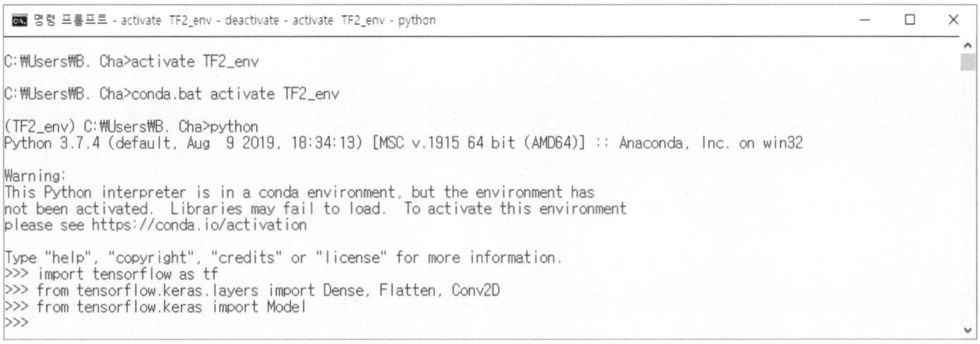

MNIST 데이터 세트를 적재하고 채널 차원을 추가한다.

```
>>> mnist = tf.keras.datasets.mnist
>>> (x_train, y_train), (x_test, y_test) = mnist.load_data()
>>> x_train, x_test = x_train / 255.0, x_test / 255.0

# 채널 차원을 추가합니다.
>>> x_train = x_train[..., tf.newaxis]
>>> x_test = x_test[..., tf.newaxis]
```

```
명령 프롬프트 - activate TF2_env - deactivate - activate TF2_env - python
>>> mnist = tf.keras.datasets.mnist
>>> (x_train, y_train), (x_test, y_test) = mnist.load_data()
>>> x_train, x_test = x_train / 255.0, x_test / 255.0
>>>
>>> x_train = x_train[..., tf.newaxis]
>>> x_test = x_test[..., tf.newaxis]
>>>
```

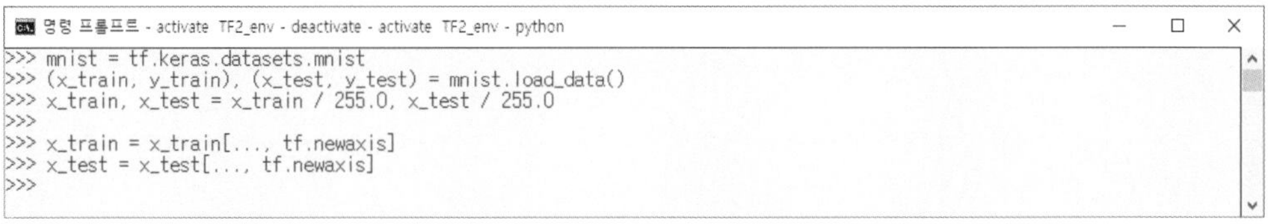

tf.data를 사용하여 데이터 세트를 섞고 배치를 만든다.

```
>>> train_ds = tf.data.Dataset.from_tensor_slices((x_train,
    y_train)).shuffle(10000).batch(32)
>>> test_ds = tf.data.Dataset.from_tensor_slices((x_test, y_test)).batch(32)
```

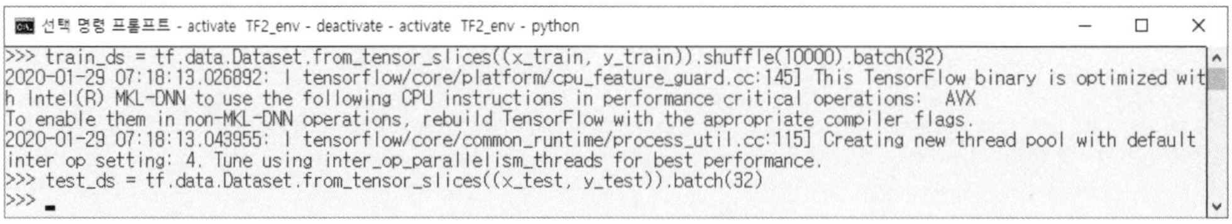

```
선택 명령 프롬프트 - activate TF2_env - deactivate - activate TF2_env - python
>>> train_ds = tf.data.Dataset.from_tensor_slices((x_train, y_train)).shuffle(10000).batch(32)
2020-01-29 07:18:13.026892: I tensorflow/core/platform/cpu_feature_guard.cc:145] This TensorFlow binary is optimized wit
h Intel(R) MKL-DNN to use the following CPU instructions in performance critical operations:  AVX
To enable them in non-MKL-DNN operations, rebuild TensorFlow with the appropriate compiler flags.
2020-01-29 07:18:13.043955: I tensorflow/core/common_runtime/process_util.cc:115] Creating new thread pool with default
inter op setting: 4. Tune using inter_op_parallelism_threads for best performance.
>>> test_ds = tf.data.Dataset.from_tensor_slices((x_test, y_test)).batch(32)
>>>
```

케라스(keras)의 모델 서브클래싱(subclassing) API를 사용하여 tf.keras 모델을 만든다.

```
>>> class MyModel(Model):
      def __init__(self):
        super(MyModel, self).__init__()
        self.conv1 = Conv2D(32, 3, activation='relu')
        self.flatten = Flatten()
        self.d1 = Dense(128, activation='relu')
        self.d2 = Dense(10, activation='softmax')

      def call(self, x):
        x = self.conv1(x)
        x = self.flatten(x)
        x = self.d1(x)
        return self.d2(x)

>>> model = MyModel()
```

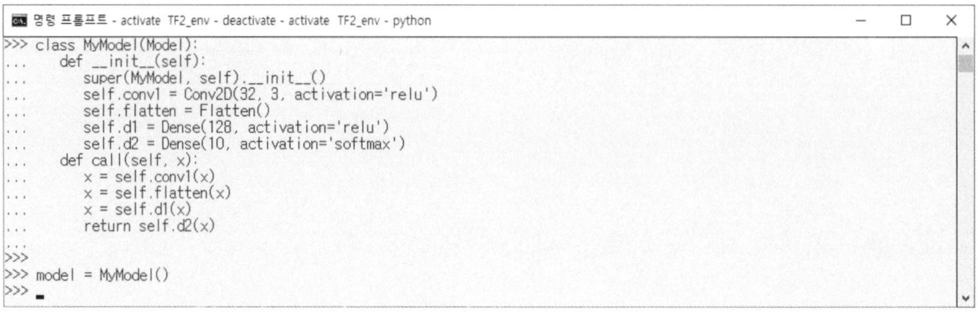

```
명령 프롬프트 - activate TF2_env - deactivate - activate TF2_env - python
>>> class MyModel(Model):
...     def __init__(self):
...         super(MyModel, self).__init__()
...         self.conv1 = Conv2D(32, 3, activation='relu')
...         self.flatten = Flatten()
...         self.d1 = Dense(128, activation='relu')
...         self.d2 = Dense(10, activation='softmax')
...     def call(self, x):
...         x = self.conv1(x)
...         x = self.flatten(x)
...         x = self.d1(x)
...         return self.d2(x)
...
>>>
>>> model = MyModel()
>>>
```

훈련에 필요한 옵티마이저(optimizer)와 손실 함수를 선택한다.

```
>>> loss_object = tf.keras.losses.SparseCategoricalCrossentropy()
>>> optimizer = tf.keras.optimizers.Adam()
```

명령 프롬프트 - activate TF2_env - deactivate - activate TF2_env - python

```
>>> loss_object = tf.keras.losses.SparseCategoricalCrossentropy()
>>> optimizer = tf.keras.optimizers.Adam()
>>>
```

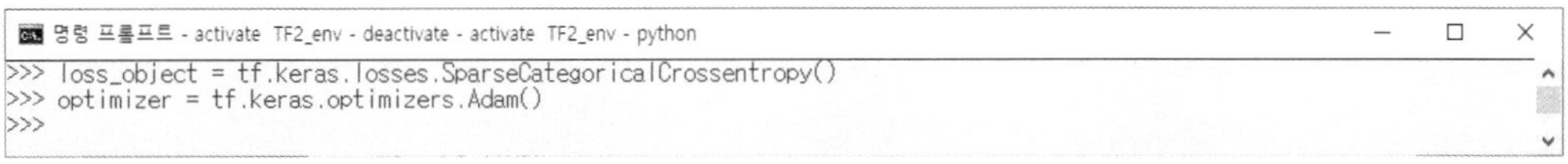

모델의 손실과 성능을 측정할 지표를 선택한다. 에포크(epoch)가 진행되는 동안 수집된 측정 지표를 바탕으로 최종 결과를 출력한다.

```
>>> train_loss = tf.keras.metrics.Mean(name='train_loss')
>>> train_accuracy = tf.keras.metrics.SparseCategoricalAccuracy(name='train_accuracy')
>>> test_loss = tf.keras.metrics.Mean(name='test_loss')
>>> test_accuracy = tf.keras.metrics.SparseCategoricalAccuracy(name='test_accuracy')
```

명령 프롬프트 - activate TF2_env - deactivate - activate TF2_env - python

```
>>> train_loss = tf.keras.metrics.Mean(name='train_loss')
>>> train_accuracy = tf.keras.metrics.SparseCategoricalAccuracy(name='train_accuracy')
>>>
>>> test_loss = tf.keras.metrics.Mean(name='test_loss')
>>> test_accuracy = tf.keras.metrics.SparseCategoricalAccuracy(name='test_accuracy')
>>>
```

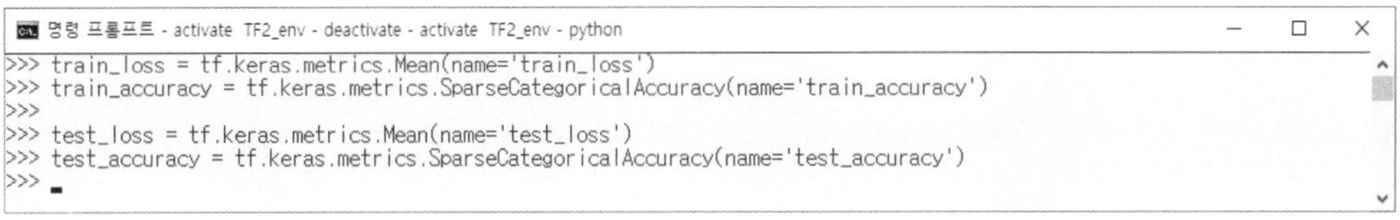

tf.GradientTape를 사용하여 모델을 학습한다.

```
>>> @tf.function
... def train_step(images, labels):
...     with tf.GradientTape() as tape:
...         predictions = model(images)
...         loss = loss_object(labels, predictions)
...     gradients = tape.gradient(loss, model.trainable_variables)
...     optimizer.apply_gradients(zip(gradients, model.trainable_variables))
...     train_loss(loss)
...     train_accuracy(labels, predictions)
```

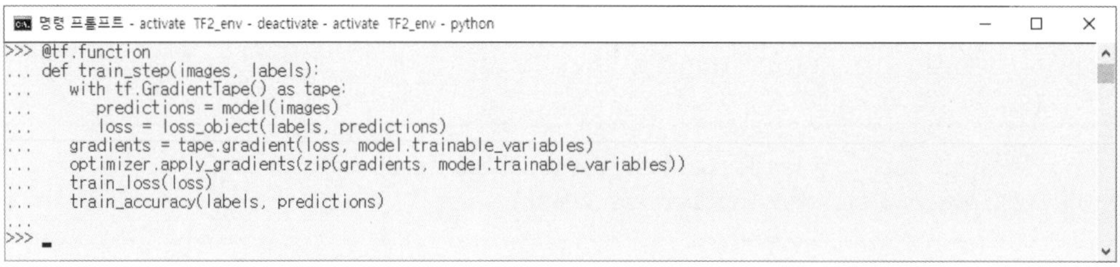

```
명령 프롬프트 - activate TF2_env - deactivate - activate TF2_env - python
>>> @tf.function
... def train_step(images, labels):
...     with tf.GradientTape() as tape:
...         predictions = model(images)
...         loss = loss_object(labels, predictions)
...     gradients = tape.gradient(loss, model.trainable_variables)
...     optimizer.apply_gradients(zip(gradients, model.trainable_variables))
...     train_loss(loss)
...     train_accuracy(labels, predictions)
...
>>>
```

다음의 코드로 모델을 테스트한다.

```
>>> @tf.function
... def test_step(images, labels):
...     predictions = model(images)
...     t_loss = loss_object(labels, predictions)
...     test_loss(t_loss)
...     test_accuracy(labels, predictions)
```

```
명령 프롬프트 - activate TF2_env - deactivate - activate TF2_env - python
>>> @tf.function
... def test_step(images, labels):
...     predictions = model(images)
...     t_loss = loss_object(labels, predictions)
...     test_loss(t_loss)
...     test_accuracy(labels, predictions)
...
>>>
```

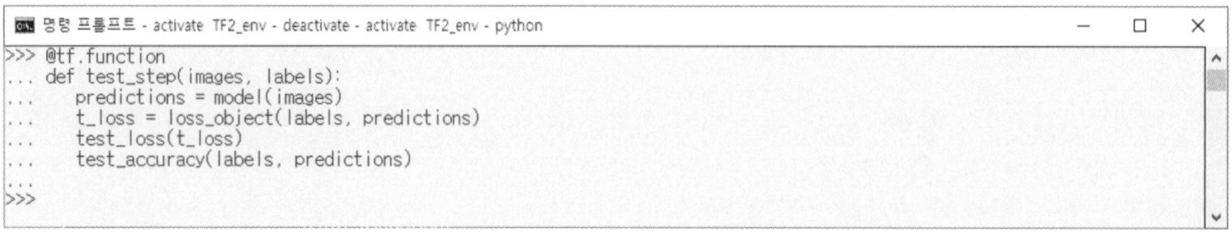

```
>>> EPOCHS = 5

>>> for epoch in range(EPOCHS):
  for images, labels in train_ds:
    train_step(images, labels)

  for test_images, test_labels in test_ds:
    test_step(test_images, test_labels)

  template = '에포크: {}, 손실: {}, 정확도: {}, 테스트 손실: {}, 테스트 정확도: {}'
  print (template.format(epoch+1,
                         train_loss.result(),
                         train_accuracy.result()*100,
                         test_loss.result(),
                         test_accuracy.result()*100))
```

```
선택 명령 프롬프트 - activate TF2_env - deactivate - activate TF2_env - python
에포크: 1, 손실: 0.1174231618642807, 정확도: 96.45567321777344, 테스트 손실: 0.054259296506643295, 테스트 정확도: 98.129
99725341797
에포크: 2, 손실: 0.08104060590267181, 정확도: 97.54261779785156, 테스트 손실: 0.05072815343737602, 테스트 정확도: 98.285
00366210938
```

3. YOLO

이미지 객체 탐지(image object detection) 분야는 이미지가 주어지면 배경과 사물을 구분하고 어떤 사물인지 인지하는 것을 의미하며, 많은 도구들 중의 하나로 YOLO(you only look once: unified, real-time object detection(2016))가 존재한다.

YOLO가 등장하기 이전에도 딥러닝 모델을 이용하여 객체 탐지를 수행하는 방법들이 있었으며, 대표적으로 DPM과 R-CNN이 존재한다. YOLO는 기존 모델들보다 더 높은 정확도를 추구하는 것이 아닌, 근접한 정확도를 가지면서 더 많은 양의 이미지를 처리할 수 있는 실시간 객체 탐지를 하고자 개발되었다.

3.1 YOLO 개발 환경

3.1.1 conda 가상환경 구축하기

YOLO를 위한 가상환경을 다음의 명령으로 구축한다.

```
> conda create -n YOLO_test
```

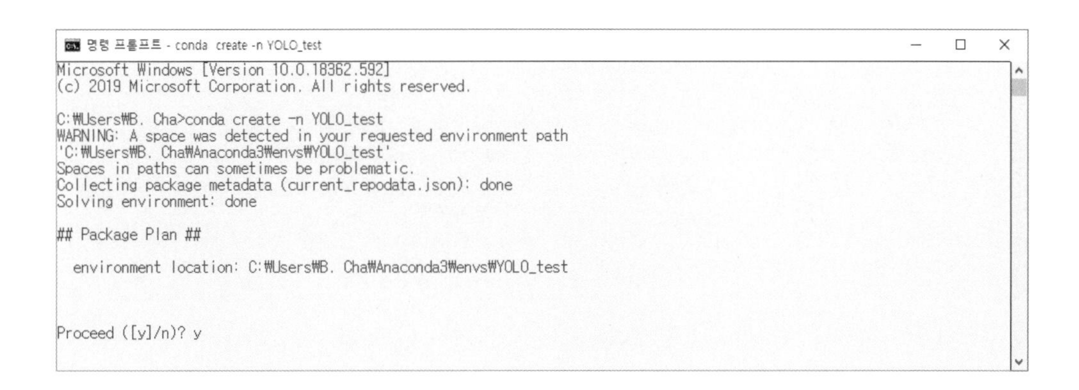

```
> activate YOLO_test
```

```
명령 프롬프트
Proceed ([y]/n)? y

Preparing transaction: done
Verifying transaction: done
Executing transaction: done
#
# To activate this environment, use
#
#     $ conda activate YOLO_test
#
# To deactivate an active environment, use
#
#     $ conda deactivate

C:₩Users₩B. Cha>activate YOLO_test

(YOLO_test) C:₩Users₩B. Cha>
```

3.1.2 Git 설치하기

Git을 설치하기 위하여 웹사이트(https://git-scm.com/download/win)에 접속하여, 윈도우용 Git을 다운로드한다.

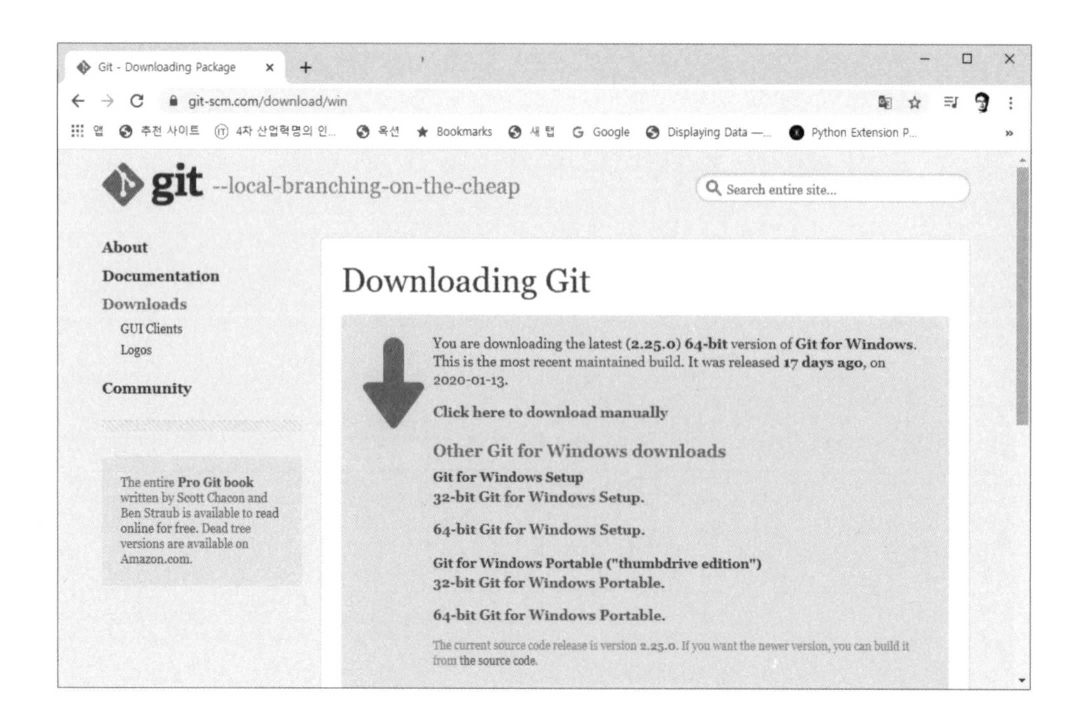

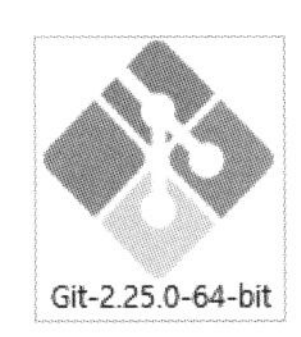

3.1.3 YOLO를 위한 파이썬 라이브러리 설치하기

(1) OpenCV와 PyTorch 설치하기

다음의 명령으로 OpenCV와 PyTorch를 설치한다.

```
> pip install opencv-python
```

```
명령 프롬프트
(YOLO_test) C:\Users\B. Cha>pip install opencv-python
Collecting opencv-python
  Using cached opencv_python-4.1.2.30-cp37-cp37m-win_amd64.whl (33.0 MB)
Requirement already satisfied: numpy>=1.14.5 in c:\users\b. cha\anaconda3\lib\site-packages (from opencv-python) (1.16.5
)
Installing collected packages: opencv-python
Successfully installed opencv-python-4.1.2.30

(YOLO_test) C:\Users\B. Cha>_
```

```
> conda install pytorch==1.2.0 torchvision==0.4.0 cpuonly -c pytorch
```

```
명령 프롬프트 - conda install pytorch==1.2.0 torchvision==0.4.0 cpuonly -c pytorch
(YOLO_test) C:\Users\B. Cha>conda install pytorch==1.2.0 torchvision==0.4.0 cpuonly -c pytorch
Collecting package metadata (current_repodata.json): done
Solving environment: done

## Package Plan ##

  environment location: C:\Users\B. Cha\Anaconda3\envs\YOLO_test

  added / updated specs:
    - cpuonly
    - pytorch==1.2.0
    - torchvision==0.4.0


The following packages will be downloaded:

    package                    |            build
    ---------------------------|-----------------
    certifi-2019.11.28         |           py37_0         154 KB
    cffi-1.13.2                |   py37h7a1dbc1_0         223 KB
    mkl_fft-1.0.15             |   py37h14836fe_0         118 KB
    ninja-1.9.0                |   py37h74a9793_0         238 KB
    numpy-1.18.1               |   py37h93ca92e_0           6 KB
    numpy-base-1.18.1          |   py37hc3f5095_1         3.8 MB
    pillow-7.0.0               |   py37hcc1f983_0         646 KB
    pip-20.0.2                 |           py37_0         1.7 MB
    python-3.7.6               |       h60c2a47_2        14.8 MB
    pytorch-1.2.0              |      py3.7_cpu_1        71.5 MB  pytorch
    setuptools-45.1.0          |           py37_0         527 KB
    six-1.14.0                 |           py37_0          27 KB
    torchvision-0.4.0          |         py37_cpu         2.0 MB  pytorch
    wheel-0.33.6               |           py37_0          58 KB
    ------------------------------------------------------------
```

(2) Matplotlib, Pillow 그리고 Pandas 설치하기

다음의 명령으로 Matplotlib, Pillow 그리고 Pandas를 설치한다.

```
> pip install matplotlib
```

```
명령 프롬프트 - conda install pytorch==1.2.0 torchvision==0.4.0 cpuonly -c pytorch

(YOLO_test) C:\Users\B. Cha>pip install matplotlib
WARNING: pip is being invoked by an old script wrapper. This will fail in a future version of pip.
Please see https://github.com/pypa/pip/issues/5599 for advice on fixing the underlying issue.
To avoid this problem you can invoke Python with '-m pip' instead of running pip directly.
Requirement already satisfied: matplotlib in c:\users\b. cha\anaconda3\envs\yolo_test\lib\site-packages (3.1.2)
Requirement already satisfied: kiwisolver>=1.0.1 in c:\users\b. cha\anaconda3\envs\yolo_test\lib\site-packages (from mat
plotlib) (1.1.0)
Requirement already satisfied: numpy>=1.11 in c:\users\b. cha\anaconda3\envs\yolo_test\lib\site-packages (from matplotli
b) (1.18.1)
Requirement already satisfied: pyparsing!=2.0.4,!=2.1.2,!=2.1.6,>=2.0.1 in c:\users\b. cha\anaconda3\envs\yolo_test\lib\
site-packages (from matplotlib) (2.4.6)
Requirement already satisfied: cycler>=0.10 in c:\users\b. cha\anaconda3\envs\yolo_test\lib\site-packages (from matplotl
ib) (0.10.0)
Requirement already satisfied: python-dateutil>=2.1 in c:\users\b. cha\anaconda3\envs\yolo_test\lib\site-packages (from
matplotlib) (2.8.1)
Requirement already satisfied: setuptools in c:\users\b. cha\anaconda3\envs\yolo_test\lib\site-packages (from kiwisolver
>=1.0.1->matplotlib) (45.1.0.post20200127)
Requirement already satisfied: six in c:\users\b. cha\anaconda3\envs\yolo_test\lib\site-packages (from cycler>=0.10->mat
plotlib) (1.14.0)

(YOLO_test) C:\Users\B. Cha>
```

```
> pip install pillow
```

```
명령 프롬프트 - conda install pytorch==1.2.0 torchvision==0.4.0 cpuonly -c pytorch

(YOLO_test) C:\Users\B. Cha>python -m pip install pillow
Requirement already satisfied: pillow in c:\users\b. cha\anaconda3\envs\yolo_test\lib\site-packages (7.0.0)

(YOLO_test) C:\Users\B. Cha>
```

```
> pip install pandas
```

```
명령 프롬프트 - conda install pytorch==1.2.0 torchvision==0.4.0 cpuonly -c pytorch

(YOLO_test) C:\Users\B. Cha>pip install pandas
WARNING: pip is being invoked by an old script wrapper. This will fail in a future version of pip.
Please see https://github.com/pypa/pip/issues/5599 for advice on fixing the underlying issue.
To avoid this problem you can invoke Python with '-m pip' instead of running pip directly.
Collecting pandas
  Downloading pandas-1.0.0-cp37-cp37m-win_amd64.whl (9.0 MB)
     |████████████████████████████████| 9.0 MB 1.1 MB/s
Requirement already satisfied: python-dateutil>=2.6.1 in c:\users\b. cha\anaconda3\envs\yolo_test\lib\site-packages (from pandas) (2.8.1)
Collecting pytz>=2017.2
  Using cached pytz-2019.3-py2.py3-none-any.whl (509 kB)
Requirement already satisfied: numpy>=1.13.3 in c:\users\b. cha\anaconda3\envs\yolo_test\lib\site-packages (from pandas) (1.18.1)
Requirement already satisfied: six>=1.5 in c:\users\b. cha\anaconda3\envs\yolo_test\lib\site-packages (from python-dateutil>=2.6.1->pandas) (1.14.0)
Installing collected packages: pytz, pandas
Successfully installed pandas-1.0.0 pytz-2019.3

(YOLO_test) C:\Users\B. Cha>
```

(3) Github에서 python yolo-v3 다운로드하기

Windows Start 탭에서 Git CMD를 클릭하고 윈도우 명령창에 다음의 명령을 입력한다.

```
> git clone https://github.com/ayooshkathuria/pytorch-yolo-v3.git
```

```
Git CMD (Deprecated)

C:\Users\B. Cha>git clone https://github.com/ayooshkathuria/pytorch-yolo-v3.git
Cloning into 'pytorch-yolo-v3'...
remote: Enumerating objects: 490, done.
remote: Total 490 (delta 0), reused 0 (delta 0), pack-reused 490 eceiving objects:  80% (392/490), 1.63 MiB | 1.61 MiB/s
Receiving objects:  81% (397/490), 1.63 MiB | 1.61 MiB/s
Receiving objects: 100% (490/490), 2.40 MiB | 1.99 MiB/s, done.
Resolving deltas: 100% (302/302), done.

C:\Users\B. Cha>
```

git clone 명령의 수행이 완료되면, pytorch-yolo-v3 폴더가 생성된다.

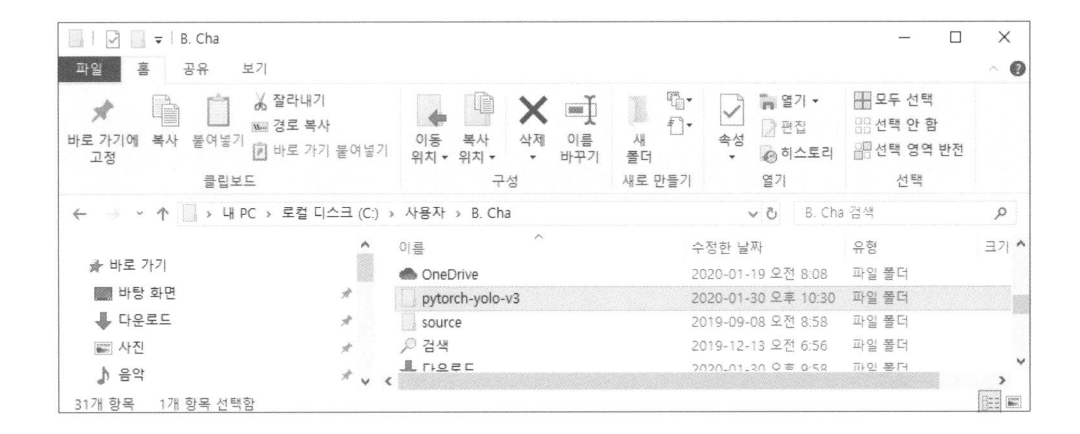

(4) yolov3.weights 다운로드하기

yolov3.weights 다운로드하기 위하여 웹사이트(https://pjreddie.com/media/files/yolov3.weights)에서 접속하여 yolov3.weights 파일을 다운로드한다.

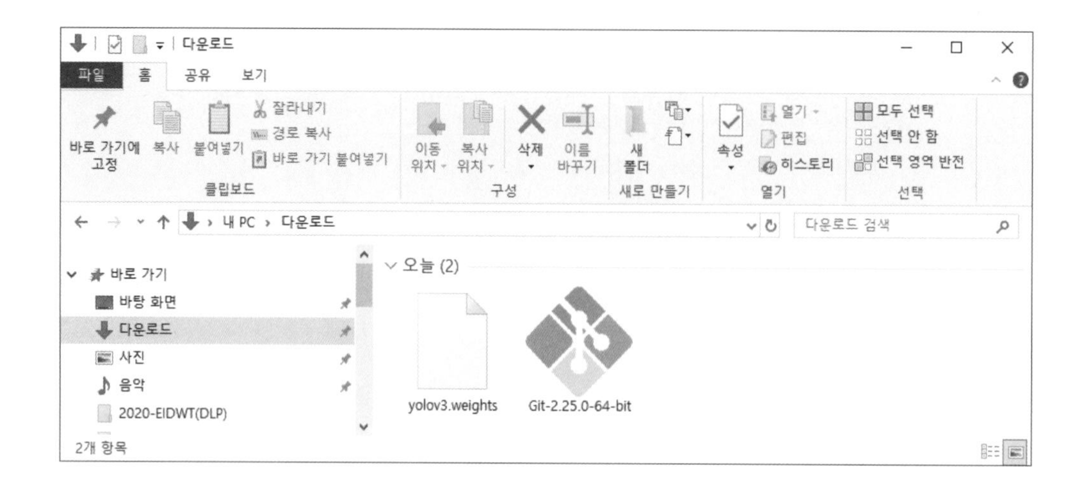

yolov3.weights 파일을 pytorch-yolo-v3 폴더로 복사한다.

3.2 YOLO 이미지 인식하기

imgs 폴더의 이미지들은 아래의 그림과 같이 나타날 것이다.

이미지를 인식하기 위하여 다음과 같이 입력한다.

```
>python detect.py --images ./imgs/ --det ./Result
```

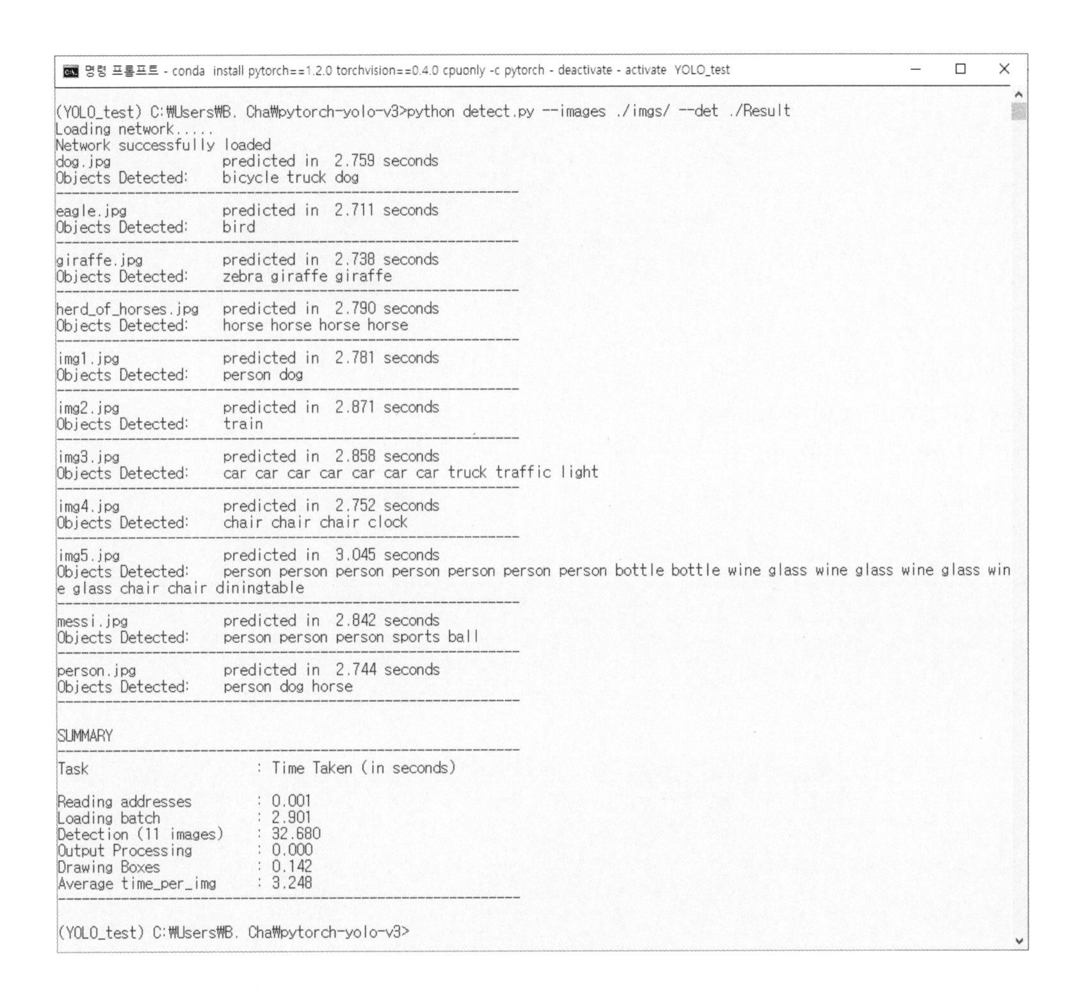

Result 폴더의 이미지 인식을 수행한 결과 이미지들이 존재한다.

3.3 YOLO 비디오 인식하기

YOLO 비디오 인식을 위해서는 다음의 명령어를 입력한다.

```
> python video_demo.py --video Office-Parkour.mp4
```

추가적으로 다른 mp4 미디어 파일에 의한 YOLO 인식을 수행해보자.

```
> python video_demo.py --video Wildlife.mp4
```

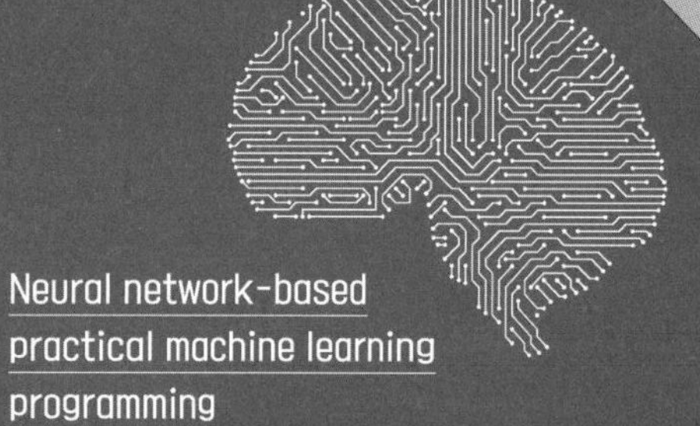

IV. 준지도 학습

Semi-supervised learning

IV 준지도 학습(Semi-supervised learning)

1. 준지도 학습

준지도 학습(Semi-supervised learning)은 클러스터링 및 분류 방법의 특성을 모두 포함하는 개념을 사용하여 레이블이 지정된 데이터와 레이블이 없는 데이터를 모두 포함하는 문제를 해결하려는 신경망 학습 방법이다.

1.1 준지도 학습의 이해

다음 그림과 같은 학습 데이터는 2개의 라벨이 표시된 이미지로 구성된다고 하자. 일식 이미지가 아닌 이미지에서 일식의 이미지를 분류할 필요가 있다. 여기서 문제는 단 2개의 이미지만으로 구성된 트레이닝 세트로 모델을 만들어야 한다.

Eclipse

Non-eclipse

따라서 학습 알고리즘을 적용하기 위해서는 강한 모델을 구축하기 위한 더 많은 데이터가 필요하다. 이를 해결하기 위해 웹에서 일부 이미지를 다운로드하여 학습 데이터를 늘린다.

하지만 지도된 접근을 위해 이미지에 라벨이 필요하며, 각 이미지들을 다음과 같이 수동으로 분류한다.

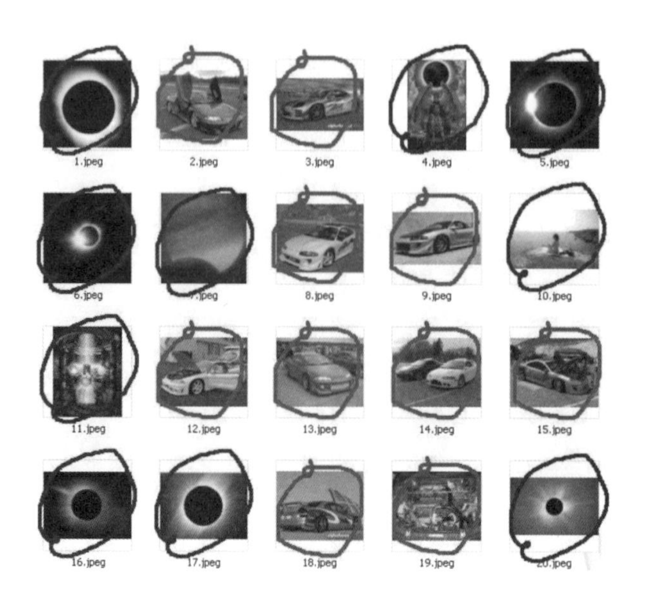

이 데이터에 대해 지도된 알고리즘을 실행한 후 이 모델은 2개의 이미지를 포함하는 모델을 확실히 능가할 것이다. 하지만 이 방법은 매우 어렵고 고비용이며 대규모 데이터 집합이 있어야 하므로 간단한 학습에만 유효하다. 그래서 이러한 문제를 해결하기 위해 준지도 학습이라는 학습을 정의하는데, 이것은 라벨링된 데이터(지도된 학습)와 라벨링 되지 않은 데이터(지도되지 않은 학습)를 모두 사용한다.

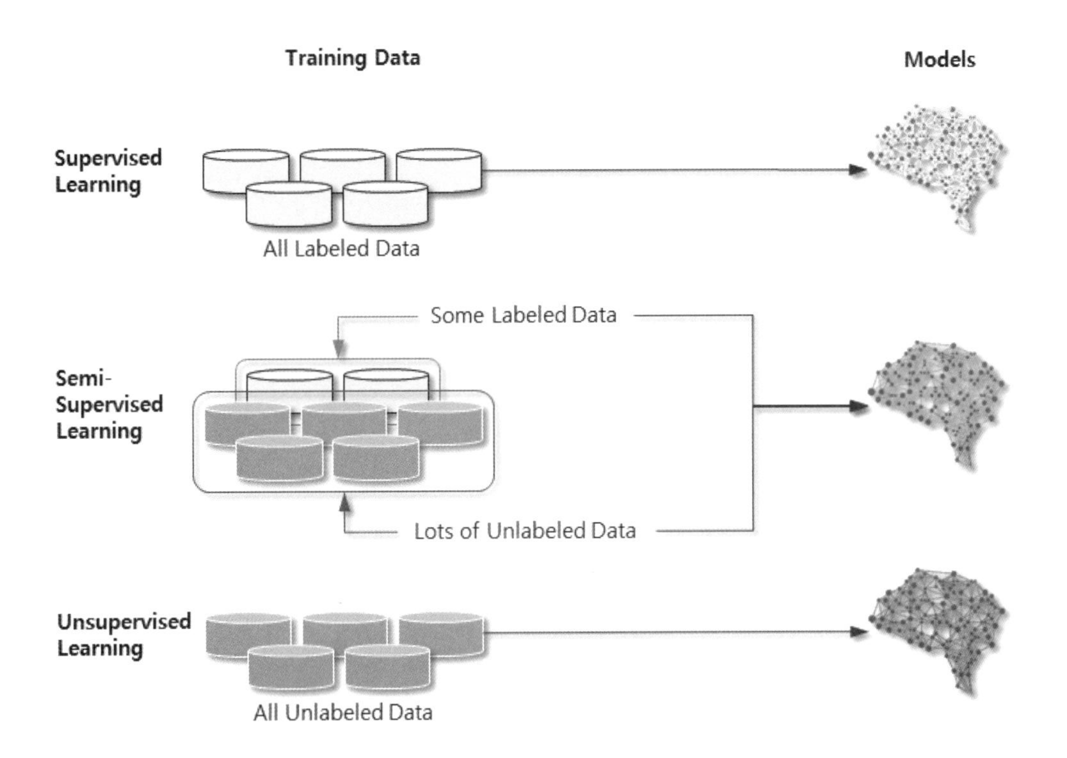

따라서 라벨이 부착되지 않은 데이터가 이 모델을 개선하는 데 어떻게 도움이 될 수 있는지 알아본다.

1.2 라벨이 부착되지 않은 데이터의 활용

다음 그림을 보면 2개의 서로 다른 범위에 속하는 데이터 점이 있으며, 그려진 선은 지도 학습 모델의 결정 경계(Decision Boundary)이다.

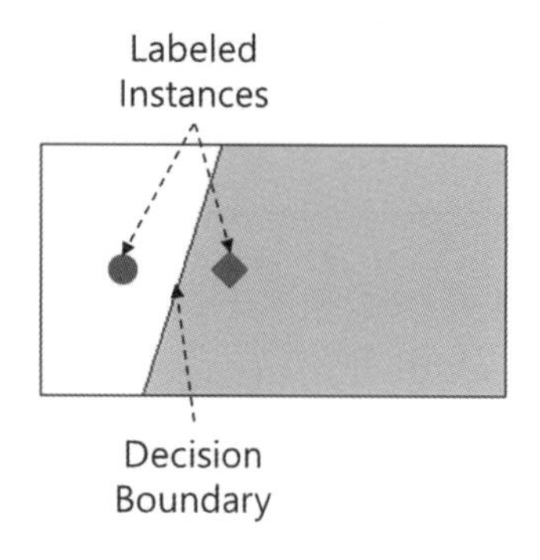

다음 그림과 같이 라벨이 없는 데이터를 이 데이터에 추가한다고 가정한다.

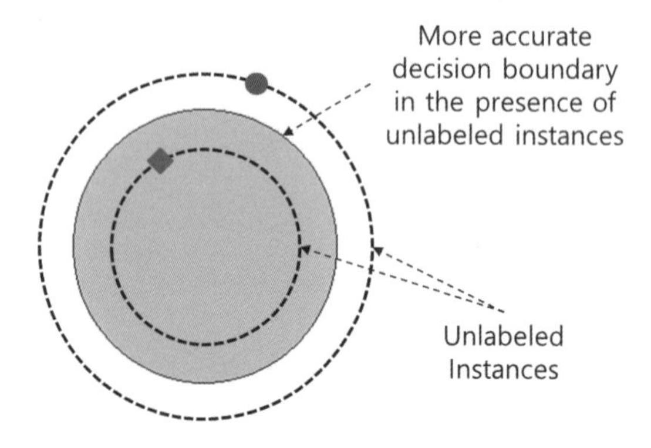

위 2개의 이미지들 간의 차이를 알아차린다면 라벨링되지 않은 데이터를 추가한 후 이 모델의 의사결정 경계가 더 정확해졌다고 말할 수 있을 것이다. 따라서 라벨이 부착되지 않은 데이터를 사용할 경우 이점은 다음과 같다.

- 라벨이 부착된 데이터는 비싸고 구하기 어렵지만, 라벨이 부착되지 않은 데이터는 구하기 쉽고 저렴하다.
- 더 정밀한 의사결정 경계를 통해 모델 강건성을 향상시킨다.

1.3 유사 라벨링

유사 라벨링(pseudo-labeling) 기술에서는 라벨링되지 않은 데이터에 수동으로 라벨링하는 대신 라벨링된 데이터에 기초하여 대략적인 라벨을 제공하고자 한다. 다음 그림과 같이 단계별로 세분화하여 만들어본다.

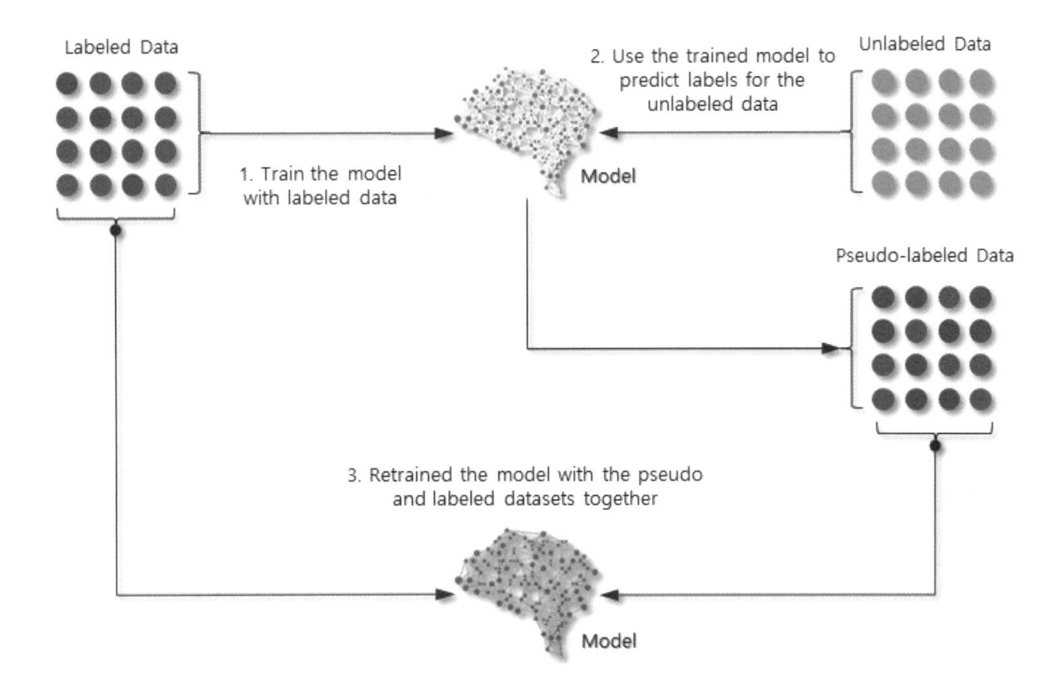

세 번째 단계에서 학습된 최종 모델은 시험 데이터의 최종 예측에 사용된다. 더 나은 이해를 위해 데이터를 활용하여 구현한다.

2. 준지도 학습 프로그래밍

준지도 학습의 프로그래밍을 위하여 big mart sales라는 데이터를 사용하고자 하며, Kaggel 웹 페이지(https://www.kaggle.com/brijbhushannanda1979/bigmart-sales-data/data#)에서 Test.csv와 Train.csv 파일을 다운로드한다.

2.1 가상환경 구축하기

먼저 Anaconda Prompt를 실행하여 ssl이라는 가상환경을 생성한다. 파이썬 3.7로 가상환경을 생성하는 것을 권장한다. 가상환경이 생성되면 실행한다.

```
> conda create -n ssl python=3
> conda activate ssl
```

jupyter notebook 혹은 jupyter를 설치한다. jupyter notebook 대신 jupyter를 입력해도 된다. 설치가 완료되면 jupyter notebook을 실행한다.

```
> conda install jupyter notebook
> jupyter notebook
```

python3 notebook을 생성한다. 코딩에 필요한 라이브러리인 pandas, matplotlib, scikit-learn을 설치한다.

```
> pip install pandas
> pip install matplotlib
> pip install scikt-learn
```

2.2 준지도 학습 프로그래밍

준지도 학습 프로그램을 위하여 다음 코드를 실행한다.

```
import pandas as pd
import numpy as np
import matplotlib.pyplot as plt
%matplotlib inline
from sklearn.preprocessing import LabelEncoder
train = pd.read_csv('Train.csv')
test = pd.read_csv('Test.csv')
# preprocessing
```

(계속)

```
### mean imputations
train['Item_Weight'].fillna((train['Item_Weight'].mean()), inplace =True)
test['Item_Weight'].fillna((test['Item_Weight'].mean()), inplace =True)

### reducing fat content to only two categories
train['Item_Fat_Content'] = train['Item_Fat_Content'].replace(['low fat','LF'],
['Low Fat','Low Fat'])
train['Item_Fat_Content'] = train['Item_Fat_Content'].replace(['reg'],
['Regular'])
test['Item_Fat_Content'] = test['Item_Fat_Content'].replace(['low fat','LF'],
['Low Fat','Low Fat'])
test['Item_Fat_Content'] = test['Item_Fat_Content'].replace(['reg'],
['Regular'])

## for calculating establishment year
train['Outlet_Establishment_Year'] =2013 - train['Outlet_Establishment_Year']
test['Outlet_Establishment_Year'] =2013 - test['Outlet_Establishment_Year']

### missing values for size
train['Outlet_Size'].fillna('Small',inplace =True)
test['Outlet_Size'].fillna('Small',inplace =True)

### label encoding cate. var.
col = ['Outlet_Size','Outlet_Location_Type','Outlet_Type','Item_Fat_Content']
test['Item_Outlet_Sales'] =0
combi = train.append(test)
number = LabelEncoder()

for i in col:
    combi[i] = number.fit_transform(combi[i].astype('str'))
    combi[i] = combi[i].astype('int')

    train = combi[:train.shape[0]]
    test = combi[train.shape[0]:]
    test.drop('Item_Outlet_Sales',axis =1,inplace =True)

    ## removing id variables
    training =
train.drop(['Outlet_Identifier','Item_Type','Item_Identifier'],axis =1)
    testing =
test.drop(['Outlet_Identifier','Item_Type','Item_Identifier'],axis =1)
    y_train = training['Item_Outlet_Sales']
    training.drop('Item_Outlet_Sales',axis =1,inplace =True)

    features = training.columns
    target ='Item_Outlet_Sales'

    X_train, X_test = training, testing
```

다운로드한 Train.csv 파일과 Test.csv 파일을 읽고 모델링을 형성하기 위해 기본적인 사전 처리를 한다. 서로 다르게 지도된 학습 알고리즘부터, 어떤 알고리즘이 우리에게 가장 좋은 결과를 주는지 확인해보자.

먼저 xgboost 라이브러리를 설치하기 위하여 다음의 명령어를 입력한다.

```
> conda install -c anaconda py-xgboost
```

다음 코드를 실행한다.

```
from xgboost import XGBRegressor
from sklearn.linear_model import BayesianRidge, Ridge, ElasticNet
from sklearn.neighbors import KNeighborsRegressor
from sklearn.ensemble import RandomForestRegressor, ExtraTreesRegressor,
GradientBoostingRegressor
# from sklearn.neural_network import MLPRegressor

from sklearn.metrics import mean_squared_error
from sklearn.model_selection import cross_val_score

model_factory = [
    RandomForestRegressor(),
    XGBRegressor(nthread=1),
    #MLPRegressor(),
    Ridge(),
    BayesianRidge(),
    ExtraTreesRegressor(),
    ElasticNet(),
    KNeighborsRegressor(),
    GradientBoostingRegressor()
]

for model in model_factory:
    model.seed =42
    num_folds =3
```

(계속)

```
    scores = cross_val_score(model, X_train, y_train, cv =num_folds, scoring
='neg_mean_squared_error')
    score_description =" %0.2f (+/- %0.2f)" % (np.sqrt(scores.mean()*-1),
scores.std() *2)

    print('{model:25} CV-5 RMSE: {score}'.format(model =model.__class__.__name__,
score =score_description))
```

XGB(extreme gradient boosting)가 최고의 모델 성능을 제공하는 것을 볼 수 있다. XGB 또는 XGBoost는 C++, Java, Python, R, Julia Perl 그리고 scala를 위한 gradient boosting 프레임워크를 제공하는 오픈소스 소프트웨어 라이브러리이다. linux, windows 및 macOS에서 작동한다. 확장과 이식이 가능한 distributed gradient boosting 라이브러리를 제공하는 것을 목표로 한다. 싱글 머신과 분산 처리 프레임워크인 apache hadoop, apache spark 그리고 apache flink에서 실행된다. 최근 머신러닝 대회에서 우승한 팀들이 선택한 알고리즘으로 많은 주목과 인기를 받고 있다.

이제 유사 라벨링을 구현해본다. 시험 데이터를 라벨링되지 않은 데이터로 사용한다.

```
from sklearn.utils import shuffle
from sklearn.base import BaseEstimator, RegressorMixin

class PseudoLabeler(BaseEstimator, RegressorMixin):
    '''
    Sci-kit learn wrapper for creating pseudo-lebeled estimators.
    '''

    def __init__(self, model, unlabled_data, features, target, sample_rate =0.2,
seed =42):
        '''
        @sample_rate - percent of samples used as pseudo-labelled data
        from the unlabelled dataset
        '''
        assert sample_rate <=1.0, 'Sample_rate should be between 0.0 and 1.0.'

        self.sample_rate = sample_rate
        self.seed = seed
```

(계속)

```
        self.model = model
        self.model.seed = seed

        self.unlabled_data = unlabled_data
        self.features = features
        self.target = target

    def get_params(self, deep =True):
        return {
            "sample_rate": self.sample_rate,
            "seed": self.seed,
            "model": self.model,
            "unlabled_data": self.unlabled_data,
            "features": self.features,
            "target": self.target
        }

    def set_params(self, **parameters):
        for parameter, value in parameters.items():
            setattr(self, parameter, value)

        return self

    def fit(self, X, y):
        '''
        Fit the data using pseudo labeling.
        '''
        augemented_train = self.__create_augmented_train(X, y)
        self.model.fit(
            augemented_train[self.features],
            augemented_train[self.target]
        )

        return self

    def __create_augmented_train(self, X, y):
        '''
        Create and return the augmented_train set that consists
        of pseudo-labeled and labeled data.
        '''
        num_of_samples =int(len(self.unlabled_data) * self.sample_rate)

        # Train the model and creat the pseudo-labels
        self.model.fit(X, y)
        pseudo_labels = self.model.predict(self.unlabled_data[self.features])

        # Add the pseudo-labels to the test set
        pseudo_data = self.unlabled_data.copy(deep =True)
        pseudo_data[self.target] = pseudo_labels
```

(계속)

```
        # Take a subset of the test set with pseudo-labels and append in onto
        # the training set
        sampled_pseudo_data = pseudo_data.sample(n =num_of_samples)
        temp_train = pd.concat([X, y], axis =1)
        augemented_train = pd.concat([sampled_pseudo_data, temp_train])

        return shuffle(augemented_train)

    def predict(self, X):
        '''
        Returns the predicted values.
        '''
        return self.model.predict(X)

    def get_model_name(self):
        return self.model.__class__.__name__
```

이것은 꽤 복잡해 보이지만 앞에서 배운 방법의 구현과 같으며, 이제 데이터 집합에 있는 유사 라벨링의 결과를 확인한다.

```
model_factory = [
    XGBRegressor(nthread=1),
    PseudoLabeler(
        XGBRegressor(nthread=1),
        test,
        features,
        target,
        sample_rate=0.3
    ) ]

for model in model_factory:
    model.seed =42
    num_folds =8

    scores = cross_val_score(model, X_train, y_train, cv =num_folds, scoring
='neg_mean_squared_error', n_jobs =8)
    score_description ="MSE: %0.4f (+/- %0.4f)" % (np.sqrt(scores.mean()*-1),
scores.std() *2)

    print('{model:25} CV-{num_folds} {score_cv}'.format(model
=model.__class__.__name__, num_folds =num_folds, score_cv =score_description))
```

```
1  model_factory = [
2      XGBRegressor(nthread=1),
3      PseudoLabeler(
4          XGBRegressor(nthread=1),
5          test,
6          features,
7          target,
8          sample_rate=0.3
9      )
10 ]
11
12 for model in model_factory:
13     model.seed = 42
14     num_folds = 8
15
16     scores = cross_val_score(model, X_train, y_train, cv=num_folds, scoring='neg_mean_squared_error', n_jobs=8)
17     score_description = "MSE: %0.4f (+/- %0.4f)" % (np.sqrt(scores.mean()*-1), scores.std() * 2)
18
19     print('{model:25} CV-{num_folds} {score_cv}'.format(model=model.__class__.__name__, num_folds=num_folds, score_cv=score_description
```

```
XGBRegressor              CV-8 MSE: 1083.2088 (+/- 122498.1182)
PseudoLabeler             CV-8 MSE: 1082.1707 (+/- 127852.2462)
```

이 경우 지도되는 어떤 학습 알고리즘보다 적은 RMSE(root mean square error) 값을 얻는다. sample_rate가 매개변수 중 하나라는 것을 안다면, 이것은 모델링을 목적으로 의사 라벨링이 사용되고 라벨이 부착되지 않은 데이터의 백분율을 나타낸다. sample_rate가 의사 라벨링의 성능에 의존하는지 확인해본다.

2.3 Sampling Rate의 의존도

sample_rate가 의사 라벨링의 성능에 대한 의존성을 알아내기 위해 이 둘 사이에 그래프를 그려본다. 여기서는 2개의 알고리즘만 사용하고 있지만, 다른 알고리즘도 시도해볼 수 있다.

```
sample_rates = np.linspace(0, 1, 10)

def pseudo_label_wrapper(model):
    return PseudoLabeler(model, test, features, target)

# List of all models to test
model_factory = [
    RandomForestRegressor(n_jobs=1),
    XGBRegressor()
]
```

(계속)

```
# Apply the PseudoLabeler class to each model
model_factory = map(pseudo_label_wrapper, model_factory)

# Train each model with different sample rates
results = {}
num_folds =5

for model in model_factory:
    model_name = model.get_model_name()
    print('%s' % model_name)

    results[model_name] = list()

    for sample_rate in sample_rates:
        model.sample_rate = sample_rate

        # Calculate the CV-3 R2 score and store it
        scores = cross_val_score(model, X_train, y_train, cv =num_folds, scoring
='neg_mean_squared_error', n_jobs =8)
        results[model_name].append(np.sqrt(scores.mean()*-1))
plt.figure(figsize=(16, 18))

i =1

for model_name, performance in results.items():
    plt.subplot(3, 3, i)

    i +=1
    plt.plot(sample_rates, performance)
    plt.title(model_name)
    plt.xlabel('sample_rate')
    plt.ylabel('RMSE')

plt.show()
```

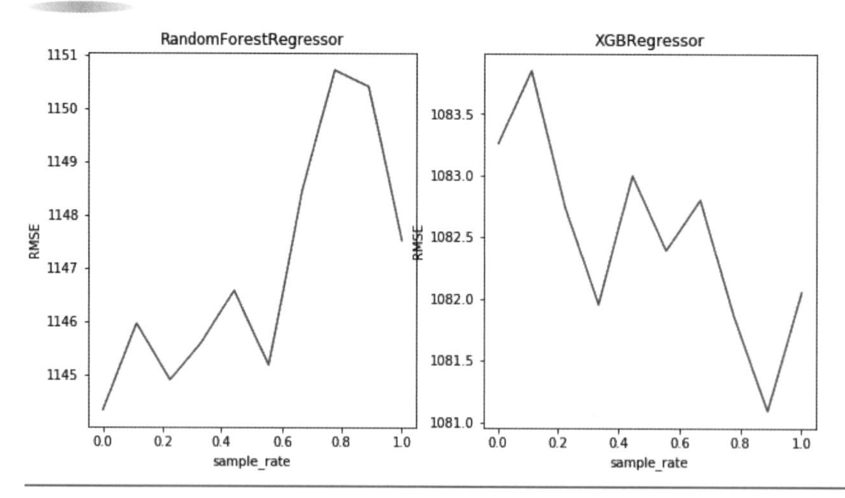

RMSE는 sample_rate의 특정 값에 대해 최솟값이며, 두 알고리즘에 대해 서로 다르다는 것을 알 수 있다. 따라서 의사 라벨링을 사용하면서 더 나은 결과를 얻기 위해서는 sample_rate를 조정하는 것이 중요하다.

Neural network-based
practical machine learning
programming

V. 전이 학습
Transfer Learning

V

전이 학습(Transfer learning)

1. 전이 학습

전이 학습(transfer learning)은 하나의 문제를 해결하고 다른 관련 문제에 적용하면서 얻은 지식을 저장하는 데 초점을 맞춘 신경망 학습의 연구 분야이다.

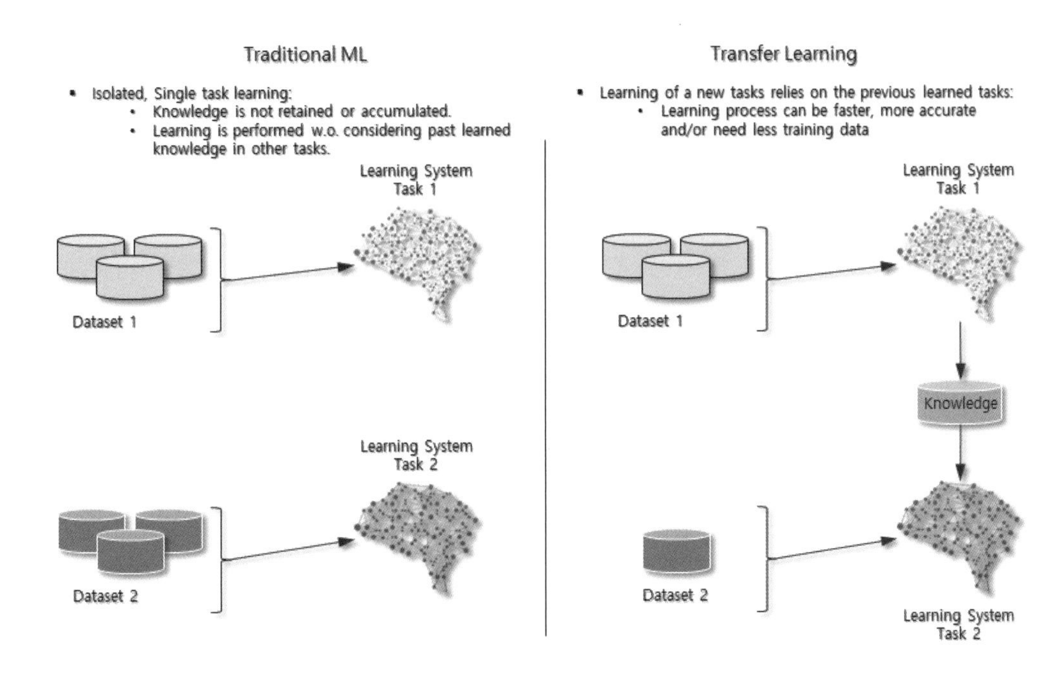

전통적으로 학습 알고리즘은 특정 과제나 문제에 국한해 학습하도록 설계되었으며, 유스케이스와 데이터의 요구에 따라 어떤 알고리즘이 주어진 특정 문제를 해결하기 위해 모델 훈련에 적용된다. 전통적인 머신러닝은 특정 도메인, 데이터, 작업에 국한해 각 모델을 훈련한다.

전이 학습은 사람이 여러 과제를 넘나들면서 지식을 활용하는 것보다 직접적이고 한 단계 더 발전된 방식으로 데이터를 배워나간다. 따라서 전이 학습은 다른 관련된 과제에 대한 지식이나 모델을 재사용하는 하나의 방법이며, 때때로 전이 학습을 기존 머신러닝 알고리즘의 확장으로 간주하기도 한다. 과제 간의 지식이 어떻게 전이될 수 있는지 이해하기 위해 전이 학습의 맥락에서 광범위한 연구와 작업이 진행되었다.

1.1 전이 학습의 방법

최근 몇 년 동안 딥러닝은 괄목할 만한 진전을 이루었으나, 딥러닝 시스템은 전통적인 머신러닝 시스템보다 더 많은 훈련 시간과 데이터의 양을 필요로 한다. 다양한 최첨단의 딥러닝 네트워크는 컴퓨터 비전 및 자연어 처리와 같은 영역 전반에서 개발되고 테스트되었다. 대부분의 경우 다른 사람들이 사용할 수 있도록 이러한 네트워크의 세부 사항을 공유하고 있으며, 이렇게 사전 훈련된 네트워크/모델은 딥러닝 맥락에서 전이 학습의 기초가 되고 있다.

■ 특성 추출

딥러닝의 시스템은 서로 다른 계층에서 서로 다른 특성을 학습하는 계층들의 아키텍처다. 이 계층은 최종 출력을 얻기 위해 마지막 계층에 연결되며, 이 계층적 아키텍처 덕분에 최종 계층에서 고정된 특성 추출기 없이 사전 훈련된 네트워크(예: V3 또는 VGG)를 활용해 작업할 수 있다.

예를 들어, 최종 분류층 없이 AlexNet를 쓰면 새로운 도메인 영역의 이미지들을 네트워크의 은닉 상태를 기반으로 4,096차원 벡터로 변환하는 데 도움이 된다. 그 결과 원본-도메인 과제에서의 지식을 이용해 새로운 영역의 과제에서 특성을 추출할 수 있게 된다. 이는 심층 신경망을 이용해 전이 학습을 수행하는 가장 널리 사용되는 방법 중 하나다.

■ 미세 튜닝

미세 튜닝은 좀 더 복잡한 기술로, 단순히 (분류/회귀를 위해) 최종 계층을 대체하는 것뿐만 아니라 이전 계층의 일부를 선택적으로 재훈련시키기도 한다. 심층 신경망은 다양한 하이퍼-파라미터를 통해 변경이 가능한 아키텍처다. 전반부 계층은 일반적인 특성을 포착하는 반면, 후반부 계층은 특정 작업에 더 초점을 맞춘다. 이 통찰력이 재훈련하는 동안 특정 계층을 고정(가중치를 고정)하거나 필요에 맞게 나머지 계층을 미세 튜닝할 수 있다. 이 경우 네트워크의 전체 아키텍처 지식을 활용해 재훈련 단계의 출발점으로 사용하며, 결국 이는 더 적은 학습 시간으로 더 나은 성과를 달성하는 데 도움이 된다.

■ 사전 훈련 모델

전이 학습의 기본 요구사항 중 하나는 소스 과제에서 잘 수행된 모델이 존재해야 한다는 것이다. 다행히도, 최신 딥러닝 아키텍처의 많은 부분이 여러 팀에서 공개적으로 공유되고 있으며, 컴퓨터 비전이나 NLP와 같이 서로 다른 여러 영역에 걸쳐 있기도 하다. 잘 알려지고 문서화가 잘된 딥러닝 아키텍처를 만든 팀들은 단지 결과만 공유하는 것이 아니라 사전 훈련된 모델도 공유한다.

사전 훈련된 모델은 보통 모델이 안정된 상태로 훈련되는 동안 모델이 가진 수백만 개의 파라미터/가중치 형태로 공유된다. 사전 훈련된 모델은 누구나 다른 방법으로 사용할 수 있다. 잘 알려진 딥러닝 파이썬 라이브러리인 케라스는 XCeption, VGG16, InceptionV3와 같이 사전 훈련된 다양한 네트워크를 내려받을 수 있는 인터페이스를 제공한다. 텐서플로 및 기타 딥러닝 라이브러리에서도 동일하게 사전 훈련된 모델을 사용할 수 있다.

2. 전이 학습 프로그래밍

2.1 당뇨병성 망막병증 검출 데이터 세트

전이 학습은 특정 도메인의 한 작업에서 얻은 지식을 유사한 도메인의 관련 작업으로 전달하는 과정이다. 딥러닝 패러다임에서 전이 학습은 일반적으로 다른 문제의 시작점으로 사전 학습된 모델을 재사용하는 것을 의미한다.

컴퓨터 비전과 자연어 처리의 문제는 의미 있는 딥러닝 모델을 학습시키기 위해 많은 데이터와 계산 자원을 필요로 한다. 전이 학습은 많은 양의 학습 데이터와 학습 시간의 필요성을 완화시켜주기 때문에 비전과 텍스트 영역에서 많은 중요성을 얻었다.

여기서 우리는 의료 관련 문제를 해결하기 위해 전이 학습을 사용할 것이며, 목표는 다음과 같다.

- 현실 문제 해결에 전이 학습 활용
- 전이 학습에 사용될 수 있는 표준 CNN 아키텍처의 구조 확인
- 전이 학습을 수행하는 다양한 측면에서의 안정감

2.1.1 데이터 세트 링크

데이터 세트를 구축하기 위하여 데이터를 다운로드한다. [Data1] 링크는 현재 데이터 다운로드가 어렵다면, [Data2] 링크를 이용한다.

[Data1] https://www.kaggle.com/c/classroom-diabetic-retinopathy-detection-competition/data
[Data2] https://www.kaggle.com/c/diabetic-retinopathy-detection/data

2.1.2 데이터 다운로드

[Data2] 웹 페이지에 접속하여 전체 파일을 다운로드한다. 데이터의 크기는 82.23GB이다.

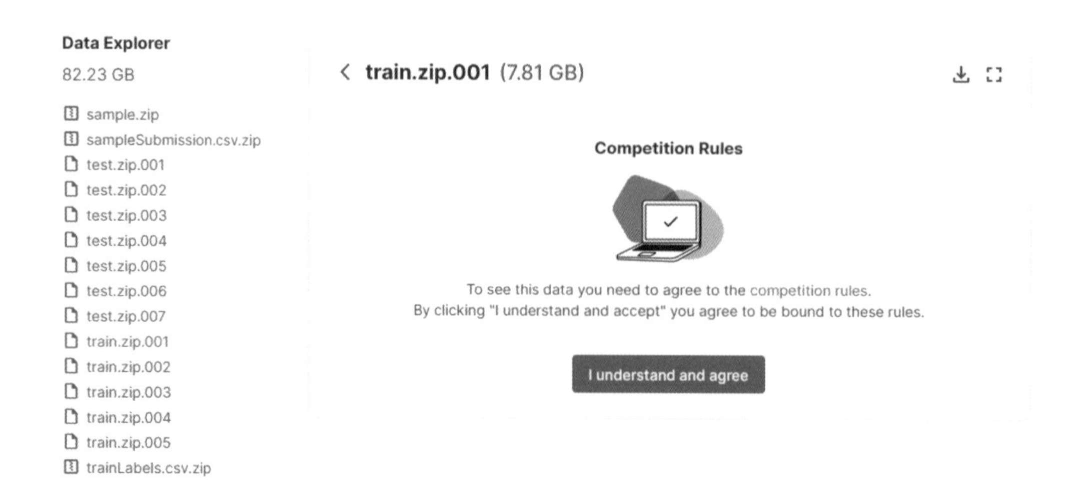

다운로드한 .zip 파일 중 train.zip.001부터 train.zip.005까지의 파일을 압축 해제한다. 압축 해제하면 분할 압축된 파일이 있다. train.zip.001을 더블클릭하여 다시 압축을 해제한다. train이라는 이름의 폴더 안에 이미지 데이터가 들어 있다. 데이터의 크기는 약 35GB이다.

폴더를 하나 새로 생성한다. 이름은 train_dataset으로 한다. 이 폴더 안에 train 이미지 데이터 폴더를 이동하여 저장한다. train 폴더 안에 5개의 폴더를 새로 생성한다. 폴더의 이름은 class0, class1, class2, class3, class4와 같이 설정한다.

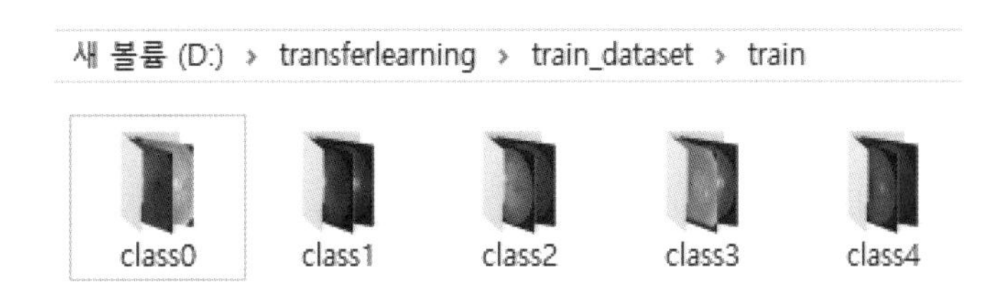

각 class 폴더 안에는 train 이미지 데이터가 저장되어 있어야 한다. trainLabels.csv.zip 파일을 압축 해제한다. 이 csv 파일에는 각 이미지 데이터에 맞는 class 번호가 정해져 있다. level의 숫자는 class 폴더 이름에 있는 숫자를 나타낸다.

image	level
10_left	0
10_right	0
15_left	1
15_right	2
163_left	3
163_right	3
16_left	4
16_right	4

각 이미지 데이터 파일 이름을 확인하여 level 번호에 맞는 class 파일로 이동한다. 대용량 파일이므로 파일을 이동하는 방법과 개수는 임의로 정한다. 여기에서는 각 class마다 200개의 이미지를 저장하였다.

다음에는 다운로드한 .zip 파일 중 test.zip.001부터 test.zip.007까지의 파일을 압축 해제한다. 압축 해제하면 분할 압축된 파일이 있다. test.zip.001을 더블클릭하여 다시 압축을 해제한다.

train_dataset 폴더 안에 validation이라는 폴더를 새로 생성한다. validation 폴더 안에 class0, class1, class2, class3, class4 폴더를 생성한다.

각 class 폴더 안에는 test 이미지 데이터가 저장되어 있어야 한다. 개수는 임의대로 정한다. 여기에서는 각 class마다 200개의 이미지를 저장하였다.

2.1.3 파이썬 소스 코드 다운로드

https://github.com/PacktPublishing/Intelligent-Projects-Using-Python/tree/master/Chapter02 웹 페이지에서 4개의 .py 파일을 다운로드한다. (코드 전체를 복사하여 텍스트 파일에 저장하고 텍스트 파일 이름을 다음 그림에 맞게 .py 파일로 변경한다.)

TransferLearning.py	chapter02 changes
TransferLearningInference.py	Update TransferLearningInference.py
TransferLearning_ffd.py	chapter02 changes
TransferLearning_reg.py	Chapter 2

2.1.4 아나콘다 환경 설정

Anaconda Prompt를 실행하여 가상환경을 생성과 더불어, 가상환경을 실행한다.

```
> conda create --name transfer python=3.7
> conda activate transfer
```

코딩 실행에 필요한 라이브러리인 numpy, opencv-python, pandas, sklearn, keras, tensorflow를 설치한다.

```
> pip install numpy
> pip install opencv-python
> pip install pandas
> pip install sklearn
> pip install keras
> pip install tensorflow
```

tensorflow 설치 후 다음과 같이 ImportError(ImportError: Keras requires TensorFlow 2.2 or higher. Install TensorFlow via 'pip install tensorflow')가 나타나는 경우가 있다.

(1) 설치된 버전이 맞지 않아 발생할 수도 있다. pip install tensorflow==2.2.0를 입력하여 다시 설치한다.
(2) https://support.microsoft.com/en-us/help/2977003/the-latest-supported-visual-c-downloads 웹 페이지로 이동하여 vc_redist.x64.exe 파일을 다운로드하여 설치한다.

Visual Studio 2015, 2017 and 2019

Download the Microsoft Visual C++ Redistributable for Visual Studio 2015, 2017 and 2019. The following updates are the latest supported Visual C++ redistributable packages for Visual Studio 2015, 2017 and 2019. Included is a baseline version of the Universal C Runtime see MSDN for details.

- x86: vc_redist.x86.exe
- x64: vc_redist.x64.exe
- ARM64: vc_redist.arm64.exe

Note Visual C++ 2015, 2017 and 2019 all share the same redistributable files.

For example, installing the Visual C++ 2019 redistributable will affect programs built with Visual C++ 2015 and 2017 also. However, installing the Visual C++ 2015 redistributable will not replace the newer versions of the files installed by the Visual C++ 2017 and 2019 redistributables.

This is different from all previous Visual C++ versions, as they each had their own distinct runtime files, not shared with other versions.

jupyter를 설치하고, jupyter notebook을 실행한다.

```
> pip install jupyter
> jupyter notebook
```

python3 notebook을 생성한다. 다운로드한 4개의 .py 파일을 같은 위치에 저장한다.

- Untitled.ipynb
- TransferLearning.py
- TransferLearning_ffd.py
- TransferLearning_reg.py
- TransferLearningInference.py

2.1.5 Inception_V3.ckpt 다운로드

https://www.kaggle.com/google-brain/inception-v3에서 inception_v3.ckpt 파일을 다운로드한다.

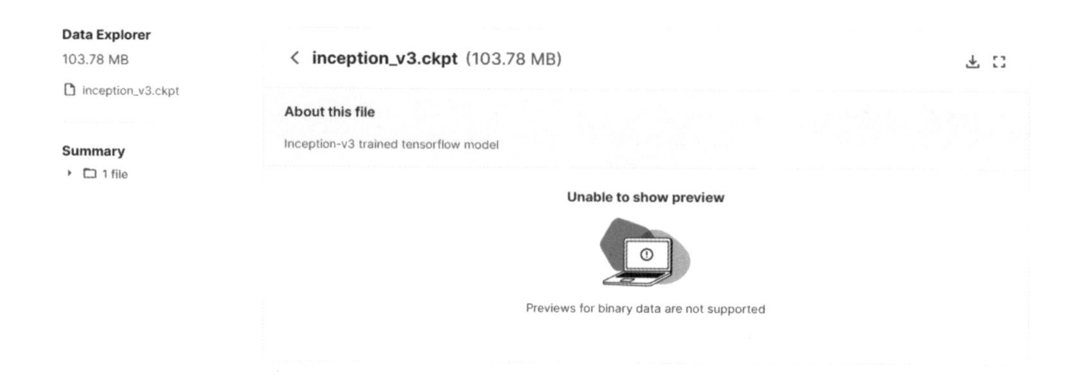

inception_v3는 48개 계층으로 구성된 컨벌루션 신경망이다. ImageNet 데이터베이스의 100만 개가 넘는 영상에 대해 훈련된 신경망의 사전 훈련된 버전을 불러올 수 있다. 사전 훈련된 신경망은 영상을 키보드, 마우스, 연필, 각종 동물 등 1,000가지 사물 범주로 분류할 수 있다. 그 결과 이 신경망은 다양한 영상을 대표하는 특징을 학습했다. 신경망의 영상 입력 크기는 299×299이다.

다운로드한 inception_v3 파일을 python3 notebook과 4개의 .py 파일이 있는 같은 위치에 저장한다.

- Untitled.ipynb
- inception_v3.ckpt
- TransferLearning.py
- TransferLearning_ffd.py
- TransferLearning_reg.py
- TransferLearningInference.py

2.1.6 학습 및 홀드아웃 유효성 검사를 위해 TransferLearning.py를 실행하는 명령

다음은 TransferLearning.py 소스 코드이다.

```
_author__ ='Santanu Pattanayak'

import numpy as np

np.random.seed(1000)

import os
import glob
import cv2
import datetime
import pandas as pd
import time
import warnings
warnings.filterwarnings("ignore")
from sklearn.model_selection import KFold
from sklearn.metrics import cohen_kappa_score
from keras.models import Sequential,Model
from keras.layers.core import Dense, Dropout, Flatten
from keras.layers.convolutional import Convolution2D, MaxPooling2D,
ZeroPadding2D
from keras.layers import GlobalMaxPooling2D,GlobalAveragePooling2D
from keras.optimizers import SGD
from keras.callbacks import EarlyStopping
from keras.utils import np_utils
from sklearn.metrics import log_loss
import keras
from keras import __version__ as keras_version
from keras.applications.inception_v3 import InceptionV3
from keras.applications.resnet50 import ResNet50
from keras.applications.vgg16 import VGG16
from keras.preprocessing.image import ImageDataGenerator
from keras import optimizers
from keras.callbacks import EarlyStopping, ModelCheckpoint, CSVLogger, Callback
from keras.applications.resnet50 import preprocess_input
import h5py
import argparse
import joblib
import json
```

(계속)

```
class TransferLearning:
    def __init__(self):
        parser = argparse.ArgumentParser(description='Process the inputs')
        parser.add_argument('--path',help='image directory')
        parser.add_argument('--class_folders',help='class images folder names')
        parser.add_argument('--dim',type=int,help='Image dimensions to process')
        parser.add_argument('--lr',type=float,help='learning rate',default=1e-4)
        parser.add_argument('--batch_size',type=int,help='batch size')
        parser.add_argument('--epochs',type=int,help='no of epochs to train')
        parser.add_argument('--initial_layers_to_freeze',type=int,help='the
                            initial layers to freeze')
        parser.add_argument('--model',help='Standard Model to load',default
                            ='InceptionV3')
        parser.add_argument('--folds',type=int,help='num of cross validation
                            folds',default=5)
        parser.add_argument('--outdir',help='output directory')

        args = parser.parse_args()
        self.path = args.path
        self.class_folders = json.loads(args.class_folders)
        self.dim =int(args.dim)
        self.lr = float(args.lr)
        self.batch_size =int(args.batch_size)
        self.epochs =int(args.epochs)

        self.initial_layers_to_freeze =int(args.initial_layers_to_freeze)
        self.model = args.model
        self.folds =int(args.folds)
        self.outdir = args.outdir

    def get_im_cv2(self,path,dim=224):
        img = cv2.imread(path)
        resized = cv2.resize(img, (dim,dim), cv2.INTER_LINEAR)

        return resized

    # Pre Process the Images based on the ImageNet pre-trained model Image transformation
    def pre_process(self,img):
        img[:,:,0] = img[:,:,0] -103.939
        img[:,:,1] = img[:,:,0] -116.779
        img[:,:,2] = img[:,:,0] -123.68

        return img

# Function to build X, y in numpy format based on the train/validation datasets
    def read_data(self,class_folders,path,num_class,dim,train_val='train'):
        train_X,train_y = [],[]
```
(계속)

```
        for c in class_folders:
            path_class = path +str(train_val) +'\\'+str(c)
            print(path_class)

            file_list = os.listdir(path_class)

            for f in file_list:
                img = self.get_im_cv2(path_class +'\\'+ f)
                img = self.pre_process(img)
                train_X.append(img)
                label =int(c.split('class')[1])
                train_y.append(int(label))

        train_y = keras.utils.np_utils.to_categorical(np.array(train_y),num_class)

        return np.array(train_X),train_y

    def inception_pseudo(self,dim=224,freeze_layers=30,full_freeze='N'):
        model = InceptionV3(weights='imagenet',include_top=False)
        x = model.output
        x = GlobalAveragePooling2D()(x)
        x = Dense(512, activation='relu')(x)
        x = Dropout(0.5)(x)
        x = Dense(512, activation='relu')(x)
        x = Dropout(0.5)(x)
        out = Dense(5,activation='softmax')(x)
        model_final = Model(inputs = model.input,outputs=out)
        if full_freeze !='N':
            for layer in model.layers[0:freeze_layers]:
                layer.trainable = False

        return model_final

    def inception_pseudo(self,dim=224,freeze_layers=30,full_freeze='N'):
        model = InceptionV3(weights='imagenet',include_top=False)
        x = model.output
        x = GlobalAveragePooling2D()(x)
        x = Dense(512, activation='relu')(x)
        x = Dropout(0.5)(x)
        x = Dense(512, activation='relu')(x)
        x = Dropout(0.5)(x)
        out = Dense(5,activation='softmax')(x)
        model_final = Model(inputs = model.input,outputs=out)
        if full_freeze !='N':
            for layer in model.layers[0:freeze_layers]:
                layer.trainable = False

        return model_final
```

(계속)

```
# ResNet50 Model for transfer Learning
def resnet_pseudo(self,dim=224,freeze_layers=10,full_freeze='N'):
    model = ResNet50(weights='imagenet',include_top=False)
    x = model.output
    x = GlobalAveragePooling2D()(x)
    x = Dense(512, activation='relu')(x)
    x = Dropout(0.5)(x)
    x = Dense(512, activation='relu')(x)
    x = Dropout(0.5)(x)
    out = Dense(5,activation='softmax')(x)
    model_final = Model(input = model.input,outputs=out)
    if full_freeze !='N':
        for layer in model.layers[0:freeze_layers]:
            layer.trainable = False

    return model_final

# VGG16 Model for transfer Learning
def VGG16_pseudo(self,dim=224,freeze_layers=10,full_freeze='N'):
    model = VGG16(weights='imagenet',include_top=False)
    x = model.output
    x = GlobalAveragePooling2D()(x)
    x = Dense(512, activation='relu')(x)
    x = Dropout(0.5)(x)
    x = Dense(512, activation='relu')(x)
    x = Dropout(0.5)(x)
    out = Dense(5,activation='softmax')(x)
    model_final = Model(input = model.input,outputs=out)

    if full_freeze !='N':
        for layer in model.layers[0:freeze_layers]:
            layer.trainable = False

    return model_final

def train_model(self,train_X,train_y,n_fold=5,batch_size=16,epochs=40,dim=224,lr=1e-5,
            model='ResNet50'):
    model_save_dest = {}
    k =0
    kf = KFold(n_splits=n_fold, random_state=0, shuffle=True)

    for train_index, test_index in kf.split(train_X):
        k +=1
        X_train,X_test = train_X[train_index],train_X[test_index]

        y_train, y_test = train_y[train_index],train_y[test_index]

        if model =='Resnet50':
            model_final = self.resnet_pseudo(dim=224,freeze_layers=10,full_freeze='N')
```

(계속)

```
if model =='VGG16':
    model_final = self.VGG16_pseudo(dim=224,freeze_layers=10,full_freeze='N')

if model =='InceptionV3':
    model_final = self.inception_pseudo(dim=224,freeze_layers=10,full_freeze='N')

datagen = ImageDataGenerator(
    horizontal_flip = True,
    vertical_flip = True,
    width_shift_range =0.1,
    height_shift_range =0.1,
    channel_shift_range=0,
    zoom_range =0.2,
    rotation_range =20
)

adam = optimizers.Adam(lr=lr, beta_1=0.9, beta_2=0.999,
                       epsilon=1e-08, decay=0.0)
model_final.compile(optimizer=adam, loss=["categorical_crossentropy"],
                    metrics=['accuracy'])
reduce_lr = keras.callbacks.ReduceLROnPlateau(monitor='val_loss',
                                              factor=0.50,patience=3,
                                              min_lr=0.000001)
callbacks = [
    EarlyStopping(monitor='val_loss', patience=10, mode='min', verbose=1),
    CSVLogger('keras-5fold-run-01-v1-epochs_ib.log',
              separator=',',
              append=False
    ),
    reduce_lr,
    ModelCheckpoint('kera1-5fold-run-01-v1-fold-'+str('%02d' % (k +1))
                    +'-run-'+str('%02d' % (1 +1)) +'.hdf5',
        monitor='val_loss',
        mode='min',save_best_only=True,verbose=1
    )
]
model_final.fit_generator(datagen.flow(X_train,y_train, batch_size=batch_size),
steps_per_epoch=X_train.shape[0]/batch_size,epochs=epochs,verbose=1,
validation_data=(X_test,y_test),callbacks=callbacks,
class_weight={0:0.012,1:0.12,2:0.058,3:0.36,4:0.43})
model_name ='kera1-5fold-run-01-v1-fold-'+str('%02d' % (k +1))
            +'-run-'+str('%02d' % (1 +1)) +'.hdf5'
del model_final
f = h5py.File(model_name, 'r+')
del f['optimizer_weights']
f.close()
model_final = keras.models.load_model(model_name)
model_name1 = self.outdir +str(model) +'___'+str(k)
```

(계속)

```
            model_final.save(model_name1)
            model_save_dest[k] = model_name1

        return model_save_dest

    # Hold out dataset validation function
    def inference_validation(self,test_X,test_y,model_save_dest,n_class=5,folds=5):
        pred = np.zeros((len(test_X),n_class))
        for k in range(1,folds +1):
            model = keras.models.load_model(model_save_dest[k])
            pred = pred + model.predict(test_X)

        pred = pred/(1.0*folds)
        pred_class = np.argmax(pred,axis=1)
        act_class = np.argmax(test_y,axis=1)
        accuracy = np.sum([pred_class == act_class])*1.0/len(test_X)
        kappa = cohen_kappa_score(pred_class,act_class,weights='quadratic')

        return pred_class,accuracy,kappa

    def main(self):
        start_time = time.time()
        print('Data Processing..')
        self.num_class =len(self.class_folders)
        train_X,train_y = self.read_data(self.class_folders,self.path,self.num_class,self.dim,
                                         train_val='train')
        self.model_save_dest = self.train_model(
            train_X,
            train_y,
            n_fold=self.folds,
            batch_size=self.batch_size,
            epochs=self.epochs,
            dim=self.dim,
            lr=self.lr,
            model=self.model
        )
        print("Model saved to dest:",self.model_save_dest)
        test_X,test_y = self.read_data(self.class_folders,self.path,self.num_class,self.dim,
                                       train_val='validation')
        _,accuracy,kappa = self.inference_validation(test_X,test_y,self.model_save_dest,
                                                     n_class=self.num_class,folds=self.folds)
        joblib.dump(self.model_save_dest,self.outdir  +"dict_model.pkl")
        print("-----------------------------------------------------")
        print("Kappa score:", kappa)
        print("accuracy:", accuracy)
        print("End of training")
        print("-----------------------------------------------------")
        print("Processing Time",time.time() - start_time,' secs')
```

(계속)

```
if __name__ =="__main__":
    obj = TransferLearning()
    obj.main()
```

다음을 입력하여 실행한다.

```
%run TransferLearning.py --path D:\transferlearning\train_dataset\
--class_folders [\"class0\",\"class1\",\"class2\",\"class3\",\"class4\"]
--dim 224 --lr 1e-4 --batch_size 16 --epochs 20 --initial_layers_to_freeze 10
--model InceptionV3 --folds 5 --outdir
C:\Users\geno\python_transfer\Transfer_Learning_DR\
```

- path: 이미지 데이터의 저장 경로이다.
- outdir: TrasnferLearning.py가 저장되어 있는 경로에 Transfer_Learning_DR이라는 새 폴더를 생성한다. 생성된 폴더의 경로를 입력한다.

다음은 데이터 처리 결과이다.

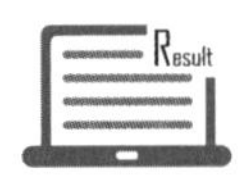


```
1  %run TransferLearning.py --path D:₩transferlearning₩train_dataset₩ --class_folders [₩"class0₩",₩"class1₩",₩"class2₩",₩"class3₩",₩"cla
```

```
Data Processing..
D:₩transferlearning₩train_dataset₩train₩class0
D:₩transferlearning₩train_dataset₩train₩class1
D:₩transferlearning₩train_dataset₩train₩class2
D:₩transferlearning₩train_dataset₩train₩class3
D:₩transferlearning₩train_dataset₩train₩class4
WARNING:tensorflow:From C:₩Users₩geno₩python_transfer₩TransferLearning.py:202: Model.fit_generator (from tensorflow.python.keras.engin
e.training) is deprecated and will be removed in a future version.
Instructions for updating:
Please use Model.fit, which supports generators.
Epoch 1/20
50/50 [==============================] - ETA: 0s - loss: 0.2676 - accuracy: 0.2075
Epoch 00001: val_loss improved from inf to 2.20001, saving model to keral-5fold-run-01-v1-fold-02-run-02.hdf5
50/50 [==============================] - 130s 3s/step - loss: 0.2676 - accuracy: 0.2075 - val_loss: 2.2000 - val_accuracy: 0.1950 - lr:
1.0000e-04
Epoch 2/20
50/50 [==============================] - ETA: 0s - loss: 0.2377 - accuracy: 0.2500
Epoch 00002: val_loss improved from 2.20001 to 1.84023, saving model to keral-5fold-run-01-v1-fold-02-run-02.hdf5
50/50 [==============================] - 133s 3s/step - loss: 0.2377 - accuracy: 0.2500 - val_loss: 1.8402 - val_accuracy: 0.2150 - lr:
```

(계속)

```
1  %run TransferLearning.py --path D:₩transferlearning₩train_dataset₩ --class_folders [₩"class0₩",₩"class1₩",₩"class2₩",₩"class3₩",₩"cla
```

```
50/50 [==============================] - 184s 4s/step - loss: 0.1231 - accuracy: 0.4725 - val_loss: 2.4094 - val_accuracy: 0.2950 - lr:
1.2500e-05
Epoch 00018: early stopping
INFO:tensorflow:Assets written to: C:₩Users₩geno₩python_transfer₩Transfer_Learning_DR₩InceptionV3___5₩assets
Model saved to dest: {1: 'C:₩₩Users₩₩geno₩₩python_transfer₩₩Transfer_Learning_DR₩₩InceptionV3___1', 2: 'C:₩₩Users₩₩geno₩₩python_transfe
r₩₩Transfer_Learning_DR₩₩InceptionV3___2', 3: 'C:₩₩Users₩₩geno₩₩python_transfer₩₩Transfer_Learning_DR₩₩InceptionV3___3', 4: 'C:₩₩Users
₩₩geno₩₩python_transfer₩₩Transfer_Learning_DR₩₩InceptionV3___4', 5: 'C:₩₩Users₩₩geno₩₩python_transfer₩₩Transfer_Learning_DR₩₩InceptionV
3___5'}
D:₩transferlearning₩train_dataset₩validation₩class0
D:₩transferlearning₩train_dataset₩validation₩class1
D:₩transferlearning₩train_dataset₩validation₩class2
D:₩transferlearning₩train_dataset₩validation₩class3
D:₩transferlearning₩train_dataset₩validation₩class4
-------------------------------------------------------
Kappa score: -0.0010822510822510178
accuracy: 0.213
End of training
-------------------------------------------------------
Processing Time 14385.81746339798 secs
```

인텔 i7 하드웨어 환경에서의 실행 시간은 14385.81746339798초, 약 240분이 소요되었으며, 실행이 완료되면 다음과 같이 hdf5 파일들과 log 파일이 생성된다.

Transfer_Learning_DR	2020-07-08 오후...	파일 폴더	
inception_v3.ckpt	2019-09-20 오후...	CKPT 파일	106,266KB
kera1-5fold-run-01-v1-fold-02-run-02.hdf5	2020-07-08 오전...	HDF5 파일	266,860KB
kera1-5fold-run-01-v1-fold-03-run-02.hdf5	2020-07-08 오전...	HDF5 파일	266,866KB
kera1-5fold-run-01-v1-fold-04-run-02.hdf5	2020-07-08 오전...	HDF5 파일	266,869KB
kera1-5fold-run-01-v1-fold-05-run-02.hdf5	2020-07-08 오전...	HDF5 파일	266,869KB
kera1-5fold-run-01-v1-fold-06-run-02.hdf5	2020-07-08 오후...	HDF5 파일	266,869KB
keras-5fold-run-01-v1-epochs_ib.log	2020-07-08 오후...	텍스트 문서	2KB
TransferLearning.py	2020-07-07 오후...	Python.File	11KB
TransferLearning_ffd.py	2020-07-01 오후...	Python.File	11KB
TransferLearning_reg.py	2020-07-01 오후...	Python.File	13KB
TransferLearningInference.py	2020-07-01 오후...	Python.File	3KB
Untitled.ipynb	2020-07-08 오후...	IPYNB 파일	43KB

Transfer_Learning_DR 폴더에는 InceptionV3 폴더와 pkl 파일이 생성되어 있다.

InceptionV3__1	2020-07-08 오전...	파일 폴더	
InceptionV3__2	2020-07-08 오전...	파일 폴더	
InceptionV3__3	2020-07-08 오전...	파일 폴더	
InceptionV3__4	2020-07-08 오전...	파일 폴더	
InceptionV3__5	2020-07-08 오후...	파일 폴더	
dict_model.pkl	2020-07-08 오후...	PKL 파일	1KB

2.1.7 학습 및 검증을 위해 TransferLearning_ffd.py를 실행하는 명령

다음은 TransferLearning_ffd.py 소스 코드이다.

```
_author__ ='Santanu Pattanayak'

import numpy as np

np.random.seed(1000)

import os
import glob
import cv2
import datetime
import pandas as pd
import time
import warnings
warnings.filterwarnings("ignore")
from sklearn.model_selection import KFold
from sklearn.metrics import cohen_kappa_score
from keras.models import Sequential,Model
from keras.layers.core import Dense, Dropout, Flatten
from keras.layers.convolutional import Convolution2D, MaxPooling2D,
ZeroPadding2D
from keras.layers import GlobalMaxPooling2D,GlobalAveragePooling2D
from keras.optimizers import SGD
from keras.callbacks import EarlyStopping
from keras.utils import np_utils
from sklearn.metrics import log_loss
import keras
from keras import __version__ as keras_version
from keras.applications.inception_v3 import InceptionV3
from keras.applications.resnet50 import ResNet50
from keras.applications.vgg16 import VGG16
from keras.preprocessing.image import ImageDataGenerator
from keras import optimizers
from keras.callbacks import EarlyStopping, ModelCheckpoint, CSVLogger, Callback
from keras.applications.resnet50 import preprocess_input
from keras.preprocessing.image import ImageDataGenerator
import h5py
import argparse
# from sklearn.externals import joblib
import joblib
```

(계속)

```
import json
import keras
from pathlib import Path
import glob

def pre_process(img):
    img[:,:,0] = img[:,:,0] -103.939
    img[:,:,1] = img[:,:,0] -116.779
    img[:,:,2] = img[:,:,0] -123.68

    return img

class TransferLearning:
    def __init__(self):
        parser = argparse.ArgumentParser(description='Process the inputs')
        parser.add_argument('--path',help='image directory')
        parser.add_argument('--class_folders',help='class images folder names')
        parser.add_argument('--dim',type=int,help='Image dimensions to process')
        parser.add_argument('--lr',type=float,help='learning rate',default=1e-4)
        parser.add_argument('--batch_size',type=int,help='batch size')
        parser.add_argument('--epochs',type=int,help='no of epochs to train')
        parser.add_argument('--initial_layers_to_freeze',type=int,help='the
                            initial layers to reeze')
        parser.add_argument('--model',help='Standard Model to load',
                            default='InceptionV3')
        parser.add_argument('--folds',type=int,help='num of cross validation
                            folds',default=5)
        parser.add_argument('--outdir',help='output directory')
        args = parser.parse_args()
        self.path = Path(args.path)
        self.train_dir = Path(f'{self.path}/train/')
        self.val_dir = Path(f'{self.path}/validation/')
        self.class_folders = json.loads(args.class_folders)
        self.dim  =int(args.dim)
        self.lr   = float(args.lr)
        self.batch_size =int(args.batch_size)
        self.epochs =  int(args.epochs)
        self.initial_layers_to_freeze =int(args.initial_layers_to_freeze)
        self.model = args.model
        self.folds =int(args.folds)
        self.outdir = Path(args.outdir)

    def inception_pseudo(self,dim=224,freeze_layers=10,full_freeze='N'):
        model = InceptionV3(weights='imagenet',include_top=False)
        x = model.output
        x = GlobalAveragePooling2D()(x)
        x = Dense(512, activation='relu')(x)
        x = Dropout(0.5)(x)
```

(계속)

```
        x = Dense(512, activation='relu')(x)
        x = Dropout(0.5)(x)
        out = Dense(5,activation='softmax')(x)
#        model_final = Model(input = model.input,outputs=out)
        model_final = Model(inputs = model.input,outputs=out)

         if full_freeze !='N':
            for layer in model.layers[0:freeze_layers]:
                layer.trainable = False

        return model_final

    # ResNet50 Model for transfer Learning
    def resnet_pseudo(self,dim=224,freeze_layers=10,full_freeze='N'):
        model = ResNet50(weights='imagenet',include_top=False)
        x = model.output
        x = GlobalAveragePooling2D()(x)
        x = Dense(512, activation='relu')(x)
        x = Dropout(0.5)(x)
        x = Dense(512, activation='relu')(x)
        x = Dropout(0.5)(x)
        out = Dense(5,activation='softmax')(x)
        model_final = Model(input = model.input,outputs=out)

        if full_freeze !='N':
            for layer in model.layers[0:freeze_layers]:
                layer.trainable = False

        return model_final

    # VGG16 Model for transfer Learning
    def VGG16_pseudo(self,dim=224,freeze_layers=10,full_freeze='N'):
        model = VGG16(weights='imagenet',include_top=False)
        x = model.output
        x = GlobalAveragePooling2D()(x)
        x = Dense(512, activation='relu')(x)
        x = Dropout(0.5)(x)
        x = Dense(512, activation='relu')(x)
        x = Dropout(0.5)(x)
        out = Dense(5,activation='softmax')(x)
        model_final = Model(input = model.input,outputs=out)

        if full_freeze !='N':
            for layer in model.layers[0:freeze_layers]:
                layer.trainable = False

        return model_final
```

(계속)

```
def train_model(self,train_dir,val_dir,n_fold=5,batch_size=16,epochs=40,
              dim=224,lr=1e-5,model='ResNet50'):
    if model =='Resnet50':
        model_final = self.resnet_pseudo(dim=224,freeze_layers=10,full_freeze='N')

    if model =='VGG16':
        model_final = self.VGG16_pseudo(dim=224,freeze_layers=10,full_freeze='N')
    if model =='InceptionV3':
        model_final = self.inception_pseudo(dim=224,freeze_layers=10,full_freeze='N')

    train_file_names = glob.glob(f'{train_dir}/*/*')
    val_file_names = glob.glob(f'{val_dir}/*/*')
    train_steps_per_epoch =len(train_file_names)/float(batch_size)
    val_steps_per_epoch =len(val_file_names)/float(batch_size)
    train_datagen = ImageDataGenerator(
        horizontal_flip = True,
        vertical_flip = True,
        width_shift_range =0.1,
        height_shift_range =0.1,
        channel_shift_range=0,
        zoom_range =0.2,
        rotation_range =20,
        preprocessing_function=pre_process
    )
    val_datagen = ImageDataGenerator(preprocessing_function=pre_process)
    train_generator = train_datagen.flow_from_directory(
        train_dir,target_size=(dim,dim),
        batch_size=batch_size,
        class_mode='categorical'
    )
    val_generator = val_datagen.flow_from_directory(
        val_dir,target_size=(dim,dim),
        batch_size=batch_size,
        class_mode='categorical'
    )
    print(train_generator.class_indices)
    joblib.dump(train_generator.class_indices,f'{self.outdir}/class_indices.pkl')
    adam = optimizers.Adam(lr=lr, beta_1=0.9, beta_2=0.999, epsilon=1e-08,
                           decay=0.0)
    model_final.compile(
        optimizer=adam,
        loss=["categorical_crossentropy"],
        metrics=['accuracy']
    )
    reduce_lr = keras.callbacks.ReduceLROnPlateau(
        monitor='val_loss',
        factor=0.50,
        patience=3,
```

(계속)

```
            min_lr=0.000001
        )
        early = EarlyStopping(monitor='val_loss', patience=10, mode='min', verbose=1)
        logger = CSVLogger(f'{self.outdir}/keras-epochs_ib.log', separator=',', append=False)
        model_name = f'{self.outdir}/keras_transfer_learning-run.hdf5'
        checkpoint = ModelCheckpoint(
            model_name,
            monitor='val_loss', mode='min',
            save_best_only=True,
            verbose=1
        )
        callbacks = [reduce_lr,early,checkpoint,logger]
        model_final.fit_generator(
            train_generator,steps_per_epoch=train_steps_per_epoch,epochs=epochs,
            verbose=1,validation_data=(val_generator),
            validation_steps=val_steps_per_epoch,
            callbacks=callbacks,class_weight={0:0.012,1:0.12,2:0.058,3:0.36,4:0.43}
        )

    del model_final
        f = h5py.File(model_name, 'r+')
        del f['optimizer_weights']
        f.close()
        model_final = keras.models.load_model(model_name)
        model_to_store_path = f'{self.outdir}/{model}'
        model_final.save(model_to_store_path)

        return model_to_store_path,train_generator.class_indices

    # Hold out dataset validation function
    def inference(self,model_path,test_dir,class_dict,dim=224):
        print(test_dir)
        model = keras.models.load_model(model_path)
        test_datagen = ImageDataGenerator(preprocessing_function=pre_process)
        test_generator = test_datagen.flow_from_directory(
        test_dir,
        target_size=(dim,dim),
        shuffle = False,
        class_mode='categorical',
        batch_size=1)
        filenames = test_generator.filenames
        nb_samples =len(filenames)
        pred = model.predict_generator(test_generator,steps=nb_samples)
        print(pred)
        df = pd.DataFrame()
        df['filename'] = filenames
#        df['actual_class'] = df['filename'].apply(lambda x:x.split('/')[0])
        df['actual_class'] = df['filename'].apply(lambda x:x.split('\\')[0])
```

(계속)

```
        df['actual_class_index'] = df['actual_class'].apply(lambda x:int(class_dict[x]))
        df['pred_class_index'] = np.argmax(pred,axis=1)
        k = list(class_dict.keys())
        v = list(class_dict.values())
        inv_class_dict = {}

        for k_,v_ in zip(k,v):
            inv_class_dict[v_] = k_
        df['pred_class'] =  df['pred_class_index'].apply(lambda x:(inv_class_dict[x]))

        return df

    def main(self):
        start_time = time.time()
        print('Data Processing..')
        self.num_class =len(self.class_folders)
        model_to_store_path,class_dict = self.train_model(
            self.train_dir,self.val_dir,n_fold=self.folds,batch_size=self.batch_size,
            epochs=self.epochs,dim=self.dim,lr=self.lr,model=self.model
        )
        print("Model saved to dest:",model_to_store_path)
        # Validatione evaluate results
        folder_path = Path(f'{self.val_dir}')
        val_results_df = self.inference(model_to_store_path,folder_path,class_dict,self.dim)
        val_results_path = f'{self.outdir}/val_results.csv'
        val_results_df.to_csv(val_results_path,index=False)
        print(f'Validation results saved at : {val_results_path}')
        pred_class_index = np.array(val_results_df['pred_class_index'].values)
        actual_class_index =
np.array(val_results_df['actual_class_index'].values)
        print(pred_class_index)
        print(actual_class_index)

        accuracy = np.mean(actual_class_index == pred_class_index)
        kappa = cohen_kappa_score(pred_class_index,actual_class_index,weights='quadratic')
        #print("-------------------------------------------------------")
        print(f'Validation Accuracy: {accuracy}')
        print(f'Validation Quadratic Kappa Score: {kappa}')
        #print("-------------------------------------------------------")
        #print("Processing Time",time.time() - start_time,' secs')

if __name__ =="__main__":
    obj = TransferLearning()
    obj.main()
```

다음을 입력하여 실행한다.

```
%run TransferLearning_ffd.py --path D:\transferlearning\train_dataset\
--class_folders [\"class0\",\"class1\",\"class2\",\"class3\",\"class4\"]
--dim 224 --lr 1e-4 --batch_size 32 --epochs 50 --initial_layers_to_freeze 10
--model InceptionV3 --outdir
C:\Users\geno\python_transfer\Transfer_Learning_DR\
```

다음은 실행 결과이다.

```
1  %run TransferLearning_ffd.py --path D:₩transferlearning₩train_dataset₩ --class_folders [₩"class0₩",₩"class1₩",₩"class2₩",₩"class3₩",₩

Data Processing..
Found 1000 images belonging to 5 classes.
Found 1000 images belonging to 5 classes.
{'class0': 0, 'class1': 1, 'class2': 2, 'class3': 3, 'class4': 4}
WARNING:tensorflow:From C:₩Users₩geno₩python_transfer₩TransferLearning_ffd.py:165: Model.fit_generator (from tensorflow.python.keras.en
gine.training) is deprecated and will be removed in a future version.
Instructions for updating:
Please use Model.fit, which supports generators.
Epoch 1/50
32/31 [==============================] - ETA: -4s - loss: 0.2649 - accuracy: 0.2180
Epoch 00001: val_loss improved from inf to 2.36644, saving model to C:₩Users₩geno₩python_transfer₩Transfer_Learning_DR/keras_transfer_l
earning-run.hdf5
32/31 [==============================] - 320s 10s/step - loss: 0.2649 - accuracy: 0.2180 - val_loss: 2.3664 - val_accuracy: 0.1710 - l
r: 1.0000e-04
Epoch 2/50
32/31 [==============================] - ETA: -4s - loss: 0.2400 - accuracy: 0.2190
Epoch 00002: val_loss improved from 2.36644 to 2.18486, saving model to C:₩Users₩geno₩python_transfer₩Transfer_Learning_DR/keras_transf
er_learning-run.hdf5
32/31 [==============================] - 321s 10s/step - loss: 0.2400 - accuracy: 0.2190 - val_loss: 2.1849 - val_accuracy: 0.1830 - l
```

```
1  %run TransferLearning_ffd.py --path D:₩transferlearning₩train_dataset₩ --class_folders [₩"class0₩",₩"class1₩",₩"class2₩",₩"class3₩",₩

 2 2 2 2 2 2 2 2 2 2 2 2 2 2 2 2 2 2 2 2 2 2 2 2 2 2 2 2 2 2 2 2 2 2 2 2 2
 2 2 2 2 2 2 2 2 2 2 2 2 2 2 2 2 2 2 2 2 2 2 2 2 2 2 2 2 2 2 2 2 2 2 2 2 2
 2 2 2 2 2 2 2 2 2 2 2 2 2 2 2 2 2 2 2 2 2 2 2 2 2 2 2 2 2 2 2 2 2 2 2 2 2
 2 2 2 2 2 2 2 2 2 2 2 2 2 2 2 2 2 2 2 2 2 2 2 2 2 2 2 2 2 2 2 2 2 2 2 2 2
 2 2 2 2 2 2 2 2 2 2 2 2 2 2 2 2 2 2 2 2 2 2 2 2 2 2 2 2 2 2 2 2 2 2 2 2 2
 2 2 2 2 2 2 2 2 3 3 3 3 3 3 3 3 3 3 3 3 3 3 3 3 3 3 3 3 3 3 3 3 3 3 3 3 3
 3 3 3 3 3 3 3 3 3 3 3 3 3 3 3 3 3 3 3 3 3 3 3 3 3 3 3 3 3 3 3 3 3 3 3 3 3
 3 3 3 3 3 3 3 3 3 3 3 3 3 3 3 3 3 3 3 3 3 3 3 3 3 3 3 3 3 3 3 3 3 3 3 3 3
 3 3 3 3 3 3 3 3 3 3 3 3 3 3 3 3 3 3 3 3 3 3 3 3 3 3 3 3 3 3 3 3 3 3 3 3 3
 3 3 3 3 3 3 3 3 3 3 3 3 3 3 3 3 3 3 3 3 3 3 3 3 3 3 3 3 3 3 3 3 3 3 3 3 3
 3 3 3 3 3 3 3 3 3 3 3 3 3 3 3 3 3 3 3 3 3 3 3 4 4 4 4 4 4 4 4 4 4 4 4 4 4
 4 4 4 4 4 4 4 4 4 4 4 4 4 4 4 4 4 4 4 4 4 4 4 4 4 4 4 4 4 4 4 4 4 4 4 4 4
 4 4 4 4 4 4 4 4 4 4 4 4 4 4 4 4 4 4 4 4 4 4 4 4 4 4 4 4 4 4 4 4 4 4 4 4 4
 4 4 4 4 4 4 4 4 4 4 4 4 4 4 4 4 4 4 4 4 4 4 4 4 4 4 4 4 4 4 4 4 4 4 4 4 4
 4 4 4 4 4 4 4 4 4 4 4 4 4 4 4 4 4 4 4 4 4 4 4 4 4 4 4 4 4 4 4 4 4 4 4 4 4
 4 4 4 4 4 4 4 4 4 4 4 4 4 4 4 4 4 4 4 4 4 4 4 4 4 4 4 4 4 4 4 4 4 4 4 4 4
 4]
Validation Accuracy: 0.209
Validation Quadratic Kappa Score: 0.012285806660200405
```

인텔 i7 환경에서 데이터 처리 시간은 6316초, 약 120분이 소요되었으며, 실행이 완료되면 Transfer_Learning_DR 폴더에 InceptionV3 폴더와 pkl 파일, hdf5 파일, log 파일, csv 파일이 생성되어 있다.

디스크 (C:) › 사용자 › geno › python_transfer › Transfer_Learning_DR

이름	수정한 날짜	유형	크기
InceptionV3	2020-07-08 오후...	파일 폴더	
class_indices.pkl	2020-07-08 오후...	PKL 파일	1KB
keras_transfer_learning-run.hdf5	2020-07-08 오후...	HDF5 파일	266,860KB
keras-epochs_ib.log	2020-07-08 오후...	텍스트 문서	2KB
val_results.csv	2020-07-08 오후...	CSV 파일	40KB

2.1.8 학습을 위해 TransferLearning_reg.py를 실행하는 명령

다음은 TransferLearning_reg.py 소스 코드이다.

```
_author__ ='Santanu Pattanayak’

import numpy as np

np.random.seed(1000)

import os
import glob
import cv2
import datetime
import pandas as pd
import time
import warnings
warnings.filterwarnings("ignore")
from sklearn.model_selection import KFold
from sklearn.metrics import cohen_kappa_score
from keras.models import Sequential,Model
from keras.layers.core import Dense, Dropout, Flatten
from keras.layers.convolutional import Convolution2D, MaxPooling2D, ZeroPadding2D
from keras.layers import GlobalMaxPooling2D,GlobalAveragePooling2D
from keras.optimizers import SGD
```

(계속)

```
from keras.callbacks import EarlyStopping
from keras.utils import np_utils
from sklearn.metrics import log_loss
import keras
from keras import __version__ as keras_version
from keras.applications.inception_v3 import InceptionV3
from keras.applications.resnet50 import ResNet50
from keras.applications.vgg16 import VGG16
from keras.preprocessing.image import ImageDataGenerator
from keras import optimizers
from keras.callbacks import EarlyStopping, ModelCheckpoint, CSVLogger, Callback
from keras.applications.resnet50 import preprocess_input
import h5py
import argparse
import joblib

import json
import keras
from pathlib import Path

def get_im_cv2(path,dim=224):
    img = cv2.imread(path)
    resized = cv2.resize(img, (dim,dim), cv2.INTER_LINEAR)

    return resized

# Pre Process the Images based on the ImageNet pre-trained model Image
transformation
def pre_process(img):
    img[:,:,0] = img[:,:,0] -103.939
    img[:,:,1] = img[:,:,0] -116.779
    img[:,:,2] = img[:,:,0] -123.68

    return img

class DataGenerator(keras.utils.Sequence):
    'Generates data for Keras'
    def __init__(self,files,labels,batch_size=32,n_classes=5,dim=(224,224,3),shuffle=True):
        'Initialization'
        self.labels = labels
        self.files = files
        self.batch_size = batch_size
        self.n_classes = n_classes
        self.dim = dim
        self.shuffle = shuffle
        self.on_epoch_end()

    def __len__(self):
```

(계속)

```
        'Denotes the number of batches per epoch'
        return int(np.floor(len(self.files) / self.batch_size))

    def __getitem__(self, index):
        'Generate one batch of data'
        # Generate indexes of the batch
        indexes = self.indexes[index*self.batch_size:(index+1)*self.batch_size]
        # Find list of files to be processed in the batch
        list_files = [self.files[k] for k in indexes]
        labels     = [self.labels[k] for k in indexes]
        # Generate data
        X, y = self.__data_generation(list_files,labels)

        return X, y

    def on_epoch_end(self):
        'Updates indexes after each epoch'
        self.indexes = np.arange(len(self.files))

        if self.shuffle == True:
            np.random.shuffle(self.indexes)

    def __data_generation(self,list_files,labels):
        'Generates data containing batch_size samples'
        # X : (n_samples, *dim, n_channels)
        # Initialization
        X = np.empty((len(list_files),self.dim[0],self.dim[1],self.dim[2]))
        y = np.empty((len(list_files)),dtype=int)

        # print(X.shape,y.shape)
        # Generate data
        k =-1
        for i,f in enumerate(list_files):
            #     print(f)
            img = get_im_cv2(f,dim=self.dim[0])
            img = pre_process(img)
            label = labels[i]
            #label = keras.utils.np_utils.to_categorical(label,self.n_classes)
            X[i,] = img
            y[i,] = label
        # print(X.shape,y.shape)
        return X,y

class TransferLearning:
    def __init__(self):
        parser = argparse.ArgumentParser(description='Process the inputs')
        parser.add_argument('--path',help='image directory')
        parser.add_argument('--class_folders',help='class images folder names')
```

(계속)

```
    parser.add_argument('--dim',type=int,help='Image dimensions to process')
    parser.add_argument('--lr',type=float,help='learning rate',default=1e-4)
    parser.add_argument('--batch_size',type=int,help='batch size')
    parser.add_argument('--epochs',type=int,help='no of epochs to train')
    parser.add_argument('--initial_layers_to_freeze',type=int,help='the
                        initial layers to freeze')
    parser.add_argument('--model',help='Standard Model to load',default='InceptionV3')
    parser.add_argument('--folds',type=int,help='num of cross validation
                        folds',default=5)
    parser.add_argument('--mode',help='train or validation',default='train')
    parser.add_argument('--model_save_dest',help='dict wit model paths')
    parser.add_argument('--outdir',help='output directory')
    args = parser.parse_args()
    self.path = args.path
    self.class_folders = json.loads(args.class_folders)
    self.dim  = int(args.dim)
    self.lr   = float(args.lr)
    self.batch_size = int(args.batch_size)
    self.epochs = int(args.epochs)
    self.initial_layers_to_freeze = int(args.initial_layers_to_freeze)
    self.model = args.model
    self.folds = int(args.folds)
    self.mode = args.mode
    self.model_save_dest = args.model_save_dest
    self.outdir = args.outdir

def get_im_cv2(self,path,dim=224):
    img = cv2.imread(path)
    resized = cv2.resize(img, (dim,dim), cv2.INTER_LINEAR)

    return resized

# Pre Process the Images based on the ImageNet pre-trained model Image
  transformation
def pre_process(self,img):
    img[:,:,0] = img[:,:,0] -103.939
    img[:,:,1] = img[:,:,0] -116.779
    img[:,:,2] = img[:,:,0] -123.68

    return img

# Function to build X, y in numpy format based on the train/validation datasets
def read_data(self,class_folders,path,num_class,dim,train_val='train'):
    labels = []
    file_list = []

    for c in class_folders:
```

(계속)

```
            path_class = path +str(train_val) +'/'+str(c)
            files = os.listdir(path_class)
            files = [(path_class +'/'+ f) for f in files]
            file_list += files
            labels +=len(files)*[int(c.split('class')[1])]

        return file_list,labels

    def inception_pseudo(self,dim=224,freeze_layers=30,full_freeze='N'):
        model = InceptionV3(weights='imagenet',include_top=False)
        x = model.output
        x = GlobalAveragePooling2D()(x)
        x = Dense(512, activation='relu')(x)
        x = Dropout(0.5)(x)
        x = Dense(512, activation='relu')(x)
        x = Dropout(0.5)(x)
        out = Dense(1)(x)
        model_final = Model(inputs = model.input,outputs=out)

        if full_freeze !='N':
            for layer in model.layers[0:freeze_layers]:
                layer.trainable = False

        return model_final

    # ResNet50 Model for transfer Learning
    def resnet_pseudo(self,dim=224,freeze_layers=10,full_freeze='N'):
        model = ResNet50(weights='imagenet',include_top=False)
        x = model.output
        x = GlobalAveragePooling2D()(x)
        x = Dense(512, activation='relu')(x)
        x = Dropout(0.5)(x)
        x = Dense(512, activation='relu')(x)
        x = Dropout(0.5)(x)
        out = Dense(1)(x)
        model_final = Model(input = model.input,outputs=out)

        if full_freeze !='N':
            for layer in model.layers[0:freeze_layers]:
                layer.trainable = False

        return model_final

    # VGG16 Model for transfer Learning
    def VGG16_pseudo(self,dim=224,freeze_layers=10,full_freeze='N'):
        model = VGG16(weights='imagenet',include_top=False)
        x = model.output
        x = GlobalAveragePooling2D()(x)
```

(계속)

```
        x = Dense(512, activation='relu')(x)
        x = Dropout(0.5)(x)
        x = Dense(512, activation='relu')(x)
        x = Dropout(0.5)(x)
        out = Dense(1)(x)
        model_final = Model(input = model.input,outputs=out)


        if full_freeze !='N':
            for layer in model.layers[0:freeze_layers]:
                layer.trainable = False

        return model_final

    def train_model(self,file_list,labels,n_fold=5,batch_size=16,epochs=40,
                    dim=224,lr=1e-5,model='ResNet50'):
        model_save_dest = {}
        k =0
        kf = KFold(n_splits=n_fold, random_state=0, shuffle=True)

        for train_index,test_index in kf.split(file_list):
            k +=1
            file_list = np.array(file_list)
            labels   = np.array(labels)
            train_files,train_labels  = file_list[train_index],labels[train_index]
            val_files,val_labels  = file_list[test_index],labels[test_index]

            if model =='Resnet50':
                model_final = self.resnet_pseudo(dim=224,freeze_layers=10,full_freeze='N')
            if model =='VGG16':
                model_final = self.VGG16_pseudo(dim=224,freeze_layers=10,full_freeze='N')
            if model =='InceptionV3':
                model_final = self.inception_pseudo(dim=224,freeze_layers=10,full_freeze='N')

            adam = optimizers.Adam(
                lr=lr, beta_1=0.9, beta_2=0.999, epsilon=1e-08, decay=0.0
            )
            model_final.compile(optimizer=adam, loss=["mse"],metrics=['mse'])
            reduce_lr = keras.callbacks.ReduceLROnPlateau(
                monitor='val_loss', factor=0.50,patience=3, min_lr=0.000001
            )
            early = EarlyStopping(monitor='val_loss', patience=10, mode='min', verbose=1)
            logger = CSVLogger(
                'keras-5fold-run-01-v1-epochs_ib.log', separator=',', append=False
            )
            checkpoint = ModelCheckpoint(
                'kera1-5fold-run-01-v1-fold-'+str('%02d' % (k +1)) +'-run-'
                +str('%02d' % (1 +1)) +'.hdf5',
```

(계속)

```
            monitor='val_loss', mode='min',
            save_best_only=True,
            verbose=1
        )
        callbacks = [reduce_lr,early,checkpoint,logger]
        train_gen = DataGenerator(
            train_files,train_labels,batch_size=32,n_classes=len(self.class_folders),
            dim=(self.dim,self.dim,3),shuffle=True
        )
        val_gen = DataGenerator(
            val_files,val_labels,batch_size=32,n_classes=len(self.class_folders),
            dim=(self.dim,self.dim,3),shuffle=True
        )
        model_final.fit_generator(
            train_gen,epochs=epochs,verbose=1,validation_data=(val_gen),
            callbacks=callbacks
        )

        model_name ='kera1-5fold-run-01-v1-fold-'+str('%02d' % (k +1))
                     +'-run-'+str('%02d' % (1 +1)) +'.hdf5'
        del model_final
        f = h5py.File(model_name, 'r+')
        del f['optimizer_weights']
        f.close()
        model_final = keras.models.load_model(model_name)
        model_name1 = self.outdir +str(model) +'___'+str(k)
        model_final.save(model_name1)
        model_save_dest[k] = model_name1

    return model_save_dest

# Hold out dataset validation function
def inference_validation(self,test_X,test_y,model_save_dest,n_class=5,folds=5):
    print(test_X.shape,test_y.shape)
    pred = np.zeros(test_X.shape[0])

    for k in range(1,folds +1):
        print(f'running inference on fold: {k}')
        model = keras.models.load_model(model_save_dest[k])
        pred = pred + model.predict(test_X)[:,0]
        pred = pred
        print(pred.shape)
        print(pred)

    pred = pred/float(folds)
    pred_class = np.round(pred)
    pred_class = np.array(pred_class,dtype=int)
    pred_class = list(map(lambda x:4 if x >4 else x,pred_class))
```

(계속)

```
        pred_class = list(map(lambda x:0 if x <0 else x,pred_class))
        act_class = test_y
        accuracy = np.sum([pred_class == act_class])*1.0/len(test_X)
        kappa = cohen_kappa_score(pred_class,act_class,weights='quadratic')

        return pred_class,accuracy,kappa

    def main(self):
        start_time = time.time()
        self.num_class =len(self.class_folders)

        if self.mode =='train':
            print("Data Processing..")
            file_list,labels= self.read_data(
                self.class_folders,self.path,self.num_class,self.dim,train_val='train'
            )
            print(len(file_list),len(labels))
            print(labels[0],labels[-1])
            self.model_save_dest = self.train_model(
                file_list,
                labels,
                n_fold=self.folds,
                batch_size=self.batch_size,
                epochs=self.epochs,
                dim=self.dim,
                lr=self.lr,
                model=self.model
            )
            joblib.dump(self.model_save_dest,f'{self.outdir}/model_dict.pkl')
            print("Model saved to dest:",self.model_save_dest)

        else:
            model_save_dest = joblib.load(self.model_save_dest)
            print('Models loaded from:',model_save_dest)
            # Do inference/validation
            test_files,test_y = self.read_data(
                self.class_folders,self.path,self.num_class,self.dim,train_val='validation'
            )
            test_X = []

            for f in test_files:
                img = self.get_im_cv2(f)
                img = self.pre_process(img)
                test_X.append(img)

            test_X = np.array(test_X)
            test_y = np.array(test_y)
            print(test_X.shape)
```

(계속)

```
        print(len(test_y))
        pred_class,accuracy,kappa = self.inference_validation(
            test_X,test_y,model_save_dest,n_class=self.num_class,folds=self.folds
        )
        results_df = pd.DataFrame()
        results_df['file_name'] = test_files
        results_df['target'] = test_y
        results_df['prediction'] = pred_class
        results_df.to_csv(f'{self.outdir}/val_resuts_reg.csv',index=False)
        print("-----------------------------------------------------")
        print("Kappa score:", kappa)
        print("accuracy:", accuracy)
        print("End of training")
        print("-----------------------------------------------------")
        print("Processing Time",time.time() - start_time,' secs')

if __name__ =="__main__":
    obj = TransferLearning()
    obj.main()
```

다음을 입력하여 실행한다.

```
%run TransferLearning_reg.py --path D:\transferlearning\train_dataset\
--class_folders [\"class0\",\"class1\",\"class2\",\"class3\",\"class4\"]
--dim 224 --lr 1e-4 --batch_size 32 --epochs 5 --initial_layers_to_freeze 10
--model InceptionV3 --folds 5 --outdir
C:\Users\geno\python_transfer\Transfer_Learning_DR\Regression\
```

다음은 실행 결과이다.

```
1  %run TransferLearning_reg.py --path D:₩transferlearning₩train_dataset₩ --class_folders [₩"class0₩",₩"class1₩",₩"class2₩",₩"class3₩",₩
```

```
Data Processing..
1000 1000
0 4
WARNING:tensorflow:From C:₩Users₩geno₩python_transfer₩TransferLearning_reg.py:261: Model.fit_generator (from tensorflow.python.keras.en
gine.training) is deprecated and will be removed in a future version.
Instructions for updating:
Please use Model.fit, which supports generators.
Epoch 1/5
25/25 [==============================] - ETA: 0s - loss: 2.7063 - mse: 2.7063
Epoch 00001: val_loss improved from inf to 1.84869, saving model to keral-5fold-run-01-v1-fold-02-run-02.hdf5
25/25 [==============================] - 189s 8s/step - loss: 2.7063 - mse: 2.7063 - val_loss: 1.8487 - val_mse: 1.8487 - lr: 1.0000e-0
4
Epoch 2/5
25/25 [==============================] - ETA: 0s - loss: 1.6299 - mse: 1.6299
Epoch 00002: val_loss improved from 1.84869 to 1.78432, saving model to keral-5fold-run-01-v1-fold-02-run-02.hdf5
25/25 [==============================] - 181s 7s/step - loss: 1.6299 - mse: 1.6299 - val_loss: 1.7843 - val_mse: 1.7843 - lr: 1.0000e-0
4
Epoch 3/5
25/25 [==============================] - ETA: 0s - loss: 1.3314 - mse: 1.3314
```

```
1  %run TransferLearning_reg.py --path D:₩transferlearning₩train_dataset₩ --class_folders [₩"class0₩",₩"class1₩",₩"class2₩",₩"class3₩",₩
```

```
25/25 [==============================] - ETA: 0s - loss: 1.2776 - mse: 1.2776
Epoch 00003: val_loss improved from 2.38928 to 2.26565, saving model to keral-5fold-run-01-v1-fold-06-run-02.hdf5
25/25 [==============================] - 233s 9s/step - loss: 1.2776 - mse: 1.2776 - val_loss: 2.2656 - val_mse: 2.2656 - lr: 1.0000e-0
4
Epoch 4/5
25/25 [==============================] - ETA: 0s - loss: 0.9639 - mse: 0.9639
Epoch 00004: val_loss did not improve from 2.26565
25/25 [==============================] - 224s 9s/step - loss: 0.9639 - mse: 0.9639 - val_loss: 3.1748 - val_mse: 3.1748 - lr: 1.0000e-0
4
Epoch 5/5
25/25 [==============================] - ETA: 0s - loss: 0.8528 - mse: 0.8528
Epoch 00005: val_loss did not improve from 2.26565
25/25 [==============================] - 221s 9s/step - loss: 0.8528 - mse: 0.8528 - val_loss: 2.7073 - val_mse: 2.7073 - lr: 1.0000e-0
4
INFO:tensorflow:Assets written to: C:₩Users₩geno₩python_transfer₩Transfer_Learning_DR₩Regression₩InceptionV3___5₩assets
Model saved to dest: {1: 'C:₩₩Users₩₩geno₩₩python_transfer₩₩Transfer_Learning_DR₩₩Regression₩₩InceptionV3___1', 2: 'C:₩₩Users₩₩geno₩₩py
thon_transfer₩₩Transfer_Learning_DR₩₩Regression₩₩InceptionV3___2', 3: 'C:₩₩Users₩₩geno₩₩python_transfer₩₩Transfer_Learning_DR₩₩Regressi
on₩₩InceptionV3___3', 4: 'C:₩₩Users₩₩geno₩₩python_transfer₩₩Transfer_Learning_DR₩₩Regression₩₩InceptionV3___4', 5: 'C:₩₩Users₩₩geno₩₩py
thon_transfer₩₩Transfer_Learning_DR₩₩Regression₩₩InceptionV3___5'}
```

인텔 i7 환경에서 실행 시간은 4,992초, 약 100분이 소요되었으며, 실행이 완료되면 다음과 같이 hdf5 파일들과 log 파일이 생성된다.

inception_v3.ckpt	2019-09-20 오후...	CKPT 파일	106,266KB
kera1-5fold-run-01-v1-fold-02-run-02.hdf5	2020-07-09 오전...	HDF5 파일	266,850KB
kera1-5fold-run-01-v1-fold-03-run-02.hdf5	2020-07-09 오전...	HDF5 파일	266,853KB
kera1-5fold-run-01-v1-fold-04-run-02.hdf5	2020-07-09 오전...	HDF5 파일	266,853KB
kera1-5fold-run-01-v1-fold-05-run-02.hdf5	2020-07-09 오전...	HDF5 파일	266,853KB
kera1-5fold-run-01-v1-fold-06-run-02.hdf5	2020-07-09 오전...	HDF5 파일	266,853KB
keras-5fold-run-01-v1-epochs_ib.log	2020-07-09 오전...	텍스트 문서	1KB
TransferLearning.py	2020-07-07 오후...	Python.File	11KB
TransferLearning_ffd.py	2020-07-08 오후...	Python.File	11KB
TransferLearning_reg.py	2020-07-09 오전...	Python.File	14KB
TransferLearningInference.py	2020-07-01 오후...	Python.File	3KB

Transfer_Learning_DR\Regression 폴더에도 다음 그림과 같이 InecptionV3 폴더와 pkl 파일이 생성되어 있다.

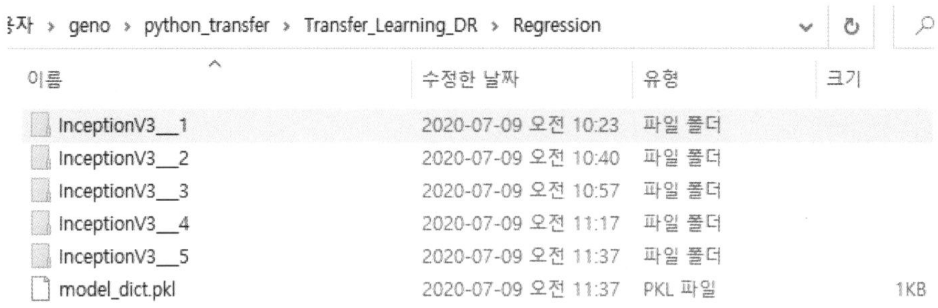

이름	수정한 날짜	유형	크기
InceptionV3__1	2020-07-09 오전 10:23	파일 폴더	
InceptionV3__2	2020-07-09 오전 10:40	파일 폴더	
InceptionV3__3	2020-07-09 오전 10:57	파일 폴더	
InceptionV3__4	2020-07-09 오전 11:17	파일 폴더	
InceptionV3__5	2020-07-09 오전 11:37	파일 폴더	
model_dict.pkl	2020-07-09 오전 11:37	PKL 파일	1KB

2.1.9 유효성 검사를 위해 TransferLearning_reg.py를 실행하는 명령

```
%run TransferLearning_reg.py --path D:\transferlearning\train_dataset\
--class_folders [\"class0\",\"class1\",\"class2\",\"class3\",\"class4\"]
--dim 224 --lr 1e-4 --batch_size 32 --epochs 5 --initial_layers_to_freeze 10
--model InceptionV3 --outdir
C:\Users\geno\python_transfer\Transfer_Learning_DR\Regression\ --mode
validation —model_save_dest
C:\Users\geno\python_transfer\Transfer_Learning_DR\Regression\ model_dict.pkl
--folds 5
```

다음은 실행 결과이다.

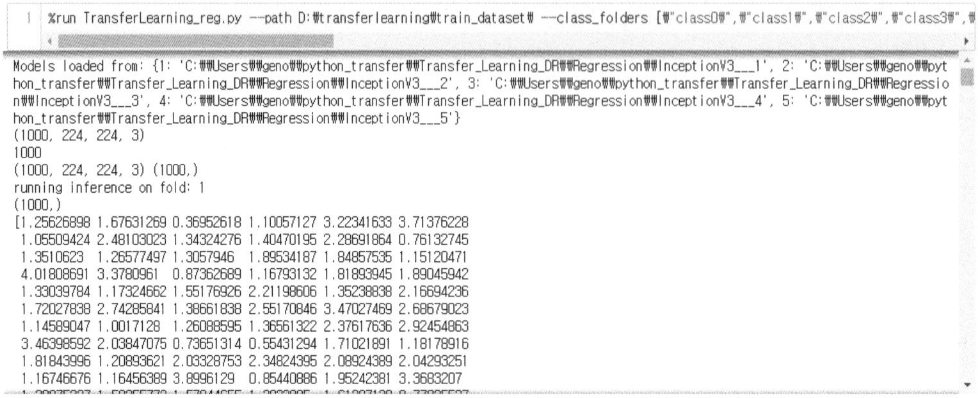

```
1  %run TransferLearning_reg.py --path D:₩transferlearning₩train_dataset₩ --class_folders [₩"class0₩",₩"class1₩",₩"class2₩",₩"class3₩",₩

Models loaded from: {1: 'C:₩₩Users₩₩geno₩₩python_transfer₩₩Transfer_Learning_DR₩₩Regression₩₩InceptionV3___1', 2: 'C:₩₩Users₩₩geno₩₩pyt
hon_transfer₩₩Transfer_Learning_DR₩₩Regression₩₩InceptionV3___2', 3: 'C:₩₩Users₩₩geno₩₩python_transfer₩₩Transfer_Learning_DR₩₩Regressio
n₩₩InceptionV3___3', 4: 'C:₩₩Users₩₩geno₩₩python_transfer₩₩Transfer_Learning_DR₩₩Regression₩₩InceptionV3___4', 5: 'C:₩₩Users₩₩geno₩₩pyt
hon_transfer₩₩Transfer_Learning_DR₩₩Regression₩₩InceptionV3___5'}
(1000, 224, 224, 3)
1000
(1000, 224, 224, 3) (1000,)
running inference on fold: 1
(1000,)
[1.25626898 1.67631269 0.36952618 1.10057127 3.22341633 3.71376228
 1.05509424 2.48103023 1.34324276 1.40470195 2.28691864 0.76132745
 1.3510623  1.26577497 1.3057946  1.89534187 1.84857535 1.15120471
 4.01808691 3.3780961  0.87362689 1.16793132 1.81893945 1.89045942
 1.33039784 1.17324662 1.55176926 2.21198606 1.35238838 2.16694236
 1.72027838 2.74285841 1.38661838 2.55170846 3.47027469 2.68679023
 1.14589047 1.0017128  1.26088595 1.36561322 2.37617636 2.92454863
 3.46398592 2.03847075 0.73651314 0.55431294 1.71021891 1.18178916
 1.81843996 1.20893621 2.03328753 2.34824395 2.08924389 2.04293251
 1.16746676 1.16456389 3.8996129  0.85440886 1.95242381 3.3683207
```

```
%run TransferLearning_reg.py --path D:₩transferlearning₩train_dataset₩ --class_folders [₩"class0₩",₩"class1₩",₩"class2₩",₩"class3₩",₩
```

```
10.76748347 13.27751398  8.96208739 12.18787336  9.3150121   7.59655041
 8.52254927  8.34367859  4.47866106  7.48479271 11.62370288 12.7225951
 8.17733991 10.12658215 12.11885548 10.85102427  9.4725045   9.10835385
11.92915094 12.01740646 10.88808036 10.43596017 14.02516615 10.53956568
12.75339246 11.59912455  9.33054566 11.77573299 10.6349349  10.74476135
16.09701228 13.77361417 12.82346594 12.02752173 12.31885719 11.88766146
11.37591076 11.38646793  8.88034081  9.46982485  9.86389899 10.34237552
11.95156264 14.1007266   7.94326162 11.88903952 14.03774786 13.48040962
13.24843335 11.85370255 12.22874904  8.12157887  9.53663015  7.34874189
12.16716194  9.35358691 11.49199975  9.98881984  9.79215634 11.1061815
 9.68884337  8.83522284 13.2100774   8.75519574  9.32889462  9.80698097
14.5484767  13.33108628 10.28837776 11.04719436  6.39208043  7.43874371
13.48388672 12.88261962 12.91218793  9.64836884]
--------------------------------------------------
Kappa score: -0.014511310285958201
accuracy: 0.191
End of training
--------------------------------------------------
Processing Time 318.96790051460266  secs
```

인텔 i7 하드웨어 환경에서의 실행 시간은 318.96790051460266초, 약 5분이 소요되었으며, 실행이 완료되면 Transfer_Learning_DR\Regression 폴더에 다음과 같이 csv 파일이 생성된다.

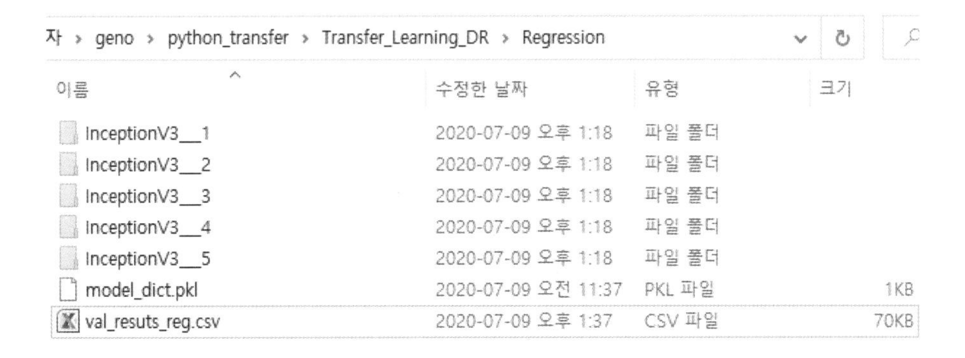

2.2 개 vs 고양이 데이터 세트

2.2.1 Keras 설치

Anaconda Prompt를 실행하고 다음의 명령을 입력하여 keras를 설치한다.

```
> activate root
> pip install keras
```

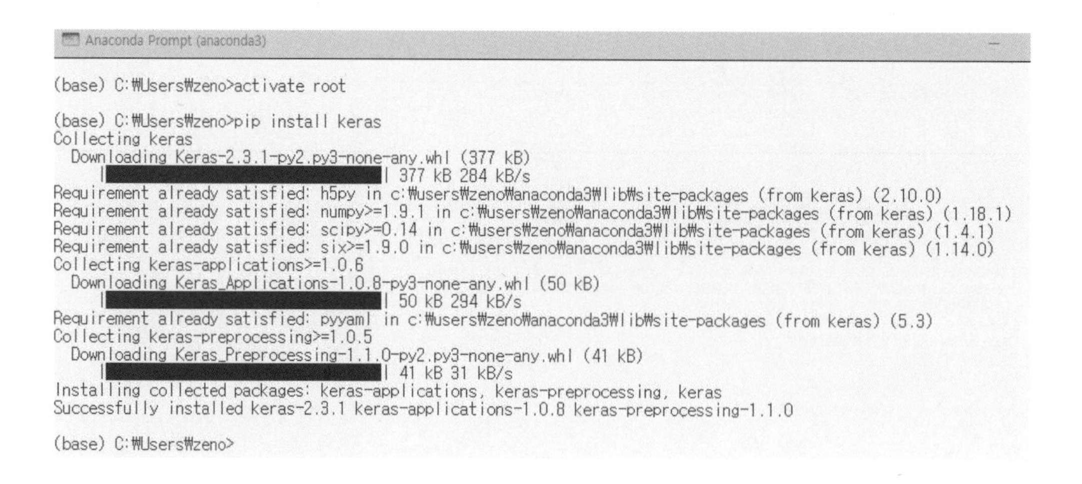

설치가 완료되면 다음을 입력하여 jupyter notebook을 실행한다.

```
> jupyter notebook
```

다음과 같이 jupyter notebook이 실행되는 것을 확인할 수 있다.

jupyter Quit Logout

Files Running Clusters

Select items to perform actions on them. Upload New

0 / Name Last Modified File size

	Name	Last Modified
☐	3D Objects	2달 전
☐	anaconda3	5일 전
☐	Contacts	2달 전
☐	Desktop	2분 전
☐	Documents	5일 전
☐	Downloads	3일 전
☐	eclipse	일 년 전
☐	eclipse-workspace	일 년 전

2.2.2 데이터 세트 구성

jupyter notebook에서 새 폴더를 생성한 후 keras로 수정한다.

https://www.kaggle.com/c/dogs-vs-cats/data 웹 페이지에서 train.zip을 다운로드한다.

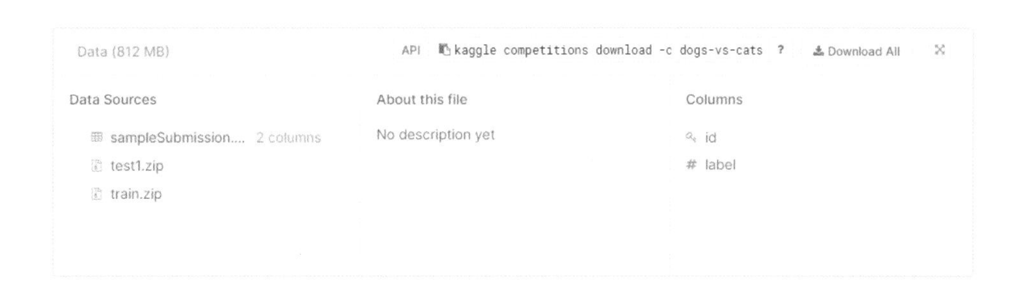

keras 폴더에 들어가 train.zip을 압축 해제하여 train 폴더를 생성한다.

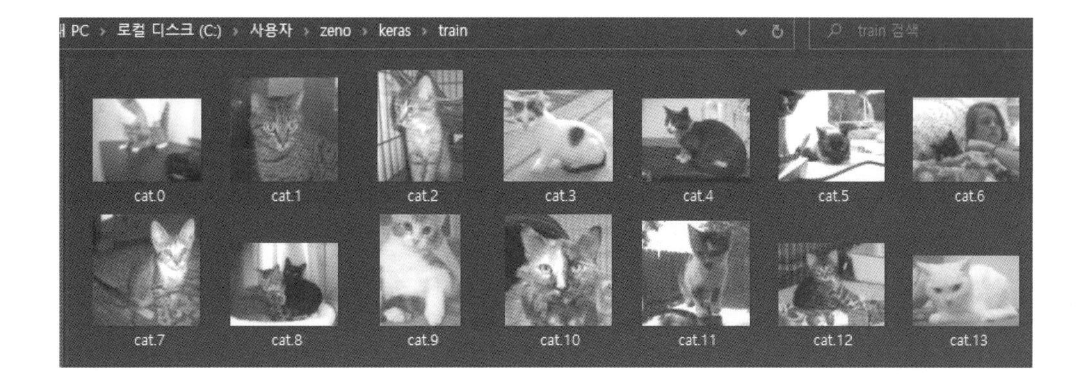

keras 폴더에서 python3 notebook을 새로 생성한다. 다음은 실행 화면이다.

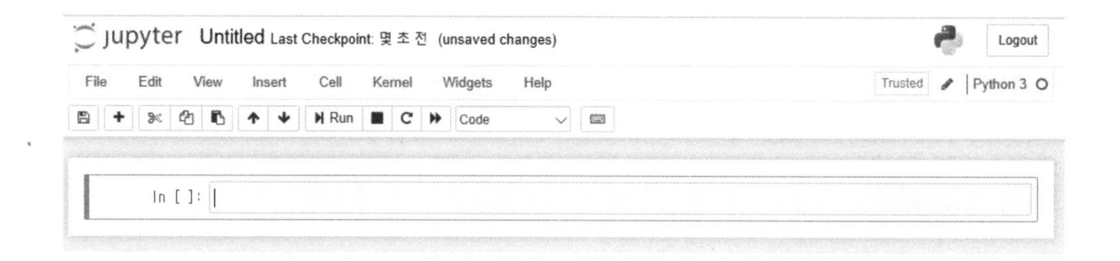

이제 데이터 세트를 구축하기 위해서 다음 코드를 입력하여 실행한다.

```
import keras
import glob
import numpy as np
import os
import shutil
np.random.seed(42)

files = glob.glob('train/*')

cat_files = [fn for fn in files if 'cat' in fn]
dog_files = [fn for fn in files if 'dog' in fn]
len(cat_files), len(dog_files)
```

```
In [1]: import keras
        import glob
        import numpy as np
        import os
        import shutil
        np.random.seed(42)

        files = glob.glob('train/*')

        cat_files = [fn for fn in files if 'cat' in fn]
        dog_files = [fn for fn in files if 'dog' in fn]
        len(cat_files), len(dog_files)

        Using TensorFlow backend.
Out[1]: (12500, 12500)
```

앞의 코드는 25,000개의 그림 중 고양이 12,500개, 개 12,500개로 분류한 것이다. 이어서 이 분류된 것에서 3,000개는 테스트, 1,000개는 검증에 사용할 이미지로 재분류할 것이다. 다음 코드를 입력한다.

```
cat_train = np.random.choice(cat_files, size =1500, replace =False)
dog_train = np.random.choice(dog_files, size =1500, replace =False)
cat_files = list(set(cat_files) - set(cat_train))
dog_files = list(set(dog_files) - set(dog_train))

cat_val = np.random.choice(cat_files, size =500, replace =False)
dog_val = np.random.choice(dog_files, size =500, replace =False)
cat_files = list(set(cat_files) - set(cat_val))
dog_files = list(set(dog_files) - set(dog_val))

cat_test = np.random.choice(cat_files, size =500, replace =False)
dog_test = np.random.choice(dog_files, size =500, replace =False)

print('Cat datasets:', cat_train.shape, cat_val.shape, cat_test.shape)
print('Dog datasets:', dog_train.shape, dog_val.shape, dog_test.shape)
```

```
In [2]: cat_train = np.random.choice(cat_files, size=1500, replace=False)
        dog_train = np.random.choice(dog_files, size=1500, replace=False)
        cat_files = list(set(cat_files) - set(cat_train))
        dog_files = list(set(dog_files) - set(dog_train))

        cat_val = np.random.choice(cat_files, size=500, replace=False)
        dog_val = np.random.choice(dog_files, size=500, replace=False)
        cat_files = list(set(cat_files) - set(cat_val))
        dog_files = list(set(dog_files) - set(dog_val))

        cat_test = np.random.choice(cat_files, size=500, replace=False)
        dog_test = np.random.choice(dog_files, size=500, replace=False)

        print('Cat datasets:', cat_train.shape, cat_val.shape, cat_test.shape)
        print('Dog datasets:', dog_train.shape, dog_val.shape, dog_test.shape)

        Cat datasets: (1500,) (500,) (500,)
        Dog datasets: (1500,) (500,) (500,)
```

각각 고양이와 개 데이터 세트가 1,500, 500, 500개로 나누어진 것을 확인할 수 있다. 이제 이 이미지 파일을 따로 폴더를 생성하여 저장한다. 다음을 입력한다.

```
train_dir ='training_data'
val_dir ='validation_data'
test_dir ='test_data'

train_files = np.concatenate([cat_train, dog_train])
validate_files = np.concatenate([cat_val, dog_val])
test_files = np.concatenate([cat_test, dog_test])

os.mkdir(train_dir) if not os.path.isdir(train_dir) else None
os.mkdir(val_dir) if not os.path.isdir(val_dir) else None
os.mkdir(test_dir) if not os.path.isdir(test_dir) else None

for fn in train_files:
    shutil.copy(fn, train_dir)

for fn in validate_files:
    shutil.copy(fn, val_dir)

for fn in test_files:
    shutil.copy(fn, test_dir)
```

keras 폴더에 각각 training_data, test_data, validation_data가 폴더가 생성되며 각각 3,000개, 1,000개, 1,000개가 있는 것을 확인할 수 있다.

2.2.3 데이터 세트 준비 및 라이브러리 설치

이어서 개와 고양이 데이터 세트를 로드하기 위해 라이브러리를 설치한다. 다음과 같이 입력한다. (만약 에러가 발생한다면 anaconda powershell prompt를 실행하여 conda install matplotlib, conda install pillow를 입력하여 설치한다.)

```
import glob
import numpy as np
import matplotlib.pyplot as plt

from keras.preprocessing.image import ImageDataGenerator, load_img,
img_to_array, array_to_img

%matplotlib inline

IMG_DIM = (150, 150)

train_files = glob.glob('training_data/*')
train_imgs = [img_to_array(load_img(img, target_size =IMG_DIM)) for img in
train_files]
train_imgs = np.array(train_imgs)
train_labels = [fn.split('\\')[1].split('.')[0].strip() for fn in train_files]

validation_files = glob.glob('validation_data/*')
validation_imgs = [img_to_array(load_img(img, target_size =IMG_DIM)) for img in
validation_files]
validation_imgs = np.array(validation_imgs)
validation_labels = [fn.split('\\')[1].split('.')[0].strip() for fn in
validation_files]

print('Train dataset shape:', train_imgs.shape,
      '\tValidation dataset shape:', validation_imgs.shape)
```

```
Train dataset shape: (3000, 150, 150, 3)        Validation dataset shape: (1000, 150, 150, 3)
```

앞의 그림을 보면 각각 Train dataset shape와 Validation dataset shape가 생성된 것을 확인할 수 있다. 제대로 설정이 되었는지 하나의 그림을 불러온다. 다음과 같이 코드를 입력한다.

```
train_imgs_scaled = train_imgs.astype('float32')
validation_imgs_scaled  = validation_imgs.astype('float32')
train_imgs_scaled /=255
validation_imgs_scaled /=255

print(train_imgs[0].shape)
array_to_img(train_imgs[0])
```

(150, 150, 3)

앞의 그림을 보면 제대로 훈련에 사용될 사진이 출력되는 것을 확인할 수 있다. 이어서 기본 설정 및 매개변수를 설정하고 text class label을 숫자값으로 인코딩한다. (keras 에러 방지) 다음을 입력한다. (에러가 발생한다면 prompt에서 conda install scikit-learn을 입력하여 설치한다.)

```
batch_size =30
num_classes =2
epochs =30
input_shape = (150, 150, 3)

# encode text category labels
from sklearn.preprocessing import LabelEncoder

le = LabelEncoder()
```

(계속)

```
le.fit(train_labels)
train_labels_enc = le.transform(train_labels)
validation_labels_enc = le.transform(validation_labels)

print(train_labels[1495:1505], train_labels_enc[1495:1505])
```

```
['cat', 'cat', 'cat', 'cat', 'cat', 'dog', 'dog', 'dog', 'dog', 'dog'] [0 0 0 0 0 1 1 1 1 1]
```

위 그림을 보면 cat은 0, dog는 1로 label이 적용된 것을 확인할 수 있다.

2.2.4 초보자를 위한 간단한 CNN 모델

keras를 활용한 CNN 모델 아키텍처를 구축하기 위해 다음 코드를 입력한다.

```
from keras.layers import Conv2D, MaxPooling2D, Flatten, Dense, Dropout
from keras.models import Sequential
from keras import optimizers

model = Sequential()

model.add(Conv2D(16, kernel_size =(3, 3), activation ='relu',
                 input_shape=input_shape))
model.add(MaxPooling2D(pool_size=(2, 2)))
model.add(Conv2D(64, kernel_size=(3, 3), activation ='relu'))
model.add(MaxPooling2D(pool_size=(2, 2)))
model.add(Conv2D(128, kernel_size=(3, 3), activation ='relu'))
model.add(MaxPooling2D(pool_size=(2, 2)))
model.add(Flatten())
model.add(Dense(512, activation ='relu'))
model.add(Dense(1, activation ='sigmoid'))

model.compile(loss='binary_crossentropy',
              optimizer=optimizers.RMSprop(),
              metrics=['accuracy'])

model.summary()
```

다음의 그림과 같이 모델의 요약 값이 출력되며 생성되었다는 것을 확인할 수 있다.

```
Model: "sequential_1"
_________________________________________________________________
Layer (type)                 Output Shape              Param #
=================================================================
conv2d_1 (Conv2D)            (None, 148, 148, 16)      448
_________________________________________________________________
max_pooling2d_1 (MaxPooling2 (None, 74, 74, 16)        0
_________________________________________________________________
conv2d_2 (Conv2D)            (None, 72, 72, 64)        9280
_________________________________________________________________
max_pooling2d_2 (MaxPooling2 (None, 36, 36, 64)        0
_________________________________________________________________
conv2d_3 (Conv2D)            (None, 34, 34, 128)       73856
_________________________________________________________________
max_pooling2d_3 (MaxPooling2 (None, 17, 17, 128)       0
_________________________________________________________________
flatten_1 (Flatten)          (None, 36992)             0
_________________________________________________________________
dense_1 (Dense)              (None, 512)               18940416
_________________________________________________________________
dense_2 (Dense)              (None, 1)                 513
=================================================================
Total params: 19,024,513
Trainable params: 19,024,513
Non-trainable params: 0
_________________________________________________________________
```

이 모델을 batch_size를 30, epoch를 30으로 하여 3000 sample을 학습 및 1000 sample을 검증할 것이며, 다음의 코드를 입력한다.

```
history = model.fit(x =train_imgs_scaled, y =train_labels_enc,
                    validation_data=(validation_imgs_scaled, validation_labels_enc),
                    batch_size=batch_size,
                    epochs=epochs,
                    verbose=1)
```

다음 그림과 같이 학습이 진행되며 Epoch가 30이 될 때 종료된다.

```
Train on 3000 samples, validate on 1000 samples
Epoch 1/30
3000/3000 [==============================] - 46s 15ms/step - loss: 0.8803 - accuracy: 0.5493 - val_loss: 0.7328 - val_accuracy: 0.5040
Epoch 2/30
3000/3000 [==============================] - 45s 15ms/step - loss: 0.6588 - accuracy: 0.6373 - val_loss: 0.5942 - val_accuracy: 0.6870
Epoch 3/30
3000/3000 [==============================] - 45s 15ms/step - loss: 0.5653 - accuracy: 0.7043 - val_loss: 0.5793 - val_accuracy: 0.6870
Epoch 4/30
3000/3000 [==============================] - 45s 15ms/step - loss: 0.5124 - accuracy: 0.7523 - val_loss: 0.6397 - val_accuracy: 0.6880
Epoch 5/30
3000/3000 [==============================] - 45s 15ms/step - loss: 0.4321 - accuracy: 0.8010 - val_loss: 0.6219 - val_accuracy: 0.7190
Epoch 6/30
3000/3000 [==============================] - 45s 15ms/step - loss: 0.3610 - accuracy: 0.8367 - val_loss: 0.6068 - val_accuracy: 0.7400
Epoch 7/30
3000/3000 [==============================] - 45s 15ms/step - loss: 0.2866 - accuracy: 0.8737 - val_loss: 0.7084 - val_accuracy: 0.7360
Epoch 8/30
3000/3000 [==============================] - 45s 15ms/step - loss: 0.2117 - accuracy: 0.9153 - val_loss: 0.6962 - val_accuracy: 0.7520
Epoch 9/30
3000/3000 [==============================] - 45s 15ms/step - loss: 0.1412 - accuracy: 0.9450 - val_loss: 0.9529 - val_accuracy: 0.7390
Epoch 10/30
3000/3000 [==============================] - 45s 15ms/step - loss: 0.1253 - accuracy: 0.9663 - val_loss: 1.0832 - val_accuracy: 0.7420
Epoch 11/30
3000/3000 [==============================] - 46s 15ms/step - loss: 0.0691 - accuracy: 0.9747 - val_loss: 1.2953 - val_accuracy: 0.7200
Epoch 12/30
3000/3000 [==============================] - 47s 16ms/step - loss: 0.0732 - accuracy: 0.9807 - val_loss: 1.1769 - val_accuracy: 0.7320
Epoch 13/30
3000/3000 [==============================] - 45s 15ms/step - loss: 0.0479 - accuracy: 0.9890 - val_loss: 1.5054 - val_accuracy: 0.7190
Epoch 14/30
3000/3000 [==============================] - 45s 15ms/step - loss: 0.0583 - accuracy: 0.9887 - val_loss: 1.6090 - val_accuracy: 0.7260
Epoch 15/30
3000/3000 [==============================] - 45s 15ms/step - loss: 0.0771 - accuracy: 0.9813 - val_loss: 1.6528 - val_accuracy: 0.7060
Epoch 16/30
3000/3000 [==============================] - 45s 15ms/step - loss: 0.1124 - accuracy: 0.9900 - val_loss: 1.7986 - val_accuracy: 0.7200
Epoch 17/30
3000/3000 [==============================] - 45s 15ms/step - loss: 0.0743 - accuracy: 0.9853 - val_loss: 2.0055 - val_accuracy: 0.7290
Epoch 18/30
3000/3000 [==============================] - 45s 15ms/step - loss: 0.0493 - accuracy: 0.9883 - val_loss: 2.0603 - val_accuracy: 0.7200
Epoch 19/30
3000/3000 [==============================] - 45s 15ms/step - loss: 0.0611 - accuracy: 0.9890 - val_loss: 1.7663 - val_accuracy: 0.7120
Epoch 20/30
3000/3000 [==============================] - 45s 15ms/step - loss: 0.0354 - accuracy: 0.9930 - val_loss: 2.0928 - val_accuracy: 0.7150
Epoch 21/30
3000/3000 [==============================] - 45s 15ms/step - loss: 0.0325 - accuracy: 0.9930 - val_loss: 2.0897 - val_accuracy: 0.7070
Epoch 22/30
3000/3000 [==============================] - 45s 15ms/step - loss: 0.0395 - accuracy: 0.9933 - val_loss: 2.1521 - val_accuracy: 0.7030
Epoch 23/30
3000/3000 [==============================] - 45s 15ms/step - loss: 0.0317 - accuracy: 0.9940 - val_loss: 2.4502 - val_accuracy: 0.7190
Epoch 24/30
3000/3000 [==============================] - 45s 15ms/step - loss: 0.0833 - accuracy: 0.9883 - val_loss: 2.4119 - val_accuracy: 0.7150
Epoch 25/30
3000/3000 [==============================] - 46s 15ms/step - loss: 0.0236 - accuracy: 0.9937 - val_loss: 2.4568 - val_accuracy: 0.7170
Epoch 26/30
3000/3000 [==============================] - 45s 15ms/step - loss: 0.0487 - accuracy: 0.9940 - val_loss: 2.2496 - val_accuracy: 0.7080
Epoch 27/30
3000/3000 [==============================] - 45s 15ms/step - loss: 0.0467 - accuracy: 0.9903 - val_loss: 2.6039 - val_accuracy: 0.7350
Epoch 28/30
3000/3000 [==============================] - 45s 15ms/step - loss: 0.0493 - accuracy: 0.9937 - val_loss: 2.3385 - val_accuracy: 0.7070
Epoch 29/30
3000/3000 [==============================] - 45s 15ms/step - loss: 0.0188 - accuracy: 0.9950 - val_loss: 2.9312 - val_accuracy: 0.7120
Epoch 30/30
3000/3000 [==============================] - 45s 15ms/step - loss: 0.0373 - accuracy: 0.9947 - val_loss: 2.5886 - val_accuracy: 0.7320
```

학습을 완료하는 데 30분이 소요되었다. 위의 결과를 epoch 순서에 따른 그래프를 그려보기 위하여 다음의 코드를 입력한다.

```python
f, (ax1, ax2) = plt.subplots(1, 2, figsize =(12, 4))
t = f.suptitle('Basic CNN Performance', fontsize =12)
f.subplots_adjust(top=0.85, wspace =0.3)

epoch_list = list(range(1,31))
ax1.plot(epoch_list, history.history['accuracy'], label ='Train Accuracy')
ax1.plot(epoch_list, history.history['val_accuracy'], label ='Validation
Accuracy')
ax1.set_xticks(np.arange(0, 31, 5))
ax1.set_ylabel('Accuracy Value')
ax1.set_xlabel('Epoch')
ax1.set_title('Accuracy')
l1 = ax1.legend(loc ="best")

ax2.plot(epoch_list, history.history['loss'], label ='Train Loss')
ax2.plot(epoch_list, history.history['val_loss'], label ='Validation Loss')
ax2.set_xticks(np.arange(0, 31, 5))
ax2.set_ylabel('Loss Value')
ax2.set_xlabel('Epoch')
ax2.set_title('Loss')
l2 = ax2.legend(loc ="best")
```

Basic CNN Performance

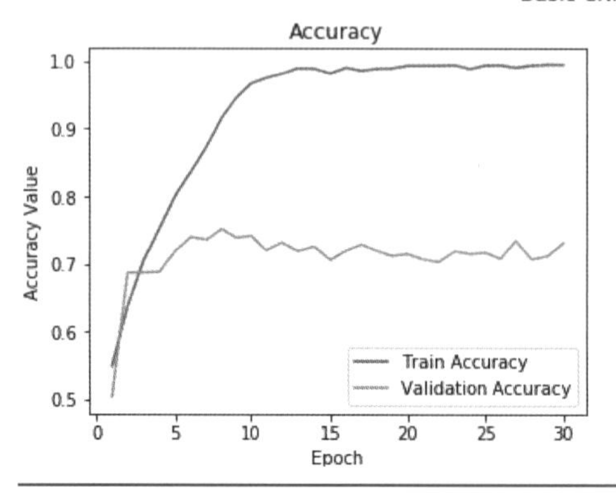

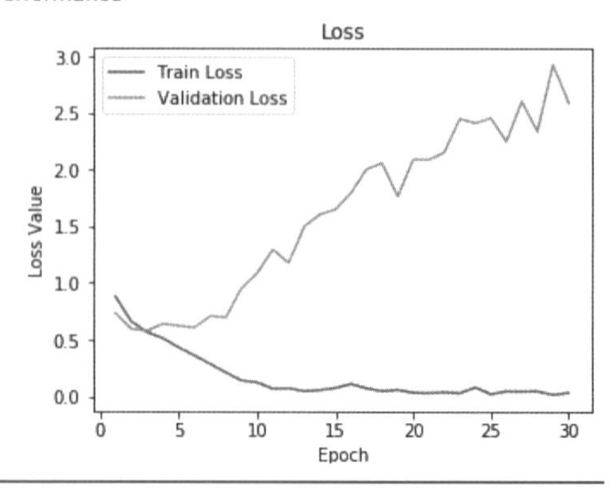

2.2.5 정규화가 적용된 CNN 모델

현재 모델을 개선하기 위해서 dense hidden layer, convolution layer를 추가하고 드롭아웃을 추가한 다음 학습을 수행하기 위하여 다음의 소스 코드를 입력한다.

```
model = Sequential()

model.add(Conv2D(16, kernel_size =(3, 3), activation ='relu',
                 input_shape=input_shape))
model.add(MaxPooling2D(pool_size=(2, 2)))

model.add(Conv2D(64, kernel_size =(3, 3), activation ='relu'))
model.add(MaxPooling2D(pool_size=(2, 2)))

model.add(Conv2D(128, kernel_size =(3, 3), activation ='relu'))
model.add(MaxPooling2D(pool_size=(2, 2)))

model.add(Conv2D(128, kernel_size =(3, 3), activation ='relu'))
model.add(MaxPooling2D(pool_size=(2, 2)))

model.add(Flatten())
model.add(Dense(512, activation ='relu'))
model.add(Dropout(0.3))
model.add(Dense(512, activation ='relu'))
model.add(Dropout(0.3))
model.add(Dense(1, activation ='sigmoid'))

model.compile(loss='binary_crossentropy',
              optimizer=optimizers.RMSprop(),
              metrics=['accuracy'])

history = model.fit(x =train_imgs_scaled, y =train_labels_enc,
                    validation_data=(validation_imgs_scaled,
                    validation_labels_enc),
                    batch_size=batch_size,
                    epochs=epochs,
                    verbose=1)
```

```
Train on 3000 samples, validate on 1000 samples
Epoch 1/30
3000/3000 [==============================] - 38s 13ms/step - loss: 0.7355 - accuracy: 0.5183 - val_loss: 0.683
3 - val_accuracy: 0.5680
Epoch 2/30
3000/3000 [==============================] - 37s 12ms/step - loss: 0.6902 - accuracy: 0.5680 - val_loss: 0.675
0 - val_accuracy: 0.5940
Epoch 3/30
3000/3000 [==============================] - 37s 12ms/step - loss: 0.6807 - accuracy: 0.6053 - val_loss: 0.752
3 - val_accuracy: 0.5610
Epoch 4/30
3000/3000 [==============================] - 37s 12ms/step - loss: 0.6526 - accuracy: 0.6397 - val_loss: 0.682
5 - val_accuracy: 0.6400
Epoch 5/30
3000/3000 [==============================] - 37s 12ms/step - loss: 0.6042 - accuracy: 0.6790 - val_loss: 0.565
4 - val_accuracy: 0.7180
Epoch 6/30
3000/3000 [==============================] - 37s 12ms/step - loss: 0.5884 - accuracy: 0.7007 - val_loss: 0.587
0 - val_accuracy: 0.6990
Epoch 7/30
3000/3000 [==============================] - 37s 12ms/step - loss: 0.5253 - accuracy: 0.7417 - val_loss: 0.551
8 - val_accuracy: 0.7430
Epoch 8/30
3000/3000 [==============================] - 37s 12ms/step - loss: 0.4908 - accuracy: 0.7650 - val_loss: 0.531
5 - val_accuracy: 0.7650
Epoch 9/30
3000/3000 [==============================] - 38s 13ms/step - loss: 0.4407 - accuracy: 0.7937 - val_loss: 0.621
1 - val_accuracy: 0.7180
Epoch 10/30
3000/3000 [==============================] - 37s 12ms/step - loss: 0.3932 - accuracy: 0.8167 - val_loss: 0.651
5 - val_accuracy: 0.7300
Epoch 11/30
3000/3000 [==============================] - 38s 13ms/step - loss: 0.3543 - accuracy: 0.8503 - val_loss: 0.605
0 - val_accuracy: 0.7580
Epoch 12/30
3000/3000 [==============================] - 37s 12ms/step - loss: 0.2780 - accuracy: 0.8880 - val_loss: 0.844
0 - val_accuracy: 0.7330
Epoch 13/30
3000/3000 [==============================] - 37s 12ms/step - loss: 0.2474 - accuracy: 0.8977 - val_loss: 0.814
0 - val_accuracy: 0.7600
Epoch 14/30
3000/3000 [==============================] - 37s 12ms/step - loss: 0.2061 - accuracy: 0.9143 - val_loss: 0.982
9 - val_accuracy: 0.7150
Epoch 15/30
3000/3000 [==============================] - 37s 12ms/step - loss: 0.1744 - accuracy: 0.9407 - val_loss: 0.801
4 - val_accuracy: 0.7730
Epoch 16/30
3000/3000 [==============================] - 37s 12ms/step - loss: 0.1424 - accuracy: 0.9480 - val_loss: 1.425
4 - val_accuracy: 0.6850
Epoch 17/30
3000/3000 [==============================] - 37s 12ms/step - loss: 0.1507 - accuracy: 0.9510 - val_loss: 0.928
6 - val_accuracy: 0.6720
Epoch 18/30
3000/3000 [==============================] - 37s 12ms/step - loss: 0.1130 - accuracy: 0.9590 - val_loss: 1.366
1 - val_accuracy: 0.7530
Epoch 19/30
3000/3000 [==============================] - 38s 13ms/step - loss: 0.1165 - accuracy: 0.9620 - val_loss: 1.080
0 - val_accuracy: 0.7770
Epoch 20/30
3000/3000 [==============================] - 38s 13ms/step - loss: 0.0932 - accuracy: 0.9700 - val_loss: 1.052
7 - val_accuracy: 0.7560
Epoch 21/30
3000/3000 [==============================] - 37s 12ms/step - loss: 0.1003 - accuracy: 0.9680 - val_loss: 1.110
0 - val_accuracy: 0.7860
Epoch 22/30
3000/3000 [==============================] - 37s 12ms/step - loss: 0.0982 - accuracy: 0.9723 - val_loss: 1.338
```

(계속)

```
7 - val_accuracy: 0.7540
Epoch 23/30
3000/3000 [==============================] - 37s 12ms/step - loss: 0.0911 - accuracy: 0.9737 - val_loss: 1.780
7 - val_accuracy: 0.7510
Epoch 24/30
3000/3000 [==============================] - 37s 12ms/step - loss: 0.0974 - accuracy: 0.9740 - val_loss: 1.660
8 - val_accuracy: 0.7660
Epoch 25/30
3000/3000 [==============================] - 37s 12ms/step - loss: 0.0895 - accuracy: 0.9793 - val_loss: 1.491
3 - val_accuracy: 0.7800
Epoch 26/30
3000/3000 [==============================] - 37s 12ms/step - loss: 0.0597 - accuracy: 0.9827 - val_loss: 2.123
4 - val_accuracy: 0.7610
Epoch 27/30
3000/3000 [==============================] - 37s 12ms/step - loss: 0.0905 - accuracy: 0.9787 - val_loss: 1.680
1 - val_accuracy: 0.7540
Epoch 28/30
3000/3000 [==============================] - 37s 12ms/step - loss: 0.0772 - accuracy: 0.9797 - val_loss: 1.695
0 - val_accuracy: 0.7620
Epoch 29/30
3000/3000 [==============================] - 37s 12ms/step - loss: 0.0794 - accuracy: 0.9793 - val_loss: 1.439
5 - val_accuracy: 0.7750
Epoch 30/30
3000/3000 [==============================] - 37s 12ms/step - loss: 0.0792 - accuracy: 0.9783 - val_loss: 1.453
6 - val_accuracy: 0.7660
```

인텔 i7 하드웨어 환경에서 학습을 완료하는 데 350분 정도가 소요되었으며, 결과를 그래프로 표현하면 다음의 그림과 같다.

```
f, (ax1, ax2) = plt.subplots(1, 2, figsize =(12, 4))
t = f.suptitle('Basic CNN Performance', fontsize =12)
f.subplots_adjust(top=0.85, wspace =0.3)

epoch_list = list(range(1,31))
ax1.plot(epoch_list, history.history['accuracy'], label ='Train Accuracy')
ax1.plot(epoch_list, history.history['val_accuracy'], label ='Validation
Accuracy')
ax1.set_xticks(np.arange(0, 31, 5))
ax1.set_ylabel('Accuracy Value')
ax1.set_xlabel('Epoch')
ax1.set_title('Accuracy')
l1 = ax1.legend(loc ="best")

ax2.plot(epoch_list, history.history['loss'], label ='Train Loss')
ax2.plot(epoch_list, history.history['val_loss'], label ='Validation Loss')
ax2.set_xticks(np.arange(0, 31, 5))
ax2.set_ylabel('Loss Value')
ax2.set_xlabel('Epoch')
ax2.set_title('Loss')
l2 = ax2.legend(loc ="best")
```

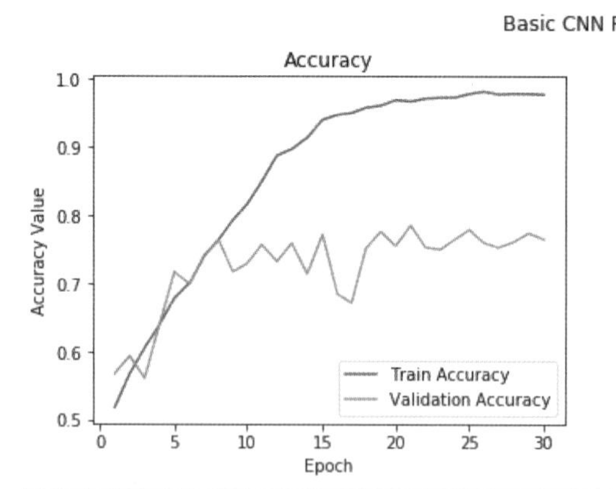

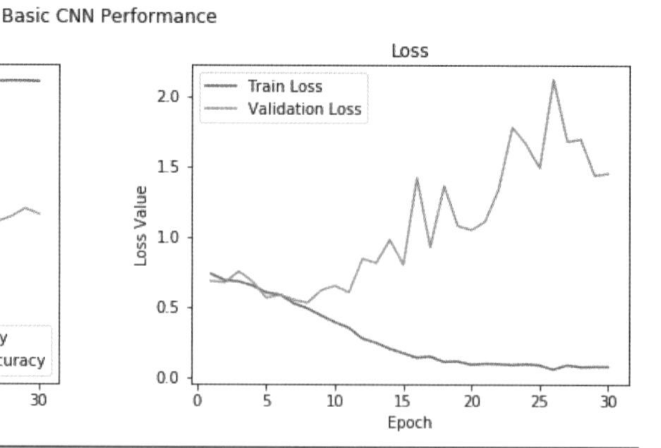

이렇게 학습된 모델을 저장할 수 있는데, 다음을 입력하면 된다.

```
> model.save('모델명.h5')
```

2.2.6 이미지 향상을 위한 CNN 모델

이미지 증강 기술을 사용하여 데이터를 추가함으로써 정규화된 CNN 모델을 개선해 본다. 이미지 증강 기술은 이미지 전처리에서 중요한 과정이다. 딥러닝의 고질적인 문제 중 Overfitting 문제가 있는데, 이 해결 방법은 모델링 수정이다. 하지만 이 방법은 편향 훈련 방향을 조금 감소시키는 정도이다. Overfitting을 해결하는 기술이 되지는 않는다. 여기에서는 ImageDataGenerator을 사용하여 이미지를 재조정, 확대/축소, 회전, 수평 또는 수직으로 평행이동, 전단 변환, 수평으로 뒤집기한다. 그리고 이미지 회전, 이동 시 축소할 때 생기는 공간을 채운다. 다음의 소스 코드를 입력한다.

```
train_datagen = ImageDataGenerator(rescale =1./255, zoom_range =0.3,
                                   rotation_range =50, width_shift_range=0.2,
                                   height_shift_range =0.2, shear_range =0.2,
                                   horizontal_flip=True, fill_mode ='nearest')

val_datagen = ImageDataGenerator(rescale =1./255

img_id =2595
cat_generator = train_datagen.flow(train_imgs[img_id:img_id +1],
                train_labels[img_id:img_id +1], batch_size=1)
cat = [next(cat_generator) for i in range(0,5)]
fig, ax = plt.subplots(1,5, figsize =(16, 6))
print('Labels:', [item[1][0] for item in cat])
l = [ax[i].imshow(cat[i][0][0]) for i in range(0,5)]
```

```
Labels: ['dog', 'dog', 'dog', 'dog', 'dog']
```

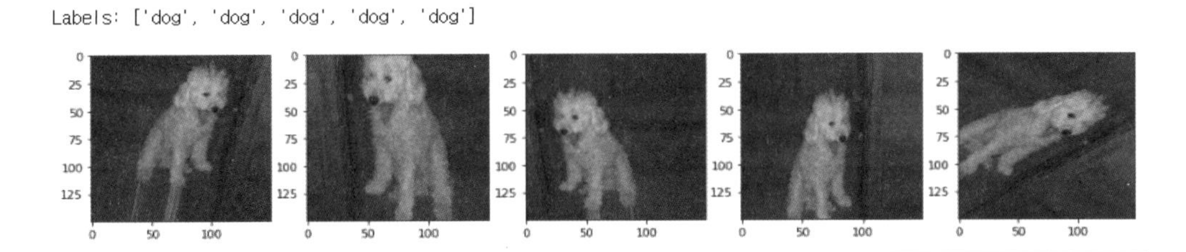

이 그림을 보면 같은 개의 이미지가 여러 각도로 이미지 증강 기술이 적용되어 있는 것을 확인할 수 있다. 마찬가지로 다른 이미지 샘플을 확인한다. 다음의 코드를 입력한다.

```
img_id =1991
dog_generator = train_datagen.flow(train_imgs[img_id:img_id +1],train_labels
                                   img_id:img_id +1],batch_size=1)
dog = [next(dog_generator) for i in range(0,5)]
fig, ax = plt.subplots(1,5, figsize =(15, 6))
print('Labels:', [item[1][0] for item in dog])
l = [ax[i].imshow(dog[i][0][0]) for i in range(0,5)]
```

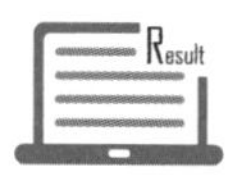

Labels: ['dog', 'dog', 'dog', 'dog', 'dog']

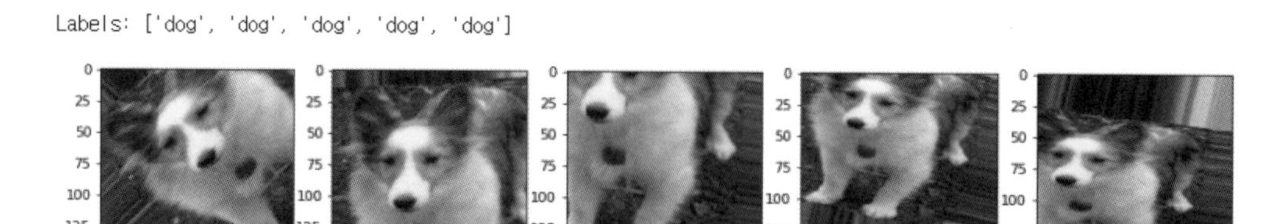

이 그림도 위와 마찬가지로 여러 각도로 이미지 증강 기술이 적용되어 있는 것을 확인할 수 있다. 위의 이미지까지 추가하여 CNN 모델을 학습하기 위해 다음과 같이 입력한다.

```
train_generator = train_datagen.flow(train_imgs, train_labels_enc, batch_size =30)
val_generator = val_datagen.flow(validation_imgs, validation_labels_enc,
batch_size =20)
input_shape = (150, 150, 3)

from keras.layers import Conv2D, MaxPooling2D, Flatten, Dense, Dropout
from keras.models import Sequential
from keras import optimizers

model = Sequential()

model.add(Conv2D(16, kernel_size =(3, 3), activation ='relu',
                input_shape=input_shape))
model.add(MaxPooling2D(pool_size=(2, 2)))
model.add(Conv2D(64, kernel_size =(3, 3), activation ='relu'))
model.add(MaxPooling2D(pool_size=(2, 2)))

model.add(Conv2D(128, kernel_size =(3, 3), activation ='relu'))
model.add(MaxPooling2D(pool_size=(2, 2)))

model.add(Conv2D(128, kernel_size =(3, 3), activation ='relu'))
model.add(MaxPooling2D(pool_size=(2, 2)))

model.add(Flatten())
model.add(Dense(512, activation ='relu'))
```

(계속)

```
model.add(Dropout(0.3))
model.add(Dense(512, activation ='relu'))
model.add(Dropout(0.3))
model.add(Dense(1, activation ='sigmoid'))
model.compile(loss='binary_crossentropy',
              optimizer=optimizers.RMSprop(lr =1e -4),
              metrics=['accuracy'])

history = model.fit_generator(train_generator, steps_per_epoch =100, epochs =100,
                              validation_data=val_generator, validation_steps =50,
                              verbose=1)
```

```
59 - val_accuracy: 0.8320
Epoch 95/100
100/100 [==============================] - 39s 391ms/step - loss: 0.3688 - accuracy: 0.8323 - val_loss: 0.25
49 - val_accuracy: 0.8410
Epoch 96/100
100/100 [==============================] - 39s 393ms/step - loss: 0.3821 - accuracy: 0.8320 - val_loss: 0.32
91 - val_accuracy: 0.8090
Epoch 97/100
100/100 [==============================] - 39s 392ms/step - loss: 0.3817 - accuracy: 0.8283 - val_loss: 0.52
12 - val_accuracy: 0.8490
Epoch 98/100
100/100 [==============================] - 40s 397ms/step - loss: 0.3630 - accuracy: 0.8330 - val_loss: 0.72
12 - val_accuracy: 0.7920
Epoch 99/100
100/100 [==============================] - 41s 409ms/step - loss: 0.3648 - accuracy: 0.8380 - val_loss: 0.13
71 - val_accuracy: 0.8510
Epoch 100/100
100/100 [==============================] - 41s 408ms/step - loss: 0.3683 - accuracy: 0.8420 - val_loss: 0.21
55 - val_accuracy: 0.8520
Epoch 1/100
100/100 [==============================] - 40s 402ms/step - loss: 0.6943 - accuracy: 0.4973 - val_loss: 0.69
87 - val_accuracy: 0.5030
Epoch 2/100
100/100 [==============================] - 39s 388ms/step - loss: 0.6898 - accuracy: 0.5350 - val_loss: 0.64
31 - val_accuracy: 0.5640
Epoch 3/100
100/100 [==============================] - 39s 389ms/step - loss: 0.6751 - accuracy: 0.5807 - val_loss: 0.69
37 - val_accuracy: 0.5370
Epoch 4/100
100/100 [==============================] - 39s 390ms/step - loss: 0.6620 - accuracy: 0.5923 - val_loss: 0.55
46 - val_accuracy: 0.5770
Epoch 5/100
100/100 [==============================] - 39s 389ms/step - loss: 0.6459 - accuracy: 0.6153 - val_loss: 0.71
25 - val_accuracy: 0.6320
Epoch 6/100
100/100 [==============================] - 39s 389ms/step - loss: 0.6442 - accuracy: 0.6270 - val_loss: 0.58
11 - val_accuracy: 0.6540
Epoch 7/100
```

인텔 i7 하드웨어 환경에서 훈련을 완료하는 데 120분이 소요되었으며, 훈련 결과를 그래프로 표현하면 다음과 같다.

```
f, (ax1, ax2) = plt.subplots(1, 2, figsize =(12, 4))
t = f.suptitle('Basic CNN Performance', fontsize =12)
f.subplots_adjust(top=0.85, wspace =0.3)

# epoch_list = list(range(1,31))
epoch_list = list(range(1,101))
ax1.plot(epoch_list, history.history['accuracy'], label ='Train Accuracy')
ax1.plot(epoch_list, history.history['val_accuracy'], label ='Validation Accuracy')
# ax1.set_xticks(np.arange(0, 31, 5))
ax1.set_xticks(np.arange(0, 110, 10))
ax1.set_ylabel('Accuracy Value')
ax1.set_xlabel('Epoch')
ax1.set_title('Accuracy')
l1 = ax1.legend(loc ="best")

ax2.plot(epoch_list, history.history['loss'], label ='Train Loss')
ax2.plot(epoch_list, history.history['val_loss'], label ='Validation Loss')
# ax2.set_xticks(np.arange(0, 31, 5))
ax2.set_xticks(np.arange(0, 110, 10))
ax2.set_ylabel('Loss Value')
ax2.set_xlabel('Epoch')
ax2.set_title('Loss')
l2 = ax2.legend(loc ="best")
```

Basic CNN Performance

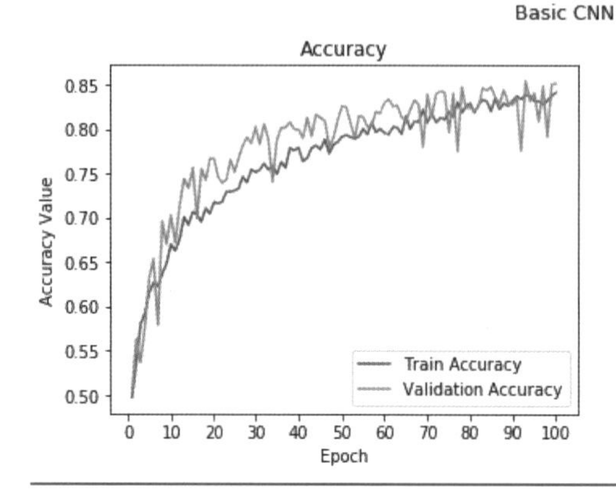

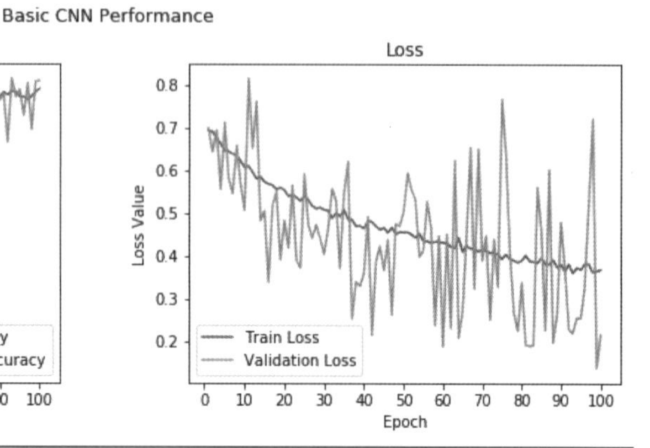

이전과 마찬가지로 모델을 저장하려면 다음을 입력한다.

```
> model.save('모델명.h5')
```

2.2.7 사전 학습된 CNN 모델을 통한 이전 학습의 활용

이제 미리 학습된 CNN 모델을 사용한다. Keras를 활용하여 VGG-16 모델을 로드 후 Convolution block을 동결하여 image feature extractor로 사용한다. VGG-16 모델은 16개 계층으로 구성된 Convolution Neural Network이다.

ImageNet 데이터베이스의 100만 개가 넘는 영상에 대해 훈련된 신경망의 사전 훈련된 버전을 불러올 수 있다. 사전 훈련된 신경망은 영상을 키보드, 마우스, 연필, 각종 동물 등 1,000가지 사물 범주로 분류할 수 있다.

다음의 소스 코드를 입력한다.

```
from keras.applications import vgg16
from keras.models import Model
import keras

vgg = vgg16.VGG16(include_top =False, weights ='imagenet',
                                     input_shape=input_shape)

output = vgg.layers[-1].output
output = keras.layers.Flatten()(output)
vgg_model = Model(vgg.input, output)

vgg_model.trainable = False
for layer in vgg_model.layers:
    layer.trainable = False

import pandas as pd
pd.set_option('max_colwidth', -1)
layers = [(layer, layer.name, layer.trainable) for layer in vgg_model.layers]
pd.DataFrame(layers, columns=['Layer Type', 'Layer Name', 'Layer Trainable'])
```

```
Downloading data from https://github.com/fchollet/deep-learning-models/releases/download/v0.1/vgg16_weights_tf_dim_ordering_tf_kernels_notop.h5
58892288/58889256 [==============================] - 22s 0us/step
```

```
c:₩anaconda3₩envs₩virenv₩lib₩site-packages₩ipykernel_launcher.py:17: FutureWarning: Passing a negative integer is deprecated in version 1.0 and will not be supported in future version. Instead, use None to not limit the column width.
```

	Layer Type	Layer Name	Layer Trainable
0	<keras.engine.input_layer.InputLayer object at 0x0000026E7CA5BD88>	input_1	False
1	<keras.layers.convolutional.Conv2D object at 0x0000026E7CA5BE08>	block1_conv1	False
2	<keras.layers.convolutional.Conv2D object at 0x0000026E7C7C6E48>	block1_conv2	False
3	<keras.layers.pooling.MaxPooling2D object at 0x0000026E7CA57A08>	block1_pool	False
4	<keras.layers.convolutional.Conv2D object at 0x0000026E7CA57708>	block2_conv1	False
5	<keras.layers.convolutional.Conv2D object at 0x0000026E7CA5EFC8>	block2_conv2	False
6	<keras.layers.pooling.MaxPooling2D object at 0x0000026E7CA61AC8>	block2_pool	False
7	<keras.layers.convolutional.Conv2D object at 0x0000026E7CA616C8>	block3_conv1	False
8	<keras.layers.convolutional.Conv2D object at 0x0000026E7CA66D88>	block3_conv2	False
9	<keras.layers.convolutional.Conv2D object at 0x0000026E7CA69C08>	block3_conv3	False
10	<keras.layers.pooling.MaxPooling2D object at 0x0000026E7CA70D48>	block3_pool	False
11	<keras.layers.convolutional.Conv2D object at 0x0000026E7CA74848>	block4_conv1	False
12	<keras.layers.convolutional.Conv2D object at 0x0000026E7CA78D88>	block4_conv2	False
13	<keras.layers.convolutional.Conv2D object at 0x0000026E7CA851C8>	block4_conv3	False
14	<keras.layers.pooling.MaxPooling2D object at 0x0000026E7CA88AC8>	block4_pool	False
15	<keras.layers.convolutional.Conv2D object at 0x0000026E7CA88D48>	block5_conv1	False
16	<keras.layers.convolutional.Conv2D object at 0x0000026E7CA92D88>	block5_conv2	False
17	<keras.layers.convolutional.Conv2D object at 0x0000026E7CA98288>	block5_conv3	False
18	<keras.layers.pooling.MaxPooling2D object at 0x0000026E7CAA6C48>	block5_pool	False
19	<keras.layers.core.Flatten object at 0x0000026E7CA10588>	flatten_4	False

학습 데이터의 샘플 이미지에 대한 bottleneck features 정보를 확인하기 위해 다음 코드를 입력한다.

```
bottleneck_feature_example = vgg.predict(train_imgs_scaled[0:1])
print(bottleneck_feature_example.shape)
plt.imshow(bottleneck_feature_example[0][:,:,0])
```

```
(1, 4, 4, 512)
<matplotlib.image.AxesImage at 0x26e7cd38d88>
```

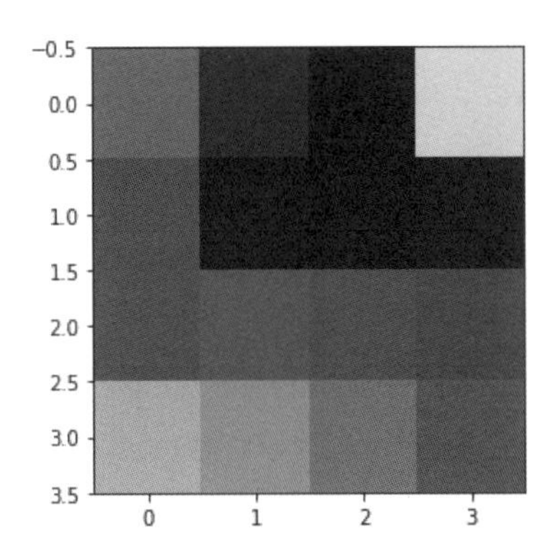

train, validation set에서 bottleneck features를 추출하기 위해 다음 코드를 입력한다.

```
def get_bottleneck_features(model, input_imgs):
    features = model.predict(input_imgs, verbose =0)
    return features

train_features_vgg = get_bottleneck_features(vgg_model, train_imgs_scaled)
validation_features_vgg = get_bottleneck_features(vgg_model,
validation_imgs_scaled)

print('Train Bottleneck Features:', train_features_vgg.shape,
      '\tValidation Bottleneck Features:', validation_features_vgg.shape)
```

```
Train Bottleneck Features: (3000, 8192)          Validation Bottleneck Features: (1000, 8192)
```

위의 데이터를 바탕으로 deep neural network classifier의 아키텍처를 구축하기 위해 다음 코드를 입력한다.

```
from keras.layers import Conv2D, MaxPooling2D, Flatten, Dense, Dropout,
InputLayer
from keras.models import Sequential
from keras import optimizers

input_shape = vgg_model.output_shape[1]

model = Sequential()
model.add(InputLayer(input_shape=(input_shape,)))
model.add(Dense(512, activation ='relu', input_dim =input_shape))
model.add(Dropout(0.3))
model.add(Dense(512, activation ='relu'))
model.add(Dropout(0.3))
model.add(Dense(1, activation ='sigmoid'))

model.compile(loss='binary_crossentropy',
              optimizer=optimizers.RMSprop(lr =1e -4),
              metrics=['accuracy'])

model.summary()
```

```
Model: "sequential_4"
_________________________________________________________________
Layer (type)                 Output Shape              Param #
=================================================================
dense_9 (Dense)              (None, 512)               4194816
_________________________________________________________________
dropout_5 (Dropout)          (None, 512)               0
_________________________________________________________________
dense_10 (Dense)             (None, 512)               262656
_________________________________________________________________
dropout_6 (Dropout)          (None, 512)               0
_________________________________________________________________
dense_11 (Dense)             (None, 1)                 513
=================================================================
Total params: 4,457,985
Trainable params: 4,457,985
Non-trainable params: 0
_________________________________________________________________
```

이 모델로 다시 학습을 진행하려고 한다. 다음 코드를 입력한다.

```
history = model.fit(x =train_features_vgg, y =train_labels_enc,
                    validation_data=(validation_features_vgg, validation_labels_enc),
                    batch_size=batch_size,
                    epochs=epochs,
                    verbose=1)
```

```
Train on 3000 samples, validate on 1000 samples
Epoch 1/30
3000/3000 [==============================] - 4s 1ms/step - loss: 0.4258 - accuracy: 0.8043 - val_loss: 0.3517
- val_accuracy: 0.8340
Epoch 2/30
3000/3000 [==============================] - 4s 1ms/step - loss: 0.2853 - accuracy: 0.8800 - val_loss: 0.2503
- val_accuracy: 0.8990
Epoch 3/30
3000/3000 [==============================] - 4s 1ms/step - loss: 0.2477 - accuracy: 0.9003 - val_loss: 0.2322
- val_accuracy: 0.9030
Epoch 4/30
3000/3000 [==============================] - 4s 1ms/step - loss: 0.2016 - accuracy: 0.9170 - val_loss: 0.2826
- val_accuracy: 0.8880
Epoch 5/30
3000/3000 [==============================] - 4s 1ms/step - loss: 0.1703 - accuracy: 0.9340 - val_loss: 0.2549
- val_accuracy: 0.8950
Epoch 6/30
3000/3000 [==============================] - 4s 1ms/step - loss: 0.1514 - accuracy: 0.9407 - val_loss: 0.2491
- val_accuracy: 0.8970
Epoch 7/30
3000/3000 [==============================] - 4s 1ms/step - loss: 0.1349 - accuracy: 0.9477 - val_loss: 0.2479
- val_accuracy: 0.8950
Epoch 8/30
3000/3000 [==============================] - 4s 1ms/step - loss: 0.1156 - accuracy: 0.9557 - val_loss: 0.4503
- val_accuracy: 0.8620
Epoch 9/30
3000/3000 [==============================] - 4s 1ms/step - loss: 0.0883 - accuracy: 0.9663 - val_loss: 0.4387
- val_accuracy: 0.8730
Epoch 10/30
3000/3000 [==============================] - 4s 1ms/step - loss: 0.0715 - accuracy: 0.9727 - val_loss: 0.2817
- val_accuracy: 0.8970
Epoch 11/30
3000/3000 [==============================] - 4s 1ms/step - loss: 0.0559 - accuracy: 0.9810 - val_loss: 0.3107
- val_accuracy: 0.9050
Epoch 12/30
3000/3000 [==============================] - 4s 1ms/step - loss: 0.0457 - accuracy: 0.9833 - val_loss: 0.3382
- val_accuracy: 0.9060
Epoch 13/30
3000/3000 [==============================] - 4s 1ms/step - loss: 0.0365 - accuracy: 0.9863 - val_loss: 0.3645
- val_accuracy: 0.8940
Epoch 14/30
3000/3000 [==============================] - 4s 1ms/step - loss: 0.0258 - accuracy: 0.9913 - val_loss: 0.6709
- val_accuracy: 0.8640
Epoch 15/30
3000/3000 [==============================] - 4s 1ms/step - loss: 0.0267 - accuracy: 0.9897 - val_loss: 0.5957
- val_accuracy: 0.8760
Epoch 16/30
3000/3000 [==============================] - 4s 1ms/step - loss: 0.0212 - accuracy: 0.9927 - val_loss: 0.5044
- val_accuracy: 0.8970
Epoch 17/30
3000/3000 [==============================] - 4s 1ms/step - loss: 0.0152 - accuracy: 0.9953 - val_loss: 0.4513
- val_accuracy: 0.8980
Epoch 18/30
3000/3000 [==============================] - 4s 1ms/step - loss: 0.0185 - accuracy: 0.9930 - val_loss: 0.4794
- val_accuracy: 0.8930
```

```
Epoch 19/30
3000/3000 [==============================] - 4s 1ms/step - loss: 0.0152 - accuracy: 0.9950 - val_loss: 0.9401
- val_accuracy: 0.8470
Epoch 20/30
3000/3000 [==============================] - 4s 1ms/step - loss: 0.0076 - accuracy: 0.9977 - val_loss: 0.8527
- val_accuracy: 0.8590
Epoch 21/30
3000/3000 [==============================] - 4s 1ms/step - loss: 0.0048 - accuracy: 0.9990 - val_loss: 0.7448
- val_accuracy: 0.8890
Epoch 22/30
3000/3000 [==============================] - 4s 1ms/step - loss: 0.0173 - accuracy: 0.9930 - val_loss: 0.5970
- val_accuracy: 0.9020
Epoch 23/30
3000/3000 [==============================] - 4s 1ms/step - loss: 0.0045 - accuracy: 0.9987 - val_loss: 0.9822
- val_accuracy: 0.8600
Epoch 24/30
3000/3000 [==============================] - 4s 1ms/step - loss: 0.0147 - accuracy: 0.9957 - val_loss: 0.6370
- val_accuracy: 0.8950
Epoch 25/30
3000/3000 [==============================] - 4s 1ms/step - loss: 0.0051 - accuracy: 0.9980 - val_loss: 0.6999
- val_accuracy: 0.8930
Epoch 26/30
3000/3000 [==============================] - 4s 1ms/step - loss: 0.0024 - accuracy: 0.9990 - val_loss: 0.7380
- val_accuracy: 0.8940
Epoch 27/30
3000/3000 [==============================] - 4s 1ms/step - loss: 0.0129 - accuracy: 0.9967 - val_loss: 0.7103
- val_accuracy: 0.8990
Epoch 28/30
3000/3000 [==============================] - 4s 1ms/step - loss: 0.0034 - accuracy: 0.9983 - val_loss: 0.6991
- val_accuracy: 0.8950
Epoch 29/30
3000/3000 [==============================] - 4s 1ms/step - loss: 0.0032 - accuracy: 0.9990 - val_loss: 0.7250
- val_accuracy: 0.8990
Epoch 30/30
3000/3000 [==============================] - 4s 1ms/step - loss: 0.0013 - accuracy: 0.9997 - val_loss: 0.7592
- val_accuracy: 0.8970
```

훈련을 완료하는 데 약 40분이 소요되었으며, 훈련 결과를 그래프로 표현하면 다음과 같다.

```
f, (ax1, ax2) = plt.subplots(1, 2, figsize =(12, 4))
t = f.suptitle('Basic CNN Performance', fontsize =12)
f.subplots_adjust(top=0.85, wspace =0.3)

epoch_list = list(range(1,31))
ax1.plot(epoch_list, history.history['accuracy'], label ='Train Accuracy')
ax1.plot(epoch_list, history.history['val_accuracy'], label ='Validation
Accuracy')
ax1.set_xticks(np.arange(0, 31, 5))
ax1.set_ylabel('Accuracy Value')
```

(계속)

```python
ax1.set_xlabel('Epoch')
ax1.set_title('Accuracy')
l1 = ax1.legend(loc ="best")

ax2.plot(epoch_list, history.history['loss'], label ='Train Loss')
ax2.plot(epoch_list, history.history['val_loss'], label ='Validation Loss')
ax2.set_xticks(np.arange(0, 31, 5))
ax2.set_ylabel('Loss Value')
ax2.set_xlabel('Epoch')
ax2.set_title('Loss')
l2 = ax2.legend(loc ="best")
```

Basic CNN Performance

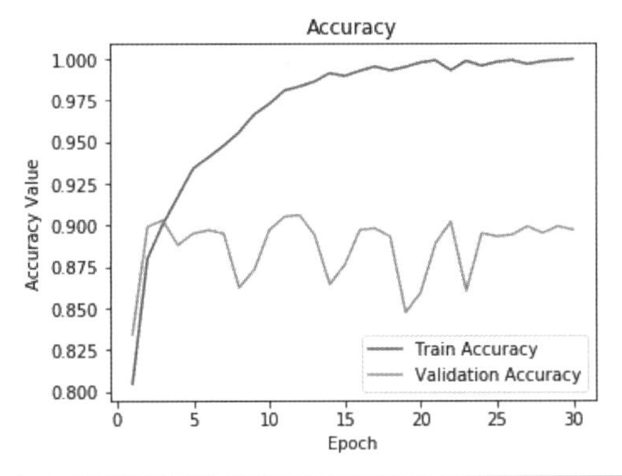

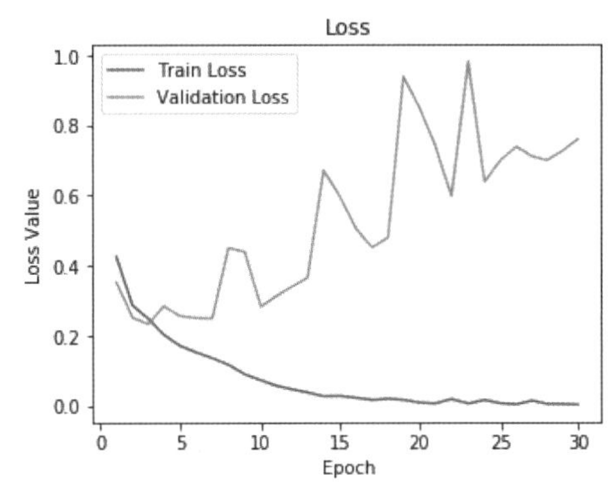

이전과 마찬가지로 모델을 저장하려면 다음의 코드를 입력한다.

```
> model.save('모델명.h5')
```

2.2.8 이미지 증강 기술이 포함된 기능 추출기로서의 사전 학습

이번엔 이전의 모델에 이미지 증강 기술을 적용하려고 한다. 다음을 입력한다.

```
train_datagen = ImageDataGenerator(rescale =1./255, zoom_range =0.3,
                                   rotation_range =50, width_shift_range=0.2,
                                   height_shift_range =0.2, shear_range =0.2,
                                   horizontal_flip=True, fill_mode ='nearest')

val_datagen = ImageDataGenerator(rescale =1./255)

train_generator = train_datagen.flow(train_imgs, train_labels_enc, batch_size =30)
val_generator = val_datagen.flow(validation_imgs, validation_labels_enc, batch_size =20)

from keras.layers import Conv2D, MaxPooling2D, Flatten, Dense, Dropout, InputLayer
from keras.models import Sequential
from keras import optimizers

model = Sequential()
model.add(vgg_model)
model.add(Dense(512, activation ='relu', input_dim =input_shape))
model.add(Dropout(0.3))
model.add(Dense(512, activation ='relu'))
model.add(Dropout(0.3))
model.add(Dense(1, activation ='sigmoid'))
model.compile(loss='binary_crossentropy',
              optimizer=optimizers.RMSprop(lr =2e -5),
              metrics=['accuracy'])
history = model.fit_generator(train_generator, steps_per_epoch =100, epochs =100,
                              validation_data=val_generator, validation_steps =50,
                              verbose=1)
```

```
Epoch 1/100
100/100 [==============================] - 232s 2s/step - loss: 0.6510 - accuracy: 0.6087 - val_loss: 0.6125
- val_accuracy: 0.8070
Epoch 2/100
100/100 [==============================] - 225s 2s/step - loss: 0.5494 - accuracy: 0.7243 - val_loss: 0.3462
- val_accuracy: 0.8500
Epoch 3/100
100/100 [==============================] - 225s 2s/step - loss: 0.5044 - accuracy: 0.7503 - val_loss: 0.3564
- val_accuracy: 0.8620
Epoch 4/100
100/100 [==============================] - 226s 2s/step - loss: 0.4756 - accuracy: 0.7727 - val_loss: 0.3514
- val_accuracy: 0.8640
Epoch 5/100
100/100 [==============================] - 200s 2s/step - loss: 0.4501 - accuracy: 0.7820 - val_loss: 0.2318
- val_accuracy: 0.8700
```

(계속)

```
Epoch 6/100
100/100 [==============================] - 205s 2s/step - loss: 0.4319 - accuracy: 0.8020 - val_loss: 0.1777
- val_accuracy: 0.8760
Epoch 7/100

Epoch 95/100
100/100 [==============================] - 200s 2s/step - loss: 0.2790 - accuracy: 0.8823 - val_loss: 0.0716
- val_accuracy: 0.9140
Epoch 96/100
100/100 [==============================] - 200s 2s/step - loss: 0.2809 - accuracy: 0.8793 - val_loss: 0.3190
- val_accuracy: 0.9170
Epoch 97/100
100/100 [==============================] - 200s 2s/step - loss: 0.2738 - accuracy: 0.8843 - val_loss: 0.0290
- val_accuracy: 0.9160
Epoch 98/100
100/100 [==============================] - 200s 2s/step - loss: 0.2765 - accuracy: 0.8833 - val_loss: 0.3531
- val_accuracy: 0.9090
Epoch 99/100
100/100 [==============================] - 200s 2s/step - loss: 0.2677 - accuracy: 0.8900 - val_loss: 0.2451
- val_accuracy: 0.9140
Epoch 100/100
100/100 [==============================] - 200s 2s/step - loss: 0.2781 - accuracy: 0.8870 - val_loss: 0.1082
- val_accuracy: 0.9160
```

훈련을 완료하는 데 약 240분이 소요되었으며, 훈련 결과를 그래프로 표현하면 다음의 그래프와 같이 나타낸다.

```
f, (ax1, ax2) = plt.subplots(1, 2, figsize =(12, 4))
t = f.suptitle('Basic CNN Performance', fontsize =12)
f.subplots_adjust(top=0.85, wspace =0.3)

# epoch_list = list(range(1,31))
epoch_list = list(range(1,101))
ax1.plot(epoch_list, history.history['accuracy'], label ='Train Accuracy')
ax1.plot(epoch_list, history.history['val_accuracy'], label ='Validation
Accuracy')
# ax1.set_xticks(np.arange(0, 31, 5))
ax1.set_xticks(np.arange(0, 110, 10))
ax1.set_ylabel('Accuracy Value')
ax1.set_xlabel('Epoch')
ax1.set_title('Accuracy')
l1 = ax1.legend(loc ="best")

ax2.plot(epoch_list, history.history['loss'], label ='Train Loss')
ax2.plot(epoch_list, history.history['val_loss'], label ='Validation Loss')
# ax2.set_xticks(np.arange(0, 31, 5))
ax2.set_xticks(np.arange(0, 110, 10))
ax2.set_ylabel('Loss Value')
ax2.set_xlabel('Epoch')
ax2.set_title('Loss')
l2 = ax2.legend(loc ="best")
```

Basic CNN Performance

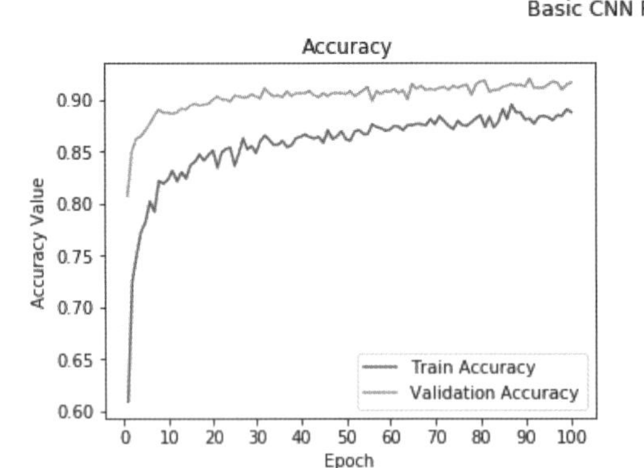

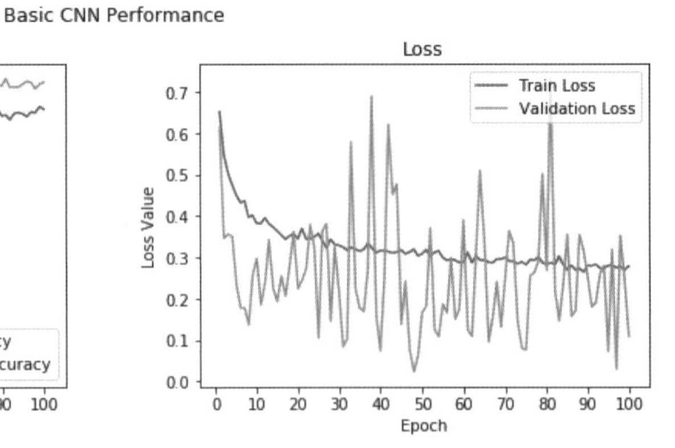

모델을 저장하기 위해서 다음을 입력한다.

```
> model.save('모델명.h5')
```

2.2.9 세부 조정 및 이미지 증강 기술로 사전 학습된 CNN 모델

이번엔 vgg_model 변수에 저장된 VGG-16 모델 객체를 활용하여 세 블록은 동결상태로 유지하면서 convolution block 4, 5를 고정하며, 다음과 같이 소스코드를 입력한다.

```
vgg_model.trainable = True

set_trainable = False
for layer in vgg_model.layers:
    if layer.name in ['block5_conv1', 'block4_conv1']:
        set_trainable = True
    if set_trainable:
        layer.trainable = True
    else:
        layer.trainable = False

layers = [(layer, layer.name, layer.trainable) for layer in vgg_model.layers]
pd.DataFrame(layers, columns=['Layer Type', 'Layer Name', 'Layer Trainable'])
```

	Layer Type	Layer Name	Layer Trainable
0	<keras.engine.input_layer.InputLayer object at 0x0000026E7CA5BD88>	input_1	False
1	<keras.layers.convolutional.Conv2D object at 0x0000026E7CA5BE08>	block1_conv1	False
2	<keras.layers.convolutional.Conv2D object at 0x0000026E7C7C6E48>	block1_conv2	False
3	<keras.layers.pooling.MaxPooling2D object at 0x0000026E7CA57A08>	block1_pool	False
4	<keras.layers.convolutional.Conv2D object at 0x0000026E7CA57708>	block2_conv1	False
5	<keras.layers.convolutional.Conv2D object at 0x0000026E7CA5EFC8>	block2_conv2	False
6	<keras.layers.pooling.MaxPooling2D object at 0x0000026E7CA61AC8>	block2_pool	False
7	<keras.layers.convolutional.Conv2D object at 0x0000026E7CA616C8>	block3_conv1	False
8	<keras.layers.convolutional.Conv2D object at 0x0000026E7CA66D88>	block3_conv2	False
9	<keras.layers.convolutional.Conv2D object at 0x0000026E7CA69C08>	block3_conv3	False
10	<keras.layers.pooling.MaxPooling2D object at 0x0000026E7CA70D48>	block3_pool	False
11	<keras.layers.convolutional.Conv2D object at 0x0000026E7CA74848>	block4_conv1	True
12	<keras.layers.convolutional.Conv2D object at 0x0000026E7CA78D88>	block4_conv2	True
13	<keras.layers.convolutional.Conv2D object at 0x0000026E7CA851C8>	block4_conv3	True
14	<keras.layers.pooling.MaxPooling2D object at 0x0000026E7CA88AC8>	block4_pool	True
15	<keras.layers.convolutional.Conv2D object at 0x0000026E7CA88D48>	block5_conv1	True
16	<keras.layers.convolutional.Conv2D object at 0x0000026E7CA92D88>	block5_conv2	True
17	<keras.layers.convolutional.Conv2D object at 0x0000026E7CA98288>	block5_conv3	True
18	<keras.layers.pooling.MaxPooling2D object at 0x0000026E7CAA6C48>	block5_pool	True
19	<keras.layers.core.Flatten object at 0x0000026E7CA10588>	flatten_4	True

앞의 그림을 보면 block 4, 5를 통하여 훈련이 가능한 것을 확인할 수 있다. 훈련을 진행하기 위해 다음의 코드를 입력한다.

```
train_datagen = ImageDataGenerator(rescale =1./255, zoom_range =0.3,
                                   rotation_range =50, width_shift_range=0.2,
                                   height_shift_range =0.2, shear_range =0.2,
                                   horizontal_flip=True, fill_mode ='nearest')
val_datagen = ImageDataGenerator(rescale =1./255)
train_generator = train_datagen.flow(train_imgs, train_labels_enc, batch_size =30)
val_generator = val_datagen.flow(validation_imgs, validation_labels_enc, batch_size =20)
```

(계속)

```python
from keras.layers import Conv2D, MaxPooling2D, Flatten, Dense, Dropout,
InputLayer
from keras.models import Sequential
from keras import optimizers

model = Sequential()
model.add(vgg_model)
model.add(Dense(512, activation ='relu', input_dim =input_shape))
model.add(Dropout(0.3))
model.add(Dense(512, activation ='relu'))
model.add(Dropout(0.3))
model.add(Dense(1, activation ='sigmoid'))

model.compile(loss='binary_crossentropy',
              optimizer=optimizers.RMSprop(lr =1e -5),
              metrics=['accuracy'])

history = model.fit_generator(train_generator, steps_per_epoch =100, epochs =100,
                              validation_data=val_generator, validation_steps =50,
                              verbose=1)
```

```
Epoch 1/100
100/100 [==============================] - 381s 4s/step - loss: 0.5832 - accuracy: 0.6750 - val_loss: 0.3954 - val_accuracy: 0.8220
Epoch 2/100
100/100 [==============================] - 371s 4s/step - loss: 0.4002 - accuracy: 0.8207 - val_loss: 0.4907 - val_accuracy: 0.8680
Epoch 3/100
100/100 [==============================] - 377s 4s/step - loss: 0.3274 - accuracy: 0.8640 - val_loss: 0.1122 - val_accuracy: 0.9200
Epoch 4/100
100/100 [==============================] - 374s 4s/step - loss: 0.3014 - accuracy: 0.8713 - val_loss: 0.0330 - val_accuracy: 0.9290
Epoch 5/100
100/100 [==============================] - 371s 4s/step - loss: 0.2580 - accuracy: 0.8913 - val_loss: 0.5692 - val_accuracy: 0.9210
Epoch 6/100
100/100 [==============================] - 378s 4s/step - loss: 0.2525 - accuracy: 0.9010 - val_loss: 0.0317 - val_accuracy: 0.9500
Epoch 7/100
100/100 [==============================] - 370s 4s/step - loss: 0.2323 - accuracy: 0.9123 - val_loss: 0.0470 - val_accuracy: 0.9520
Epoch 8/100
100/100 [==============================] - 371s 4s/step - loss: 0.2163 - accuracy: 0.9127 - val_loss: 0.1645 - val_accuracy: 0.9520
Epoch 9/100
100/100 [==============================] - 375s 4s/step - loss: 0.1843 - accuracy: 0.9243 - val_loss: 0.4662 - val_accuracy: 0.9450
Epoch 10/100
Epoch 92/100
100/100 [==============================] - 331s 3s/step - loss: 0.0188 - accuracy: 0.9937 - val_loss: 0.0168 - val_accuracy: 0.9620
Epoch 93/100
100/100 [==============================] - 331s 3s/step - loss: 0.0254 - accuracy: 0.9927 - val_loss: 0.6216 - val_accuracy: 0.9670
Epoch 94/100
100/100 [==============================] - 331s 3s/step - loss: 0.0217 - accuracy: 0.9907 - val_loss: 3.1092e-04 - val_accuracy: 0.9670
Epoch 95/100
100/100 [==============================] - 331s 3s/step - loss: 0.0158 - accuracy: 0.9940 - val_loss: 0.3592 - val_accuracy: 0.9650
Epoch 96/100
100/100 [==============================] - 331s 3s/step - loss: 0.0228 - accuracy: 0.9933 - val_loss: 0.5517 - val_accuracy: 0.9730
Epoch 97/100
100/100 [==============================] - 331s 3s/step - loss: 0.0281 - accuracy: 0.9933 - val_loss: 0.0144 - val_accuracy: 0.9690
Epoch 98/100
100/100 [==============================] - 331s 3s/step - loss: 0.0177 - accuracy: 0.9940 - val_loss: 1.2161 - val_accuracy: 0.9480
Epoch 99/100
100/100 [==============================] - 331s 3s/step - loss: 0.0251 - accuracy: 0.9920 - val_loss: 2.9757e-04 - val_accuracy: 0.9670
Epoch 100/100
100/100 [==============================] - 332s 3s/step - loss: 0.0228 - accuracy: 0.9927 - val_loss: 0.4692 - val_accuracy: 0.9740
```

학습을 완료하는 데 12시간 정도가 소요되었으며, 이를 그래프로 표현하면 다음과 같다.

```
f, (ax1, ax2) = plt.subplots(1, 2, figsize =(12, 4))
t = f.suptitle('Pre-trained CNN (Transfer Learning) with Fine-Tuning & Image Augmentation Performance', fontsize =12)
f.subplots_adjust(top=0.85, wspace =0.3)

# epoch_list = list(range(1,31))
epoch_list = list(range(1,101))
ax1.plot(epoch_list, history.history['accuracy'], label ='Train Accuracy')
ax1.plot(epoch_list, history.history['val_accuracy'], label ='Validation Accuracy')
# ax1.set_xticks(np.arange(0, 31, 5))
ax1.set_xticks(np.arange(0, 110, 10))
ax1.set_ylabel('Accuracy Value')
ax1.set_xlabel('Epoch')
ax1.set_title('Accuracy')

1 = ax1.legend(loc ="best")

ax2.plot(epoch_list, history.history['loss'], label ='Train Loss')
ax2.plot(epoch_list, history.history['val_loss'], label ='Validation Loss')
# ax2.set_xticks(np.arange(0, 31, 5))
ax2.set_xticks(np.arange(0, 110, 10))
ax2.set_ylabel('Loss Value')
ax2.set_xlabel('Epoch')
ax2.set_title('Loss')
l2 = ax2.legend(loc ="best")
```

Pre-trained CNN (Transfer Learning) with Fine-Tuning & Image Augmentation Performance

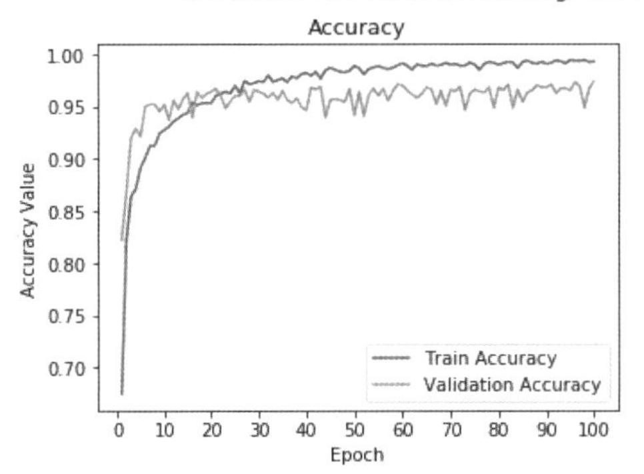

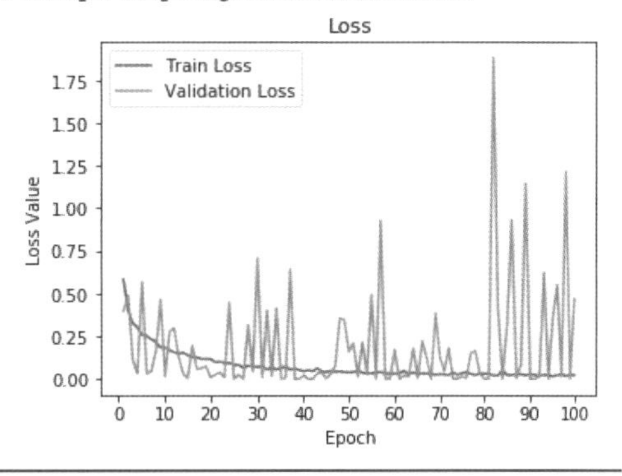

모델을 저장하기 위해서 다음을 입력한다.

```
> model.save('모델명.h5')
```

2.2.10 테스트 데이터에 대한 심층 학습 모델 평가

유효성 검사만으로는 충분하지 않기 때문에 테스트 데이터 세트에서 테스트하여 지금까지 구축한 5가지 모델을 평가할 것이다. model_evaluation_utils.py라는 유틸리티 모듈을 구축하여 딥러닝 모델의 성능을 평가하는 데 사용할 것이다.

model_evaluation_utils.py 파일을 생성한다. 다음 링크에 있는 파이썬 코드를 복사하여 저장한다.

```
https://github.com/dipanjanS/practical-machine-learning-with-python/blob/master/
notebooks/Ch05_Building_Tuning_and_Deploying_Models/model_evaluation_utils.py
```

```
# -*- coding: utf-8 -*-
"""
Created on Mon Jul 31 20:05:23 2017
@author: DIP
@copyright: Dipanjan Sarkar
""“

from sklearn import metrics
import numpy as np
import pandas as pd
import matplotlib.pyplot as plt
from sklearn.preprocessing import LabelEncoder
from sklearn.base import clone
from sklearn.preprocessing import label_binarize
from scipy import interp
from sklearn.metrics import roc_curve, auc

def get_metrics(true_labels, predicted_labels):
```

(계속)

```
    print('Accuracy:', np.round(
                        metrics.accuracy_score(true_labels, predicted_labels), 4))
    print('Precision:', np.round(
                        metrics.precision_score(true_labels,
                                                predicted_labels,
                                                average='weighted'), 4))
    print('Recall:', np.round(
                        metrics.recall_score(true_labels,
                                             predicted_labels,
                                             average='weighted'), 4))
    print('F1 Score:', np.round(
                        metrics.f1_score(true_labels,
                                         predicted_labels,
                                         average='weighted'), 4))

def train_predict_model(classifier,
                        train_features, train_labels, test_features,
test_labels):
    # build model
    classifier.fit(train_features, train_labels)
    # predict using model
    predictions = classifier.predict(test_features)
    return predictions

    xx, yy = np.meshgrid(np.arange(x_min, x_max, plot_step),
                        np.arange(y_min, y_max, plot_step))

    clf_est = clone(clf)
    clf_est.fit(train_features,train_labels)

    if hasattr(clf_est, 'predict_proba'):
        Z = clf_est.predict_proba(np.c_[xx.ravel(), yy.ravel()])[:,1]
    else:
        Z = clf_est.predict(np.c_[xx.ravel(), yy.ravel()])
    Z = Z.reshape(xx.shape)
    cs = plt.contourf(xx, yy, Z, cmap =cmap)

    le = LabelEncoder()
    y_enc = le.fit_transform(train_labels)
    n_classes =len(le.classes_)
    plot_colors =''.join(colors) if colors else [None] * n_classes
    label_names = le.classes_
    markers = markers if markers else [None] * n_classes
    alphas = alphas if alphas else [None] * n_classes
    for i, color in zip(range(n_classes), plot_colors):
        idx = np.where(y_enc == i)
        plt.scatter(train_features[idx, 0], train_features[idx, 1], c =color,
                    label=label_names[i], cmap =cmap, edgecolors ='black',
                    marker=markers[i], alpha =alphas[i])
```

(계속)

```
    plt.legend()
    plt.show()

def plot_model_roc_curve(clf, features, true_labels, label_encoder =None,
                         class_names =None):

    ## Compute ROC curve and ROC area for each class
    fpr = dict()
    tpr = dict()
    roc_auc = dict()
    if hasattr(clf, 'classes_'):
        class_labels = clf.classes_
    elif label_encoder:
        class_labels = label_encoder.classes_
    elif class_names:
        class_labels = class_names
    else:
        raise ValueError('Unable to derive prediction classes, please specify class_names!')
    n_classes =len(class_labels)
    y_test = label_binarize(true_labels, classes =class_labels)
    if n_classes ==2:
        if hasattr(clf, 'predict_proba'):
            prob = clf.predict_proba(features)
            y_score = prob[:, prob.shape[1]-1]
        elif hasattr(clf, 'decision_function'):
            prob = clf.decision_function(features)
            y_score = prob[:, prob.shape[1]-1]
        else:
            raise AttributeError("Estimator doesn't have a probability or
                              confidence scoring system!")

        fpr, tpr, _ = roc_curve(y_test, y_score)
        roc_auc = auc(fpr, tpr)
        plt.plot(fpr, tpr, label='ROC curve (area = {0:0.2f})'
                                 ''.format(roc_auc), linewidth=2.5)
    elif n_classes >2:
        if hasattr(clf, 'predict_proba'):
            y_score = clf.predict_proba(features)
        elif hasattr(clf, 'decision_function'):
            y_score = clf.decision_function(features)
        else:
            raise AttributeError("Estimator doesn't have a probability or
                              confidence scoring system!")
        for i in range(n_classes):
            fpr[i], tpr[i], _ = roc_curve(y_test[:, i], y_score[:, i])
            roc_auc[i] = auc(fpr[i], tpr[i])
```

(계속)

```
    ## Compute micro-average ROC curve and ROC area
    fpr["micro"], tpr["micro"], _ = roc_curve(y_test.ravel(), y_score.ravel())
    roc_auc["micro"] = auc(fpr["micro"], tpr["micro"])

    ## Compute macro-average ROC curve and ROC area
    # First aggregate all false positive rates
    all_fpr = np.unique(np.concatenate([fpr[i] for i in range(n_classes)]))
    # Then interpolate all ROC curves at this points
    mean_tpr = np.zeros_like(all_fpr)
    for i in range(n_classes):
        mean_tpr += interp(all_fpr, fpr[i], tpr[i])
    # Finally average it and compute AUC
    mean_tpr /= n_classes
    fpr["macro"] = all_fpr
    tpr["macro"] = mean_tpr
    roc_auc["macro"] = auc(fpr["macro"], tpr["macro"])
    ## Plot ROC curves
    plt.figure(figsize=(6, 4))
    plt.plot(fpr["micro"], tpr["micro"],
             label='micro-average ROC curve (area = {0:0.2f})'
                   ''.format(roc_auc["micro"]), linewidth =3)
    plt.plot(fpr["macro"], tpr["macro"],
             label='macro-average ROC curve (area = {0:0.2f})'
                   ''.format(roc_auc["macro"]), linewidth =3)
    for i, label in enumerate(class_labels):
        plt.plot(fpr[i], tpr[i], label='ROC curve of class {0} (area = {1:0.2f})'
                                       ''.format(label, roc_auc[i]),
                 linewidth=2, linestyle =':')

else:
    raise ValueError('Number of classes should be atleast 2 or more')

plt.plot([0, 1], [0, 1], 'k--')
plt.xlim([0.0, 1.0])
plt.ylim([0.0, 1.05])
plt.xlabel('False Positive Rate')
plt.ylabel('True Positive Rate')
plt.title('Receiver Operating Characteristic (ROC) Curve')
plt.legend(loc="lower right")
plt.show()
```

검증만으로는 충분하지 않기 때문에 테스트 데이터 세트로 먼저 테스트하여 지금까지 구축한 5가지 모델을 평가할 것이다. 저장된 모델을 로드한 후, 다음 코드를 실행한다.

```
# load dependencies
import glob
import numpy as np
import matplotlib.pyplot as plt
from keras.preprocessing.image import load_img, img_to_array, array_to_img
from keras.models import load_model
import model_evaluation_utils as meu
%matplotlib inline

# load saved models
basic_cnn = load_model('cats_dogs_basic_cnn.h5')
img_aug_cnn = load_model('cats_dogs_cnn_img_aug.h5')
tl_cnn = load_model('cats_dogs_tlearn_basic_cnn.h5')
tl_img_aug_cnn = load_model('cats_dogs_tlearn_img_aug_cnn.h5')
tl_img_aug_finetune_cnn =
load_model('cats_dogs_tlearn_finetune_img_aug_cnn.h5')

# load other configurations
IMG_DIM = (150, 150)
input_shape = (150, 150, 3)
num2class_label_transformer = lambda l: ['cat'if x ==0 else 'dog'for x in l]
class2num_label_transformer = lambda l: [0 if x =='cat'else 1 for x in l]

# load VGG model for bottleneck features
from keras.applications import vgg16
from keras.models import Model
import keras
vgg = vgg16.VGG16(include_top =False, weights ='imagenet',
                  input_shape=input_shape)
output = vgg.layers[-1].output
output = keras.layers.Flatten()(output)
vgg_model = Model(vgg.input, output)
vgg_model.trainable = False

def get_bottleneck_features(model, input_imgs):
    features = model.predict(input_imgs, verbose =0)
    return features
```

이제 테스트 데이터 세트에 대한 예측을 통해 모델의 성능을 최종 테스트한다. 먼저 테스트 데이터 세트를 로드한 후에 다음 코드를 입력한다.

```
IMG_DIM = (150, 150)

test_files = glob.glob('test_data/*')
test_imgs = [img_to_array(load_img(img, target_size =IMG_DIM)) for img in
test_files]
test_imgs = np.array(test_imgs)
test_labels = [fn.split('\\')[1].split('.')[0].strip() for fn in test_files]

test_imgs_scaled = test_imgs.astype('float32')
test_imgs_scaled /=255
test_labels_enc = class2num_label_transformer(test_labels)

print('Test dataset shape:', test_imgs.shape)
print(test_labels[0:5], test_labels_enc[0:5])
```

이제 데이터 세트가 준비됐으므로 모든 테스트 이미지에 대한 예측을 통해 각 모델을 평가한 다음 예측이 얼마나 정확한지 확인하여 모델 성능을 평가한다.

2.2.11 기본 CNN 성능

```
predictions = basic_cnn.predict_classes(test_imgs_scaled, verbose =0)
predictions = num2class_label_transformer(predictions)
meu.display_model_performance_metrics(true_labels=test_labels,
                                      predicted_labels =predictions,
                                      classes=list(set(test_labels)))
```

```
1  predictions = basic_cnn.predict_classes(test_imgs_scaled, verbose=0)
2  predictions = num2class_label_transformer(predictions)
3  meu.display_model_performance_metrics(true_labels=test_labels, predicted_labels=predictions,
4                                        classes=list(set(test_labels)))
```

```
Model Performance metrics:
------------------------------
Accuracy: 0.75
Precision: 0.7527
Recall: 0.75
F1 Score: 0.7493

Model Classification report:
------------------------------
              precision    recall  f1-score   support

         dog       0.78      0.70      0.74       500
         cat       0.73      0.80      0.76       500

    accuracy                           0.75      1000
   macro avg       0.75      0.75      0.75      1000
weighted avg       0.75      0.75      0.75      1000
```

2.2.12 기본 CNN 및 이미지 향상 성능

```
predictions = img_aug_cnn.predict_classes(test_imgs_scaled, verbose =0)
predictions = num2class_label_transformer(predictions)
meu.display_model_performance_metrics(true_labels=test_labels,
                                      predicted_labels =predictions,
                                      classes=list(set(test_labels)))
```

```
1  predictions = img_aug_cnn.predict_classes(test_imgs_scaled, verbose=0)
2  predictions = num2class_label_transformer(predictions)
3  meu.display_model_performance_metrics(true_labels=test_labels, predicted_labels=predictions,
4                                        classes=list(set(test_labels)))
```

```
Model Performance metrics:
------------------------------
Accuracy: 0.824
Precision: 0.8253
Recall: 0.824
F1 Score: 0.8238

Model Classification report:
------------------------------
              precision    recall  f1-score   support

         dog       0.85      0.79      0.82       500
         cat       0.80      0.86      0.83       500

    accuracy                           0.82      1000
   macro avg       0.83      0.82      0.82      1000
weighted avg       0.83      0.82      0.82      1000
```

2.2.13 Transfer Learning - 특징 추출기 성능으로 사전 학습된 CNN

```
test_bottleneck_features = get_bottleneck_features(vgg_model, test_imgs_scaled)

predictions = tl_cnn.predict_classes(test_bottleneck_features, verbose =0)
predictions = num2class_label_transformer(predictions)
meu.display_model_performance_metrics(true_labels=test_labels,
                                      predicted_labels =predictions,
                                      classes=list(set(test_labels)))
```

```
1  test_bottleneck_features = get_bottleneck_features(vgg_model, test_imgs_scaled)
2
3  predictions = tl_cnn.predict_classes(test_bottleneck_features, verbose=0)
4  predictions = num2class_label_transformer(predictions)
5  meu.display_model_performance_metrics(true_labels=test_labels, predicted_labels=predictions,
6                                        classes=list(set(test_labels)))
```

```
Model Performance metrics:
------------------------------
Accuracy: 0.889
Precision: 0.8891
Recall: 0.889
F1 Score: 0.889

Model Classification report:
------------------------------
              precision    recall  f1-score   support

         dog       0.90      0.88      0.89       500
         cat       0.88      0.90      0.89       500

    accuracy                           0.89      1000
   macro avg       0.89      0.89      0.89      1000
weighted avg       0.89      0.89      0.89      1000
```

2.2.14 Transfer Learning - 이미지 증강 성능을 갖춘 피처 추출기로서의 사전 학습된 CNN

```
predictions = tl_img_aug_cnn.predict_classes(test_imgs_scaled, verbose =0)
predictions = num2class_label_transformer(predictions)
meu.display_model_performance_metrics(true_labels=test_labels,
                                      predicted_labels =predictions,
                                      classes=list(set(test_labels)))
```

```
1  predictions = tl_img_aug_cnn.predict_classes(test_imgs_scaled, verbose=0)
2  predictions = num2class_label_transformer(predictions)
3  meu.display_model_performance_metrics(true_labels=test_labels, predicted_labels=predictions,
4                                        classes=list(set(test_labels)))
```

```
Model Performance metrics:
------------------------------
Accuracy: 0.901
Precision: 0.9011
Recall: 0.901
F1 Score: 0.901

Model Classification report:
------------------------------
              precision    recall  f1-score   support

         dog       0.89      0.91      0.90       500
         cat       0.91      0.89      0.90       500

    accuracy                           0.90      1000
   macro avg       0.90      0.90      0.90      1000
weighted avg       0.90      0.90      0.90      1000
```

2.2.15 Transfer Learning - 미세 조정 및 이미지 증강 성능을 갖춘 사전 훈련된 CNN

```
predictions = tl_img_aug_finetune_cnn.predict_classes(test_imgs_scaled, verbose =0)
predictions = num2class_label_transformer(predictions)
meu.display_model_performance_metrics(true_labels=test_labels,
                                      predicted_labels =predictions,
                                      classes=list(set(test_labels)))
```

```
1  predictions = tl_img_aug_finetune_cnn.predict_classes(test_imgs_scaled, verbose=0)
2  predictions = num2class_label_transformer(predictions)
3  meu.display_model_performance_metrics(true_labels=test_labels, predicted_labels=predictions,
4                                        classes=list(set(test_labels)))
```

```
Model Performance metrics:
------------------------------
Accuracy: 0.966
Precision: 0.9661
Recall: 0.966
F1 Score: 0.966

Model Classification report:
------------------------------
              precision    recall  f1-score   support

         dog       0.97      0.96      0.97       500
         cat       0.96      0.97      0.97       500

    accuracy                           0.97      1000
   macro avg       0.97      0.97      0.97      1000
weighted avg       0.97      0.97      0.97      1000
```

후속 모델이 이전 모델보다 정확성이 점점 높아지는 것을 확인할 수 있다. 최악의 모델은 CNN의 기본 모델로 정확성이 75%이고, 최상의 모델은 정확성이 96%이다. 최악의 모델과 최상의 모델을 가지고 ROC 곡선을 그려본다.

```
# worst model - basic CNN
meu.plot_model_roc_curve(basic_cnn, test_imgs_scaled,
                         true_labels=test_labels_enc,
                         class_names=[0, 1])

# best model - transfer learning with fine-tuning & image augmentation
meu.plot_model_roc_curve(tl_img_aug_finetune_cnn, test_imgs_scaled,
                         true_labels=test_labels_enc,
                         class_names=[0, 1])
```

```
1  # worst model - basic CNN
2  meu.plot_model_roc_curve(basic_cnn, test_imgs_scaled,
3                           true_labels=test_labels_enc,
4                           class_names=[0, 1])
5
6  # best model - transfer learning with fine-tuning & image augmentation
7  meu.plot_model_roc_curve(tl_img_aug_finetune_cnn, test_imgs_scaled,
8                           true_labels=test_labels_enc,
9                           class_names=[0, 1])
```

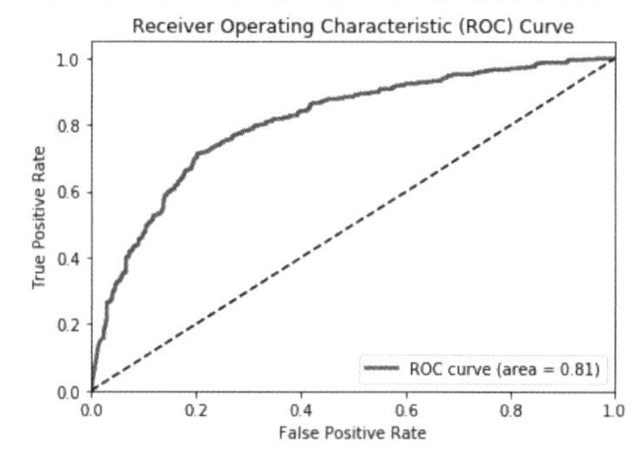

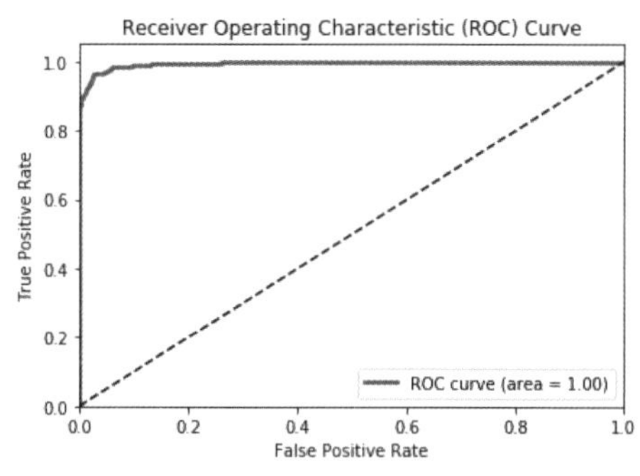

2.3 개 품종 식별 데이터 세트

이번 사례의 연구는 세밀한 이미지 분류 작업이다. 세밀한 이미지 분류는 일반적인 이미지 분류 작업과 달리 상위 등급 내에서 서로 다른 하위 클래스를 인식하는 작업을 말한다.

이번에 사용할 데이터 세트는 다양한 품종의 개 이미지이다. 각 개 품종을 식별하는 것이다. kaggle을 통해 제공되는 데이터 세트를 활용한다. 라벨이 지정된 데이터가 있으므로 train 데이터 세트만 사용한다. 이 데이터 세트에는 120가지 개의 품종 이미지가 약 10,000개 있으며, 이미지에 라벨이 포함되어 있다. 웹 페이지(https://www.kaggle.com/c/dog-breed-identification

/data?select=train)에서 train.zip과 label.csv 파일을 다운로드한다.

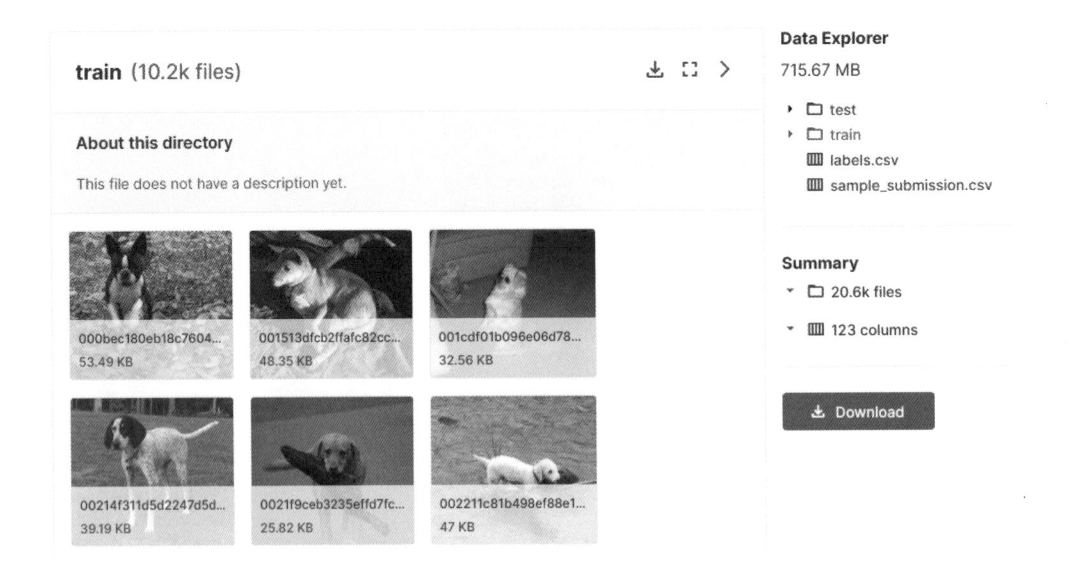

2.3.1 데이터 세트 로드 및 탐색

데이터를 로드하고 샘플 이미지 배치를 확인하여 데이터 집합의 모양을 살펴본다. scikit-image 라이브러리를 설치한다.

```
> conda install scikt-learn
```

다음 코드를 입력한다.

```
# import scipy as sp
import numpy as np
import pandas as pd
import PIL
import scipy.ndimage as spi
```

(계속)

```
import matplotlib.pyplot as plt

from skimage.transform import resize
from skimage import data

# image = data.camera()
# resize(image, (100, 100))

%matplotlib inline
np.random.seed(42)

DATASET_PATH ='C:\\Users\\geno\\Python_virenv\\keras\\kaggle_train/'
LABEL_PATH ='kaggle_labels/labels.csv'

# This function prepares a random batch from the dataset
def load_batch(dataset_df, batch_size =25):
    batch_df = dataset_df.loc[np.random.permutation(np.arange(0,
                                                    len(dataset_df)))
                                                    [:batch_size],:]

    return batch_df

# This function plots sample images in specified size and in defined grid
def plot_batch(images_df, grid_width, grid_height, im_scale_x, im_scale_y):
    f, ax = plt.subplots(grid_width, grid_height)
    f.set_size_inches(12, 12)

    img_idx =0
#    image = data.grass()
    for i in range(0, grid_width):
        for j in range(0, grid_height):
            ax[i][j].axis('off')
            ax[i][j].set_title(images_df.iloc[img_idx]['breed'][:10])
            ax[i][j].imshow(resize(data.load(DATASET_PATH
                              + images_df.iloc[img_idx]['id'] +'.jpg'),
                              (im_scale_x,im_scale_y)))
            img_idx +=1
            # (DATASET_PATH + images_df.iloc[img_idx]['id']+'.jpg')
    plt.subplots_adjust(left=0, bottom =0, right =1, top =1, wspace =0, hspace =0.25)

# load dataset and visualize sample data
dataset_df = pd.read_csv(LABEL_PATH)
batch_df = load_batch(dataset_df, batch_size =36)
plot_batch(batch_df, grid_width=6, grid_height =6, im_scale_x=64, im_scale_y =64)
```

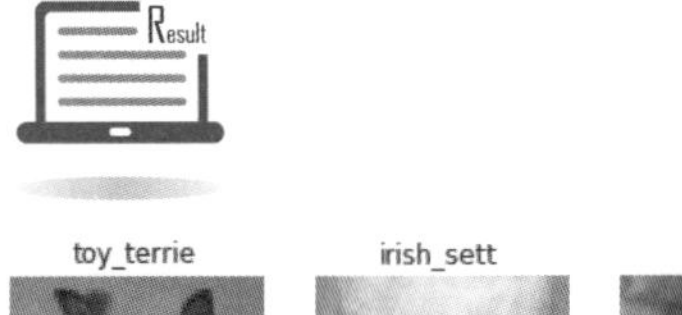

2.3.2 데이터 세트 구성

먼저 데이터 집합 레이블이 어떻게 보이는지 살펴본다. 다음 코드를 입력한다.

```
data_labels = pd.read_csv('kaggle_labels/labels.csv')
target_labels = data_labels['breed']

print(len(set(target_labels)))

data_labels.head()
```

```
1 data_labels = pd.read_csv('kaggle_labels/labels.csv')
2 target_labels = data_labels['breed']
3
4 print(len(set(target_labels)))
5
6 data_labels.head()
```

120

	id	breed
0	000bec180eb18c7604dcecc8fe0dba07	boston_bull
1	001513dfcb2ffafc82cccf4d8bbaba97	dingo
2	001cdf01b096e06d78e9e5112d419397	pekinese
3	00214f311d5d2247d5dfe4fe24b2303d	bluetick
4	0021f9ceb3235effd7fcde7f7538ed62	golden_retriever

다음 작업에서는 다음 코드를 사용하여 디스크에 있는 각 이미지의 정확한 이미지 경로를 추가한다. 이렇게 하면 모델 학습 중에 이미지를 쉽게 찾고 로드하는 데 도움이 될 것이다.

```
train_folder ='kaggle_train/'

data_labels['image_path'] = data_labels.apply(lambda row: (train_folder +
row["id"] +".jpg" ), axis =1)
data_labels.head()
```

```
1 train_folder = 'kaggle_train/'
2
3 data_labels['image_path'] = data_labels.apply(lambda row: (train_folder + row["id"] + ".jpg" ), axis=1)
4 data_labels.head()
```

	id	breed	image_path
0	000bec180eb18c7604dcecc8fe0dba07	boston_bull	kaggle_train/000bec180eb18c7604dcecc8fe0dba07.jpg
1	001513dfcb2ffafc82cccf4d8bbaba97	dingo	kaggle_train/001513dfcb2ffafc82cccf4d8bbaba97.jpg
2	001cdf01b096e06d78e9e5112d419397	pekinese	kaggle_train/001cdf01b096e06d78e9e5112d419397.jpg
3	00214f311d5d2247d5dfe4fe24b2303d	bluetick	kaggle_train/00214f311d5d2247d5dfe4fe24b2303d.jpg
4	0021f9ceb3235effd7fcde7f7538ed62	golden_retriever	kaggle_train/0021f9ceb3235effd7fcde7f7538ed62.jpg

이제 테스트 및 검증 데이터 세트를 준비하기 위하여 다음 코드를 활용하여 데이터 세트를 구축한다.

```
from sklearn.model_selection import train_test_split
from keras.preprocessing.image import img_to_array, load_img

# load dataset
train_data = np.array([img_to_array(load_img(img, target_size =(299, 299)))
                        for img in data_labels['image_path'].values.tolist()
                      ]).astype('float32')

# create train and test datasets
x_train, x_test, y_train, y_test = train_test_split(train_data, target_labels,
                                                    test_size=0.3,
                                                    stratify=np.array(target_labels),
                                                    random_state=42)

# create train and validation datasets
x_train, x_val, y_train, y_val = train_test_split(x_train, y_train,
                                                  test_size=0.15,
                                                  stratify=np.array(y_train),
                                                  random_state=42)

print('Initial Dataset Size:', train_data.shape)
print('Initial Train and Test Datasets Size:', x_train.shape, x_test.shape)
print('Train and Validation Datasets Size:', x_train.shape, x_val.shape)
print('Train, Test and Validation Datasets Size:', x_train.shape, x_test.shape, x_val.shape)
```

텍스트 클래스 라벨을 인코딩된 one-hot 라벨로 변환한다.

```
y_train_ohe = pd.get_dummies(y_train.reset_index(drop =True)).values
y_val_ohe = pd.get_dummies(y_val.reset_index(drop =True)).values
y_test_ohe = pd.get_dummies(y_test.reset_index(drop =True)).values

y_train_ohe.shape, y_test_ohe.shape, y_val_ohe.shape
```

```
1 y_train_ohe = pd.get_dummies(y_train.reset_index(drop=True)).values
2 y_val_ohe = pd.get_dummies(y_val.reset_index(drop=True)).values
3 y_test_ohe = pd.get_dummies(y_test.reset_index(drop=True)).values
4
5 y_train_ohe.shape, y_test_ohe.shape, y_val_ohe.shape
((6081, 120), (3067, 120), (1074, 120))
```

케라스의 ImageDataGenerator 유틸리티를 사용하여 다음 코드를 실행한다.

```
from keras.preprocessing.image import ImageDataGenerator
BATCH_SIZE =32

# Create train generator.
train_datagen = ImageDataGenerator(rescale =1./255,
                                   rotation_range=30,
                                   width_shift_range=0.2,
                                   height_shift_range=0.2,
                                   horizontal_flip ='true')
train_generator = train_datagen.flow(x_train, y_train_ohe, shuffle =False,
                                     batch_size=BATCH_SIZE, seed =1)

# Create validation generator
val_datagen = ImageDataGenerator(rescale =1./255)
val_generator = train_datagen.flow(x_val, y_val_ohe, shuffle =False,
                                   batch_size=BATCH_SIZE, seed =1)
```

이제 데이터가 준비되었으므로, 다음에는 실제로 딥러닝 모델을 구축한다.

2.3.3 Google의 Inception V3 모델을 이용한 Transfer Learning

이미지 증강 기술이 적용된 데이터 세트가 준비되었으므로, 모델링 프로세스를 시작한다. 사전 훈련된 모델로 Google의 Inception V3 모델을 사용한다. 웹 페이지(https://www.kaggle.com/google-brain/inception-v3/home)에서 다운로드한다.

압축을 풀어 파일을 사용한다. 그리고 다음 코드를 실행한다.

```
from keras.models import Model
from keras.optimizers import Adam
from keras.layers import GlobalAveragePooling2D
from keras.layers import Dense
from keras.applications.inception_v3 import InceptionV3
from keras.utils.np_utils import to_categorical

# Get the InceptionV3 model so we can do transfer learning
base_inception = InceptionV3(weights ='imagenet', include_top =False,
                             input_shape=(299, 299, 3))

# Add a global spatial average pooling layer
out = base_inception.output
out = GlobalAveragePooling2D()(out)
```

(계속)

```
out = Dense(512, activation ='relu')(out)
out = Dense(512, activation ='relu')(out)
total_classes = y_train_ohe.shape[1]
predictions = Dense(total_classes, activation ='softmax')(out)
model = Model(inputs =base_inception.input, outputs =predictions)

# only if we want to freeze layers
for layer in base_inception.layers:
    layer.trainable = False

# Compile
model.compile(Adam(lr=.0001), loss ='categorical_crossentropy', metrics =['accuracy'])
model.summary()
```

```
Downloading data from https://github.com/fchollet/deep-learning-models/releases/download/v0.5/inception_v3_weights_tf_dim_ordering_tf_ke
rnels_notop.h5
87916544/87910968 [==============================] - 8s 0us/step
Model: "model_1"
_____________________________________________________________________________________
Layer (type)                     Output Shape         Param #     Connected to
=====================================================================================
input_1 (InputLayer)             (None, 299, 299, 3)  0
_____________________________________________________________________________________
conv2d_1 (Conv2D)                (None, 149, 149, 32) 864         input_1[0][0]
_____________________________________________________________________________________
batch_normalization_1 (BatchNor  (None, 149, 149, 32) 96          conv2d_1[0][0]
_____________________________________________________________________________________
activation_1 (Activation)        (None, 149, 149, 32) 0           batch_normalization_1[0][0]
_____________________________________________________________________________________
conv2d_2 (Conv2D)                (None, 147, 147, 32) 9216        activation_1[0][0]
_____________________________________________________________________________________
batch_normalization_2 (BatchNor  (None, 147, 147, 32) 96          conv2d_2[0][0]
_____________________________________________________________________________________
activation_94 (Activation)       (None, 8, 8, 192)    0           batch_normalization_94[0][0]
_____________________________________________________________________________________
mixed10 (Concatenate)            (None, 8, 8, 2048)   0           activation_86[0][0]
                                                                  mixed9_1[0][0]
                                                                  concatenate_2[0][0]
                                                                  activation_94[0][0]
_____________________________________________________________________________________
global_average_pooling2d_1 (Glo  (None, 2048)         0           mixed10[0][0]
_____________________________________________________________________________________
dense_1 (Dense)                  (None, 512)          1049088     global_average_pooling2d_1[0][0]
_____________________________________________________________________________________
dense_2 (Dense)                  (None, 512)          262656      dense_1[0][0]
_____________________________________________________________________________________
dense_3 (Dense)                  (None, 120)          61560       dense_2[0][0]
=====================================================================================
Total params: 23,176,088
Trainable params: 1,373,304
Non-trainable params: 21,802,784
_____________________________________________________________________________________
```

이제 모델 훈련을 시작한다. fit_generator(...) 방법을 사용하여 이전 단계에서 준비한 데이터 증강 기술을 사용하여 모델을 훈련한다. batch_size를 설정하고 epochs를 15로 설정하여 모델을 훈련한다.

```
# Train the model
batch_size = BATCH_SIZE
train_steps_per_epoch = x_train.shape[0] // batch_size
val_steps_per_epoch = x_val.shape[0] // batch_size

history = model.fit_generator(train_generator,
                              steps_per_epoch=train_steps_per_epoch,
                              validation_data=val_generator,
                              validation_steps=val_steps_per_epoch,
                              epochs=15, verbose =1)
```

```
1  # Train the model
2  batch_size = BATCH_SIZE
3  train_steps_per_epoch = x_train.shape[0] // batch_size
4  val_steps_per_epoch = x_val.shape[0] // batch_size
5
6  history = model.fit_generator(train_generator,
7                                steps_per_epoch=train_steps_per_epoch,
8                                validation_data=val_generator,
9                                validation_steps=val_steps_per_epoch,
10                               epochs=15, verbose=1)
```

```
Epoch 1/15
190/190 [==============================] - 658s 3s/step - loss: 4.1882 - accuracy: 0.2129 - val_loss: 2.4539 - val_accuracy: 0.5691
Epoch 2/15
190/190 [==============================] - 657s 3s/step - loss: 2.2438 - accuracy: 0.5682 - val_loss: 0.9639 - val_accuracy: 0.7447
Epoch 3/15
190/190 [==============================] - 661s 3s/step - loss: 1.4134 - accuracy: 0.6723 - val_loss: 0.7856 - val_accuracy: 0.7543
Epoch 4/15
190/190 [==============================] - 656s 3s/step - loss: 1.1863 - accuracy: 0.6948 - val_loss: 0.9532 - val_accuracy: 0.7841
Epoch 5/15
190/190 [==============================] - 663s 3s/step - loss: 1.0341 - accuracy: 0.7281 - val_loss: 0.8026 - val_accuracy: 0.7831
Epoch 6/15
190/190 [==============================] - 667s 4s/step - loss: 0.9582 - accuracy: 0.7429 - val_loss: 0.8355 - val_accuracy: 0.7831
Epoch 7/15
190/190 [==============================] - 671s 4s/step - loss: 0.8833 - accuracy: 0.7595 - val_loss: 0.4852 - val_accuracy: 0.7764
Epoch 8/15
190/190 [==============================] - 654s 3s/step - loss: 0.8494 - accuracy: 0.7631 - val_loss: 0.9362 - val_accuracy: 0.8071
Epoch 9/15
190/190 [==============================] - 653s 3s/step - loss: 0.8173 - accuracy: 0.7692 - val_loss: 0.3757 - val_accuracy: 0.8042
Epoch 10/15
190/190 [==============================] - 658s 3s/step - loss: 0.7487 - accuracy: 0.7853 - val_loss: 0.5115 - val_accuracy: 0.7956
Epoch 11/15
190/190 [==============================] - 656s 3s/step - loss: 0.7389 - accuracy: 0.7881 - val_loss: 0.4373 - val_accuracy: 0.8061
Epoch 12/15
190/190 [==============================] - 673s 4s/step - loss: 0.6943 - accuracy: 0.8021 - val_loss: 0.8552 - val_accuracy: 0.7860
Epoch 13/15
190/190 [==============================] - 692s 4s/step - loss: 0.6861 - accuracy: 0.8008 - val_loss: 0.2224 - val_accuracy: 0.8167
Epoch 14/15
190/190 [==============================] - 675s 4s/step - loss: 0.6666 - accuracy: 0.8101 - val_loss: 1.0020 - val_accuracy: 0.7908
Epoch 15/15
190/190 [==============================] - 663s 3s/step - loss: 0.6286 - accuracy: 0.8145 - val_loss: 0.3782 - val_accuracy: 0.8061
```

인텔 i7 하드웨어 환경에서 훈련을 완료하는 데 약 165분이 소요되었으며, 다음 그림은 훈련 결과를 그래프로 나타낸다.

```
f, (ax1, ax2) = plt.subplots(1, 2, figsize =(12, 4))
t = f.suptitle('Deep Neural Net Performance', fontsize =12)
f.subplots_adjust(top=0.85, wspace =0.3)

epoch_list = list(range(0,15))
ax1.plot(epoch_list, history.history['accuracy'], label ='Train Accuracy')
ax1.plot(epoch_list, history.history['val_accuracy'], label ='Validation 
Accuracy')
ax1.set_xticks(np.arange(0, 16, 1))
ax1.set_ylabel('Accuracy Value')
ax1.set_xlabel('Epoch')
ax1.set_title('Accuracy')
l1 = ax1.legend(loc ="best")

ax2.plot(epoch_list, history.history['loss'], label ='Train Loss')
ax2.plot(epoch_list, history.history['val_loss'], label ='Validation Loss')
ax2.set_xticks(np.arange(0, 16, 1))
ax2.set_ylabel('Loss Value')
ax2.set_xlabel('Epoch')
ax2.set_title('Loss')
l2 = ax2.legend(loc ="best")
```

```
1  f, (ax1, ax2) = plt.subplots(1, 2, figsize =(12, 4))
2  t = f.suptitle('Deep Neural Net Performance', fontsize =12)
3  f.subplots_adjust(top=0.85, wspace =0.3)
4
5  epoch_list = list(range(0,15))
6  ax1.plot(epoch_list, history.history['accuracy'], label ='Train Accuracy')
7  ax1.plot(epoch_list, history.history['val_accuracy'], label ='Validation Accuracy')
8  ax1.set_xticks(np.arange(0, 16, 1))
9  ax1.set_ylabel('Accuracy Value')
10 ax1.set_xlabel('Epoch')
11 ax1.set_title('Accuracy')
12 l1 = ax1.legend(loc ="best")
13
14 ax2.plot(epoch_list, history.history['loss'], label ='Train Loss')
15 ax2.plot(epoch_list, history.history['val_loss'], label ='Validation Loss')
16 ax2.set_xticks(np.arange(0, 16, 1))
17 ax2.set_ylabel('Loss Value')
18 ax2.set_xlabel('Epoch')
19 ax2.set_title('Loss')
20 l2 = ax2.legend(loc ="best")
```

Deep Neural Net Performance

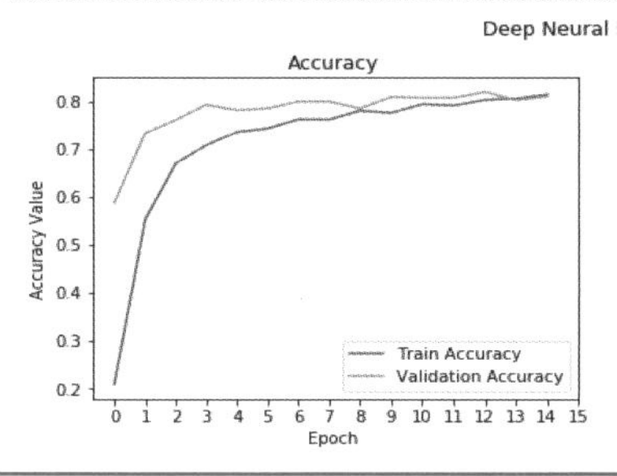

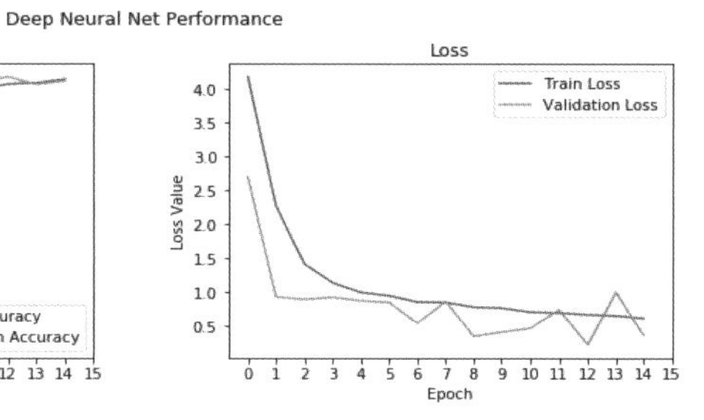

2.3.4 다양한 품종의 개 이미지 데이터에 대한 딥러닝 모델 평가

다양한 품종의 개 이미지 데이터에 대한 딥러닝 모델 평가를 위해 테스트 데이터를 이용하여 평가한다. 다음을 입력한다.

```
grid_width =5
grid_height =5
f, ax = plt.subplots(grid_width, grid_height)
f.set_size_inches(15, 15)
batch_size =25
dataset = x_test

labels_ohe_names = pd.get_dummies(target_labels, sparse =True)
labels_ohe = np.asarray(labels_ohe_names)
label_dict = dict(enumerate(labels_ohe_names.columns.values))
model_input_shape = (1,)+model.get_input_shape_at(0)[1:]
random_batch_indx =
np.random.permutation(np.arange(0,len(dataset)))[:batch_size]

img_idx =0

for i in range(0, grid_width):
    for j in range(0, grid_height):
        actual_label = np.array(y_test)[random_batch_indx[img_idx]]
        prediction = model.predict(dataset[random_batch_indx[img_idx]].
                     reshape(model_input_shape))[0]
        label_idx = np.argmax(prediction)
        predicted_label = label_dict.get(label_idx)
        conf = round(prediction[label_idx], 2)
        ax[i][j].axis('off')
        ax[i][j].set_title('Actual: '+actual_label +'\nPred: '+predicted_label
                           +'\nConf: '+str(conf))
        ax[i][j].imshow(dataset[random_batch_indx[img_idx]])
        img_idx +=1

plt.subplots_adjust(left=0, bottom =0, right =1, top =1, wspace =0.5, hspace =0.55)
```

Actual: west_highland_white_terrier
Pred: basset
Conf: 0.91

Actual: pomeranian
Pred: basset
Conf: 0.88

Actual: toy_poodle
Pred: basset
Conf: 1.0

Actual: curly-coated_retriever
Pred: australian_terrier
Conf: 0.99

Actual: english_setter
Pred: australian_terrier
Conf: 1.0

Actual: miniature_pinscher
Pred: australian_terrier
Conf: 1.0

Actual: german_shepherd
Pred: standard_schnauzer
Conf: 0.97

Actual: miniature_poodle
Pred: basset
Conf: 1.0

Actual: black-and-tan_coonhound
Pred: australian_terrier
Conf: 0.95

Actual: pomeranian
Pred: cardigan
Conf: 0.94

Actual: scottish_deerhound
Pred: chihuahua
Conf: 0.71

Actual: weimaraner
Pred: australian_terrier
Conf: 1.0

Actual: english_springer
Pred: australian_terrier
Conf: 1.0

Actual: scottish_deerhound
Pred: kerry_blue_terrier
Conf: 0.76

Actual: weimaraner
Pred: basset
Conf: 1.0

테스트 데이터 세트는 훈련 데이터 세트와 유사한 사전 처리를 거쳐야 한다. 다음 코드를 입력하여 사전 처리를 수행한다.

```
x_test /=255.

# getting model predictions
test_predictions = model.predict(x_test)
predictions = pd.DataFrame(test_predictions, columns =labels_ohe_names.columns)
predictions = list(predictions.idxmax(axis =1))
test_labels = list(y_test)

# evaluate model performance
import model_evaluation_utils as meu
meu.get_metrics(true_labels=test_labels,
                predicted_labels=predictions)
```

```
1  x_test /= 255.
2
3  # getting model predictions
4  test_predictions = model.predict(x_test)
5  predictions = pd.DataFrame(test_predictions, columns=labels_ohe_names.columns)
6  predictions = list(predictions.idxmax(axis=1))
7  test_labels = list(y_test)
8
9  # evaluate model performance
10 import model_evaluation_utils as meu
11 meu.get_metrics(true_labels=test_labels,
12                 predicted_labels=predictions)
```

```
Accuracy: 0.867
Precision: 0.8764
Recall: 0.867
F1 Score: 0.8641
```

다음 코드를 사용하여 클래스별 분류 지표를 확인할 수 있다.

```
meu.display_classification_report(true_labels=test_labels,
                                  predicted_labels=predictions,
                                  classes=list(labels_ohe_names.columns))
```

```
                              precision    recall  f1-score   support

                 affenpinscher       0.96      0.96      0.96        24
                  afghan_hound       1.00      0.94      0.97        35
           african_hunting_dog       1.00      0.88      0.94        26
                      airedale       0.80      1.00      0.89        32
american_staffordshire_terrier       0.75      0.55      0.63        22
                   appenzeller       0.89      0.74      0.81        23
             australian_terrier       0.89      0.81      0.85        31
                       basenji       0.97      0.88      0.92        33
                        basset       0.80      0.96      0.87        25
                        beagle       0.83      0.97      0.90        31
            bedlington_terrier       1.00      1.00      1.00        27
          bernese_mountain_dog       0.85      1.00      0.92        34
       black-and-tan_coonhound       0.90      0.78      0.84        23
              blenheim_spaniel       0.97      0.97      0.97        31
                    bloodhound       0.89      0.96      0.92        25
                      bluetick       0.88      0.88      0.88        25
                 border_collie       0.76      0.86      0.81        22
```

(계속)

```
           standard_poodle       0.88      0.92      0.90        24
        standard_schnauzer       0.50      0.86      0.63        22
            sussex_spaniel       1.00      0.96      0.98        23
           tibetan_mastiff       0.79      0.90      0.84        21
           tibetan_terrier       0.66      0.91      0.76        32
                toy_poodle       0.63      0.50      0.56        24
               toy_terrier       0.68      0.88      0.76        24
                    vizsla       1.00      0.71      0.83        21
              walker_hound       0.65      0.52      0.58        21
                weimaraner       1.00      0.92      0.96        25
      welsh_springer_spaniel     0.81      0.88      0.84        24
  west_highland_white_terrier    0.96      0.96      0.96        24
                   whippet       0.77      0.71      0.74        28
      wire-haired_fox_terrier    0.86      0.76      0.81        25
         yorkshire_terrier       0.87      0.80      0.83        25

                  accuracy                           0.87      3067
                 macro avg       0.87      0.86      0.86      3067
              weighted avg       0.88      0.87      0.86      3067
```

다음 코드를 사용하여 모델 예측을 시각화할 수 있다.

```
grid_width =5
grid_height =5
f, ax = plt.subplots(grid_width, grid_height)
f.set_size_inches(15, 15)
batch_size =25
dataset = x_test

labels_ohe_names = pd.get_dummies(target_labels, sparse =True)
labels_ohe = np.asarray(labels_ohe_names)
label_dict = dict(enumerate(labels_ohe_names.columns.values))
model_input_shape = (1,)+model.get_input_shape_at(0)[1:]
random_batch_indx =
np.random.permutation(np.arange(0,len(dataset)))[:batch_size]
img_idx =0
for i in range(0, grid_width):
    for j in range(0, grid_height):
        actual_label = np.array(y_test)[random_batch_indx[img_idx]]
        prediction = model.predict(dataset[random_batch_indx[img_idx]].
                     reshape(model_input_shape))[0]
        label_idx = np.argmax(prediction)
        predicted_label = label_dict.get(label_idx)
        conf = round(prediction[label_idx], 2)
        ax[i][j].axis('off')
        ax[i][j].set_title('Actual: '+actual_label +'\nPred: '+predicted_label
                           +'\nConf: '+str(conf))
        ax[i][j].imshow(dataset[random_batch_indx[img_idx]])
        img_idx +=1

plt.subplots_adjust(left=0, bottom =0, right =1, top =1, wspace =0.5, hspace =0.55)
```

Actual: dingo
Pred: dhole
Conf: 0.69

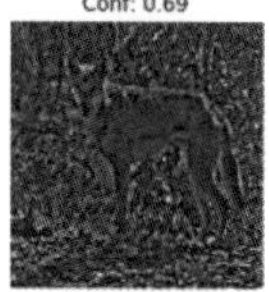

Actual: basenji
Pred: kelpie
Conf: 0.28

Actual: irish_wolfhound
Pred: irish_wolfhound
Conf: 0.98

Actual: ibizan_hound
Pred: ibizan_hound
Conf: 0.99

Actual: shetland_sheepdog
Pred: shetland_sheepdog
Conf: 0.98

Actual: shih-tzu
Pred: shih-tzu
Conf: 0.5

Actual: bloodhound
Pred: bloodhound
Conf: 0.92

Actual: ibizan_hound
Pred: ibizan_hound
Conf: 1.0

Actual: boston_bull
Pred: boston_bull
Conf: 0.8

Actual: scotch_terrier
Pred: scotch_terrier
Conf: 0.97

Actual: keeshond
Pred: keeshond
Conf: 0.98

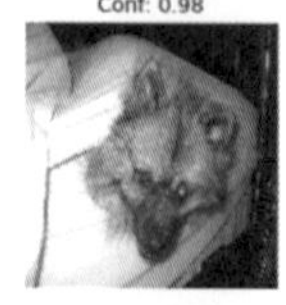

Actual: bouvier_des_flandres
Pred: bouvier_des_flandres
Conf: 0.99

Actual: irish_setter
Pred: irish_setter
Conf: 0.99

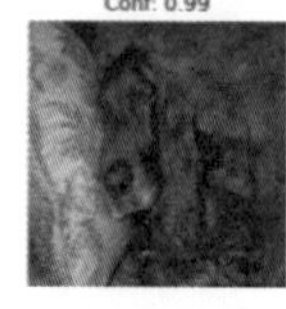

Actual: giant_schnauzer
Pred: standard_schnauzer
Conf: 0.69

Actual: norfolk_terrier
Pred: norfolk_terrier
Conf: 0.99

Actual: keeshond
Pred: keeshond
Conf: 0.98

Actual: bouvier_des_flandres
Pred: bouvier_des_flandres
Conf: 0.99

Actual: irish_setter
Pred: irish_setter
Conf: 0.99

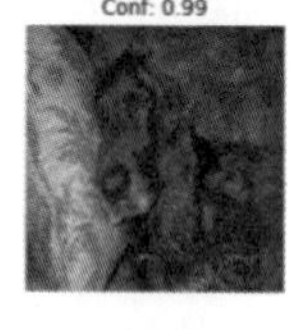

Actual: giant_schnauzer
Pred: standard_schnauzer
Conf: 0.69

Actual: norfolk_terrier
Pred: norfolk_terrier
Conf: 0.99

Actual: chow
Pred: chow
Conf: 1.0

Actual: giant_schnauzer
Pred: giant_schnauzer
Conf: 0.53

Actual: affenpinscher
Pred: affenpinscher
Conf: 0.9

Actual: japanese_spaniel
Pred: pekinese
Conf: 0.67

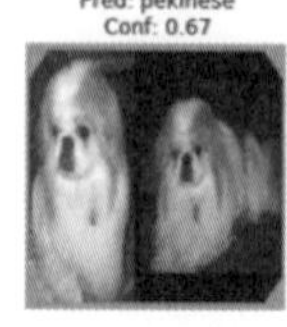

Actual: border_collie
Pred: border_collie
Conf: 0.7

Actual: cairn
Pred: cairn
Conf: 0.98

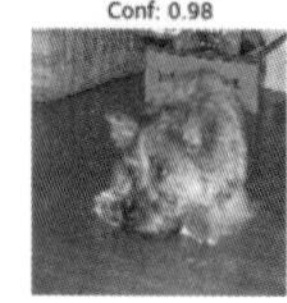

Actual: irish_wolfhound
Pred: irish_wolfhound
Conf: 0.99

Actual: japanese_spaniel
Pred: japanese_spaniel
Conf: 1.0

Actual: bloodhound
Pred: bloodhound
Conf: 0.93

Actual: bluetick
Pred: bluetick
Conf: 1.0

앞의 이미지는 모델의 성능을 시각적으로 증명한다.

Neural network-based
practical machine learning
programming

VI. 연합 학습
Federated Learning

VI 연합 학습(Federated learning)

1. 연합 학습

연합 학습(federated learning)은 온디바이스(on-device) 방식의 AI 훈련으로, 훈련할 데이터가 있는 곳으로 모델을 보낸다. 기존에 보유하고 있던 데이터로 훈련된 모델을 마스터 모델(master model)이라고 한다.

연합 학습은 이 마스터 모델을 본뜬 모델들을 훈련할 데이터가 있는 곳(저장소)으로 보낸다. 각 저장소에서 새롭게 훈련된 모델은 업데이트된 내용을 서버로 전송하고, 이를 기반으로 마스터 모델이 업데이트된다.

연합 학습은 데이터가 서버로 전송될 필요가 없어 프라이버시 문제를 해결할 수 있을 것으로 본다. 예를 들어, 스마트폰(저장소)으로 보내진 모델이 사용자의 데이터를 이용해 훈련하지만, 그 데이터는 서버로 전송되지 않는다.

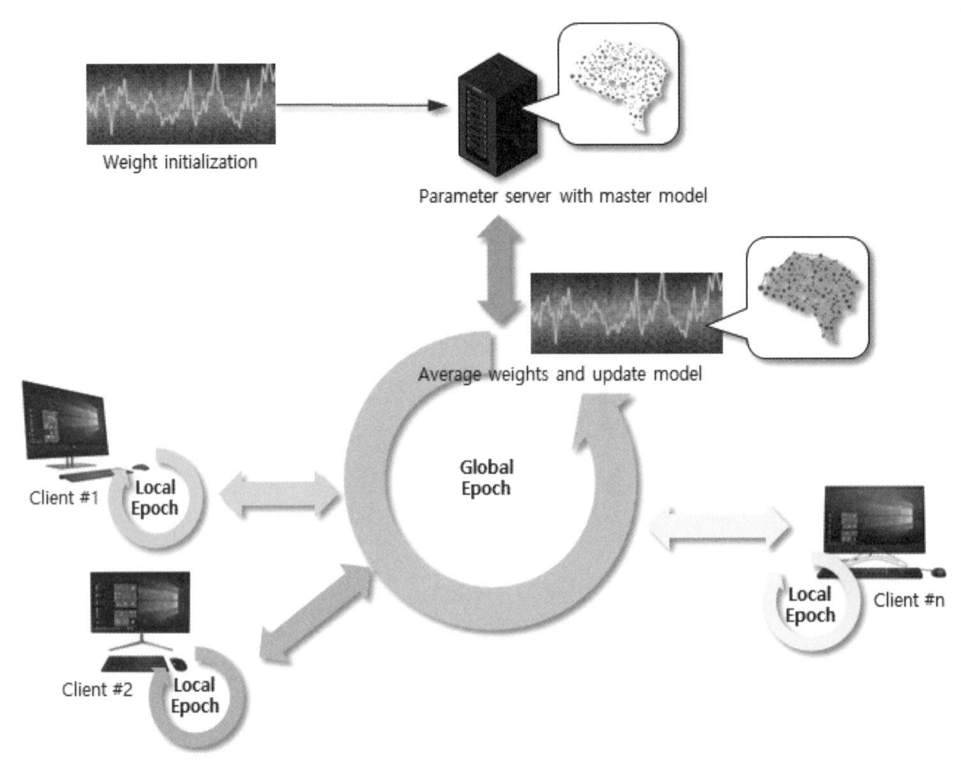

연합 학습의 개념도

2. 연합 학습 프로그래밍

2.1 PySyft 설치

PySyft는 개인 딥러닝을 위한 안전한 python 라이브러리이다. PySyft는 PyTorch 내의 fderated learning, different privacy 및 MPC(multi-party computing)를 사용하여 개인 데이터를 모델 교육에서 분리한다.

Anaconda Prompt를 실행하고 다음을 입력하여 가상환경을 생성한다.

```
> conda create -n pysyft python=3(3.7로 가상환경을 생성하는 것을 권장한다.)
```

Anaconda Prompt (Anaconda3)

```
(base) C:₩Users₩geno>conda create -n pysyft python=3
Collecting package metadata (current_repodata.json): done
Solving environment: done


==> WARNING: A newer version of conda exists. <==
  current version: 4.7.12
  latest version: 4.8.3

Please update conda by running

    $ conda update -n base -c defaults conda


## Package Plan ##

  environment location: C:₩Anaconda3₩envs₩pysyft

  added / updated specs:
    - python=3


The following packages will be downloaded:

    package                    |            build
    ---------------------------|-----------------
    certifi-2020.4.5.1         |           py38_0         156 KB
    openssl-1.1.1g             |       he774522_0         4.8 MB
```

가상환경을 실행한다.

```
> conda activate pysyft
```

Anaconda Prompt (Anaconda3)

```
(base) C:₩Users₩geno>conda activate pysyft

(pysyft) C:₩Users₩geno>
```

jupyter notebook 혹은 jupyter를 설치한다.

```
> conda install jupyter notebook(jupyter notebook 대신 jupyter를 입력해도 된다.)
```

```
(pysyft) C:₩Users₩geno>conda install jupyter notebook
```

jupyter notebook을 실행한다.

```
> jupyter notebook
```

```
Anaconda Prompt (Anaconda3) - conda install jupyter notebook - jupyter notebook
(pysyft) C:₩Users₩geno>jupyter notebook
[I 13:17:37.834 NotebookApp] Serving notebooks from local directory: C:₩Users₩geno
[I 13:17:37.834 NotebookApp] The Jupyter Notebook is running at:
[I 13:17:37.835 NotebookApp] http://localhost:8888/?token=adfd38cfb9613b03f1258fbd7446430fe2b530510a1bf1af
[I 13:17:37.835 NotebookApp]  or http://127.0.0.1:8888/?token=adfd38cfb9613b03f1258fbd7446430fe2b530510a1bf1af
[I 13:17:37.835 NotebookApp] Use Control-C to stop this server and shut down all kernels (twice to skip confirmation).
[C 13:17:37.906 NotebookApp]

    To access the notebook, open this file in a browser:
        file:///C:/Users/geno/AppData/Roaming/jupyter/runtime/nbserver-8768-open.html
    Or copy and paste one of these URLs:
        http://localhost:8888/?token=adfd38cfb9613b03f1258fbd7446430fe2b530510a1bf1af
     or http://127.0.0.1:8888/?token=adfd38cfb9613b03f1258fbd7446430fe2b530510a1bf1af
```

python 3 notebook을 생성하고, syft 패키지를 설치한다. (패키지 설치 중 에러가 나타난다면, Anaconda Prompt에 conda update jupyter를 입력하여 업데이트를 실행한다.)

```
> pip install syft
```

```
1 pip install syft
```

2.2 연합 학습 접근법을 이용한 신경망 개발을 위한 단계별 가이드

2.2.1 라이브러리 가져오기

프로젝트의 개발에 다음과 같은 파이썬 라이브러리가 사용된다.

1. Numpy
2. Pytorch
3. PySyft
4. Pickle

다음 코드를 입력하여 pytorch 라이브러리를 설치한다.

```
> conda install pytorch torchvision cpuonly -c pytorch
```

```
1  conda install pytorch torchvision cpuonly -c pytorch

Collecting package metadata (current_repodata.json): ...working... done
Solving environment: ...working... done

## Package Plan ##

  environment location: C:\Anaconda3\envs\pysyft

Note: you may need to restart the kernel to use updated packages.

  added / updated specs:
    - cpuonly
    - pytorch
    - torchvision


The following NEW packages will be INSTALLED:

  blas               pkgs/main/win-64::blas-1.0-mkl
  cpuonly            pytorch/noarch::cpuonly-1.0-0
  freetype           pkgs/main/win-64::freetype-2.9.1-ha9979f8_1
  icc_rt             pkgs/main/win-64::icc_rt-2019.0.0-h0cc432a_1
  intel-openmp       pkgs/main/win-64::intel-openmp-2020.1-216
  libtiff            pkgs/main/win-64::libtiff-4.1.0-h56a325e_0
  mkl                pkgs/main/win-64::mkl-2020.1-216
  mkl-service        pkgs/main/win-64::mkl-service-2.3.0-py38hb782905_0
  mkl_fft            pkgs/main/win-64::mkl_fft-1.0.15-py38h14836fe_0
  mkl_random         pkgs/main/win-64::mkl_random-1.1.0-py38hf9181ef_0
  ninja              pkgs/main/win-64::ninja-1.9.0-py38h74a9793_0
  numpy              pkgs/main/win-64::numpy-1.18.1-py38h93ca92e_0
  numpy-base         pkgs/main/win-64::numpy-base-1.18.1-py38hc3f5095_1
  olefile            pkgs/main/noarch::olefile-0.46-py_0
  pillow             pkgs/main/win-64::pillow-7.1.2-py38hcc1f983_0
  pytorch            pytorch/win-64::pytorch-1.5.0-py3.8_cpu_0
  tk                 pkgs/main/win-64::tk-8.6.8-hfa6e2cd_0
  torchvision        pytorch/win-64::torchvision-0.6.0-py38_cpu
  xz                 pkgs/main/win-64::xz-5.2.5-h62dcd97_0
  zstd               pkgs/main/win-64::zstd-1.3.7-h508b16e_0


Preparing transaction: ...working... done
Verifying transaction: ...working... done
Executing transaction: ...working... done
```

pytorch 라이브러리 설치는 https://pytorch.org/ 웹 페이지를 참고하여 설치한다.

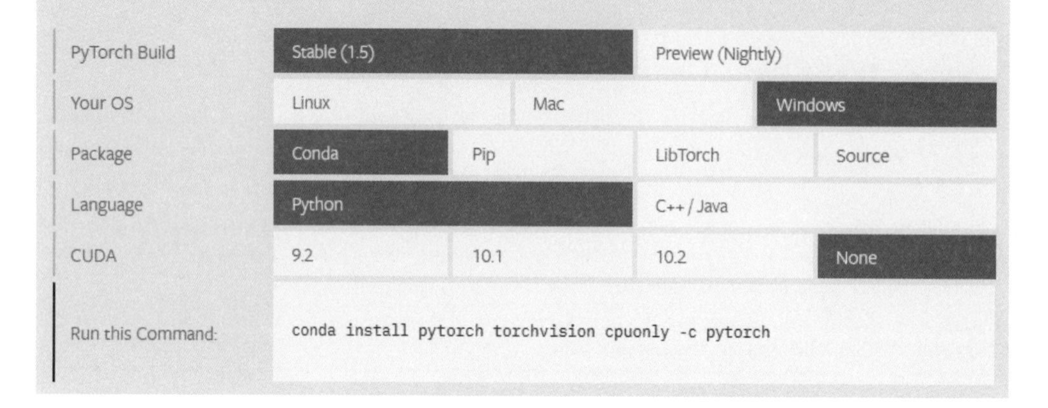

다음 코드를 실행하여 파이썬 라이브러리를 가져온다.

```
import pickle
import torch
import torch.nn as nn
import torch.nn.functional as F
import torch.optim as optim

from torch.utils.data import TensorDataset, DataLoader

import time
import copy
import numpy as np
import syft as sy

from syft.frameworks.torch.fl import utils
from syft.workers.websocket_client import WebsocketClientWorker
```

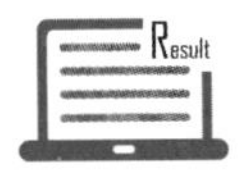

```
1  import pickle
2  import torch
3  import torch.nn as nn
4  import torch.nn.functional as F
5  import torch.optim as optim
6
7  from torch.utils.data import TensorDataset, DataLoader
8
9  import time
10 import copy
11 import numpy as np
12 import syft as sy
13
14 from syft.frameworks.torch.fl import utils
15 from syft.workers.websocket_client import WebsocketClientWorker
```

주피터 노트북에서 라이브러리 가져오기

2.2.2 학습 매개변수 시작

현재 PySyft는 오류를 계산하고 네트워크 매개변수를 업데이트하기 위해 후방 전파 알고리즘에 대한 SGD 최적화를 지원한다. Gradient descent(그라데이션 하강)는 함수의 최솟값을 찾기 위한 1차 반복 최적화 알고리즘이다.

다음 코드를 실행한다.

```
class Parser:
    def __init__(self):
        self.epochs =100
        self.lr =0.001
        self.test_batch_size =8
        self.batch_size =8
        self.log_interval =10
        self.seed =1

args = Parser()
torch.manual_seed(args.seed)
```

```
1  class Parser:
2      def __init__(self):
3          self.epochs = 100
4          self.lr = 0.001
5          self.test_batch_size = 8
6          self.batch_size = 8
7          self.log_interval = 10
8          self.seed = 1
9
10 args = Parser()
11 torch.manual_seed(args.seed)
```

```
<torch._C.Generator at 0x20193aa4050>
```

주피터 노트북에서 학습 매개변수 시작

2.2.3 데이터 세트 사전 처리

다음 단계는 데이터로 신경망을 훈련시키기 전에 데이터 세트를 주피터 노트북에 읽어 사전 처리하는 것이다.

웹 페이지(https://github.com/saranshmanu/Federated-Learning/blob/master/data/boston_housing.pickle)에서 boston_housing.pickle 파일을 다운로드한다.

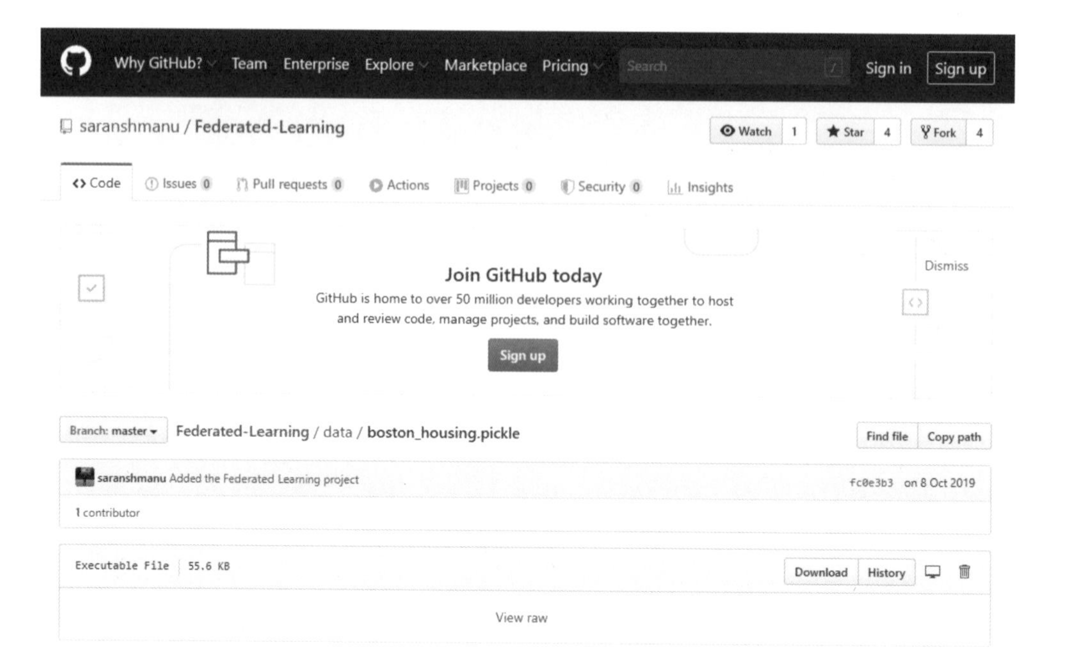

다음 코드를 실행한다.

```
with open('boston_housing.pickle','rb') as f:
    ((x, y), (x_test, y_test)) = pickle.load(f)

x = torch.from_numpy(x).float()
y = torch.from_numpy(y).float()
x_test = torch.from_numpy(x_test).float()
y_test = torch.from_numpy(y_test).float()

mean = x.mean(0, keepdim =True)
dev = x.std(0, keepdim =True)
mean[:, 3] =0.
dev[:, 3] =1.
x = (x - mean) / dev
x_test = (x_test - mean) / dev
train = TensorDataset(x, y)
test = TensorDataset(x_test, y_test)
train_loader = DataLoader(train, batch_size =args.batch_size, shuffle =True)
test_loader = DataLoader(test, batch_size =args.test_batch_size, shuffle =True)
```

```
1  with open('boston_housing.pickle','rb') as f:
2      ((x, y), (x_test, y_test)) = pickle.load(f)
3
4  x = torch.from_numpy(x).float()
5  y = torch.from_numpy(y).float()
6  x_test = torch.from_numpy(x_test).float()
7  y_test = torch.from_numpy(y_test).float()
```

```
1  mean = x.mean(0, keepdim=True)
2  dev = x.std(0, keepdim=True)
3  mean[:, 3] = 0.
4  dev[:, 3] = 1.
5  x = (x - mean) / dev
6  x_test = (x_test - mean) / dev
7  train = TensorDataset(x, y)
8  test = TensorDataset(x_test, y_test)
9  train_loader = DataLoader(train, batch_size=args.batch_size, shuffle=True)
10 test_loader = DataLoader(test, batch_size=args.test_batch_size, shuffle=True)
```

boston housing 데이터 집합에 대한 데이터 사전 처리

2.2.4 PyTorch를 이용한 신경망 구축

PyTorch를 사용하여 모델에 대한 신경망 아키텍처를 정의해야 한다. 딥러닝 네트워크는 2개의 서로 다른 은닉 계층으로 구성되며 네트워크의 모든 계층에 대해 relu(rectified linear unit, 정류 선형 유닛) 활성화 기능을 사용한다. relu는 입력 값이 0보다 작으면 0으로 출력, 0보다 크면 입력 값 그대로 출력하는 유닛이다.

입력 계층은 훈련 데이터 세트의 각 입력 특성에 해당하는 13개의 서로 다른 퍼셉트론(perceptron)으로 구성된다. 퍼셉트론은 인공신경망의 한 종류이며, 퍼셉트론이 동작하는 방식은 다음과 같다. 각 노드의 가중치와 입력치를 곱한 것을 모두 합한 값이 활성함수에 의해 판단되는데, 그 값이 임계치(보통 0)보다 크면 뉴런이 활성화되고 결과 값으로 1을 출력한다. 뉴런이 활성화되지 않으면 결과 값으로 -1을 출력한다.

```
class Net(nn.Module):
    def __init__(self):
        super(Net, self).__init__()
        self.fc1 = nn.Linear(13, 32)
        self.fc2 = nn.Linear(32, 24)
        self.fc4 = nn.Linear(24, 16)
        self.fc3 = nn.Linear(16, 1)

    def forward(self, x):
        x = x.view(-1, 13)
        x = F.relu(self.fc1(x))
        x = F.relu(self.fc2(x))
        x = F.relu(self.fc4(x))
        x = self.fc3(x)
        return x
```

```
class Net(nn.Module):
    def __init__(self):
        super(Net, self).__init__()
        self.fc1 = nn.Linear(13, 32)
        self.fc2 = nn.Linear(32, 24)
        self.fc4 = nn.Linear(24, 16)
        self.fc3 = nn.Linear(16, 1)

    def forward(self, x):
        x = x.view(-1, 13)
        x = F.relu(self.fc1(x))
        x = F.relu(self.fc2(x))
        x = F.relu(self.fc4(x))
        x = self.fc3(x)
        return x
```

2.2.5 원격 모바일 장치에 데이터 연결

Bob과 Alice는 전체 사이클에 연관된 두 사람이다. 시뮬레이션을 위해 글로벌 ML 모델을 사용하여 애플리케이션과 상호 작용하는 모든 네트워크에 데이터 세트 묶음을 전송한다.

PySyft 라이브러리와 PyTorch 확장으로 PyTorch API처럼 텐서 포인터로 작업을 수행할 수 있다. 작업자 또는 장비에 연결하여 학습을 실시하며, 다음 그림은 실행 코드를 순서도로 나타낸 것이다. train data와 test data를 먼저 전처리하고, Pytorch를 이용하여 신경망 구축을 한다. 그리고 PySyft에서 'Bob'과 'Alice'라는 virtualworker를 생성하여 data(data matrix)와 target(regression target)을 전송한다.

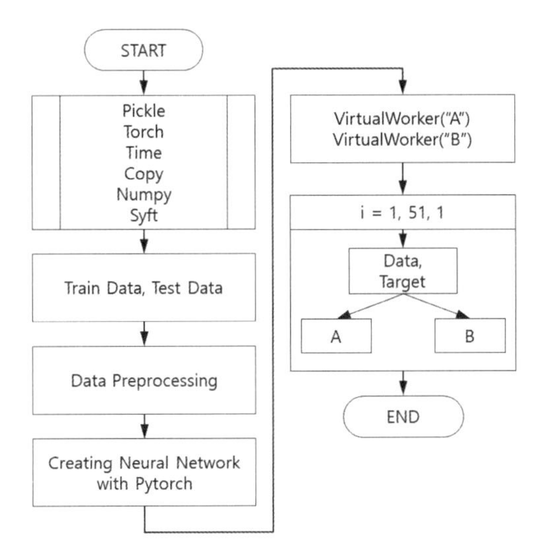

```
hook = sy.TorchHook(torch)
bob_worker = sy.VirtualWorker(hook, id ="bob")
alice_worker = sy.VirtualWorker(hook, id ="alice")
# kwargs_websocket = {"host": "localhost", "hook": hook}
# alice = WebsocketClientWorker(id='alice', port=8779, **kwargs_websocket)
# bob = WebsocketClientWorker(id='bob', port=8778, **kwargs_websocket)
compute_nodes = [bob_worker, alice_worker]
```

```
1 hook = sy.TorchHook(torch)
2 bob_worker = sy.VirtualWorker(hook, id="bob")
3 alice_worker = sy.VirtualWorker(hook, id="alice")
4 # kwargs_websocket = {"host": "localhost", "hook": hook}
5 # alice = WebsocketClientWorker(id='alice', port=8779, **kwargs_websocket)
6 # bob = WebsocketClientWorker(id='bob', port=8778, **kwargs_websocket)
7 compute_nodes = [bob_worker, alice_worker]
```

작업자와의 연합 학습을 위해 오프라인에서 데이터를 사용할 수 있지만, 여기서는 장치 기능에 대한 교육을 위해 작업자에게 데이터를 전송한다.

```
remote_dataset = (list(), list())
train_distributed_dataset = []

for batch_idx, (data,target) in enumerate(train_loader):
    data = data.send(compute_nodes[batch_idx % len(compute_nodes)])
    target = target.send(compute_nodes[batch_idx % len(compute_nodes)])
    remote_dataset[batch_idx % len(compute_nodes)].append((data, target))

bobs_model = Net()
alices_model = Net()
bobs_optimizer = optim.SGD(bobs_model.parameters(), lr =args.lr)
alices_optimizer = optim.SGD(alices_model.parameters(), lr =args.lr)
```

(계속)

```
models = [bobs_model, alices_model]
optimizers = [bobs_optimizer, alices_optimizer]

model = Net()
model
```

```
1  remote_dataset = (list(), list())
2  train_distributed_dataset = []
3
4  for batch_idx, (data,target) in enumerate(train_loader):
5      data = data.send(compute_nodes[batch_idx % len(compute_nodes)])
6      target = target.send(compute_nodes[batch_idx % len(compute_nodes)])
7      remote_dataset[batch_idx % len(compute_nodes)].append((data, target))
```

```
1  bobs_model = Net()
2  alices_model = Net()
3  bobs_optimizer = optim.SGD(bobs_model.parameters(), lr=args.lr)
4  alices_optimizer = optim.SGD(alices_model.parameters(), lr=args.lr)
```

```
1  models = [bobs_model, alices_model]
2  optimizers = [bobs_optimizer, alices_optimizer]
```

```
1  model = Net()
2  model
```

```
Net(
  (fc1): Linear(in_features=13, out_features=32, bias=True)
  (fc2): Linear(in_features=32, out_features=24, bias=True)
  (fc4): Linear(in_features=24, out_features=16, bias=True)
  (fc3): Linear(in_features=16, out_features=1, bias=True)
)
```

이제 Alice와 Bob이라는 이름의 작업자들을 연결해서 신경망을 학습시키고, 당사자들과 함께 이용할 수 있는 데이터를 갖게 되었다.

2.2.6 신경망 학습

PySyft 덕분에 원격 및 개인 데이터에 대한 접근 없이 모델을 학습할 수 있었다. 각 배치마다 모델을 현재의 원격 작업자에게 전송하고 다시 로컬 디바이스에 전송한 후 다음 배치의 작업자에게 전송했다.

그러나 이 방법에는 문제가 있다. 모델을 돌려받음으로써 사적인 정보에 접근이 가능하다. Bob의 디바이스에 한 개의 데이터가 기록되어 있다고 가정해보자. 모델을 돌려받을 때 Bob이 모델을 재학습한 데이터의 업데이트된 가중치를 확인할 수 있다.

이 문제를 해결하기 위해 차등정보보호와 SMPC(secured multi-party computing)라는 두 가지 해결책이 있다. 차등정보보호는 모델이 일부 개인 정보에 대한 접근을 허용하지 않도록 할 수 있다. SMPC는 암호화된 연산의 한 종류이며 원격 작업자가 개인이 사용하고 있는 정보를 볼 수 없게 하고 모델을 개인적으로 보낼 수 있게 해준다.

```
def update(data, target, model, optimizer):
    model.send(data.location)
    optimizer.zero_grad()
    prediction = model(data)
    loss = F.mse_loss(prediction.view(-1), target)
    loss.backward()
    optimizer.step()
    return model

def train():
    for data_index in range(len(remote_dataset[0])-1):
        for remote_index in range(len(compute_nodes)):
            data, target = remote_dataset[remote_index][data_index]
            models[remote_index] = update(
                data, target, models[remote_index], optimizers[remote_index]
            )
        for model in models:
            model.get()
        return utils.federated_avg({
            "bob": models[0],
            "alice": models[1]
        })

def test(federated_model):
    federated_model.eval()
    test_loss =0
    for data, target in test_loader:
        output = federated_model(data)
        test_loss += F.mse_loss(output.view(-1), target, reduction ='sum').item()
        predection = output.data.max(1, keepdim =True)[1]

    test_loss /=len(test_loader.dataset)
    print('Test set: Average loss: {:.4f}'.format(test_loss))
```

(계속)

```
for epoch in range(args.epochs):
    start_time = time.time()
    print(f "Epoch Number {epoch + 1}")
    federated_model = train()
    model = federated_model
    test(federated_model)
    total_time = time.time() - start_time
    print('Communication time over the network', round(total_time, 2), 's\n')
```

```
Epoch Number 1
Test set: Average loss: 612.7104
Communication time over the network 0.1 s

Epoch Number 2
Test set: Average loss: 607.2090
Communication time over the network 0.07 s

Epoch Number 3
Test set: Average loss: 602.5780
Communication time over the network 0.07 s

Epoch Number 4
Test set: Average loss: 598.5231
Communication time over the network 0.06 s

Epoch Number 5
Test set: Average loss: 594.8007
Communication time over the network 0.06 s

Epoch Number 96
Test set: Average loss: 22.9624
Communication time over the network 0.07 s

Epoch Number 97
Test set: Average loss: 22.9694
Communication time over the network 0.06 s

Epoch Number 98
Test set: Average loss: 22.9760
Communication time over the network 0.06 s

Epoch Number 99
Test set: Average loss: 22.9822
Communication time over the network 0.06 s

Epoch Number 100
Test set: Average loss: 22.9894
Communication time over the network 0.07 s
```

:: 참고문헌

[1] 아키바 신야·스기야마 아세이·데라다 마나부 저, 이중민 역, 『머신러닝 도감-그림으로 공부하는 머신러닝 알고리즘 17』, 제이펍, 2019.

[2] 타리크 라시드 저, 송교석 역, 『신경망 첫걸음』, 한빛미디어, 2017.

[3] 필드 케이디 저, 최근우 역, 『처음 배우는 데이터 과학』, 한빛미디어, 2018.

[4] 디파니안 사르카르·러그허브 발리·타모그나 고시 저, 송영숙, 심상진, 한수미, 고재선 역, 『파이썬을 활용한 딥러닝 전이학습』, 위키북스, 2019.

[5] Santanu Pattanayak, "Intelligent Project using Python", PACKT Publishing.

[6] 신병춘·차병래 저, 『MXNet을 활용한 신경망 학습』, 전남대학교출판문화원, 2019.

[7] https://en.wikipedia.org/wiki/Data_set

:: 찾아보기

:: 지은이 소개

차병래

1995	호남대학교 수학과(학사)
1997	호남대학교 컴퓨터공학과(석사)
2004	목포대학교 컴퓨터공학과(박사)
2005~2009	호남대학교 컴퓨터공학과 전임강사
2009~2019	광주과학기술원 전기전자컴퓨터공학부 연구부교수
2019~현재	광주과학기술원 AI대학원 연구부교수
2012~현재	제노테크(주) 대표이사

박 선

1996	전주대학교 전자계산학과(학사)
2001	한남대학교 정보통신학과(석사)
2007	인하대학교 컴퓨터정보공학과(박사)
2008~2010	호남대학교 컴퓨터공학과 시간/전임강사
2010~2013	목포대학교 정보산업연구소 연구교수
2013~2019	광주과학기술원 전기전자컴퓨터공학부 연구부교수
2017~2020	제노테크(주) 기업부설연구소 연구소장
2019~현재	광주과학기술원 AI대학원 연구부교수

김종원

1994	서울대학교 제어계측공학과(박사)
1994~1999	공주대학교 전자공학과 조교수
1997~2001	미국 University of Southern California, EE-Systems Dept. 연구조교수
2001~2019	광주과학기술원 전기전자컴퓨터공학부 교수
2008~현재	광주과학기술원 슈퍼컴퓨팅센터 센터장
2019~현재	광주과학기술원 AI대학원 원장

신경망 기반
머신러닝 실전 프로그래밍

초 판 인 쇄 2021년 3월 30일
초 판 발 행 2021년 4월 5일

저 자 차병래, 박 선, 김종원
발 행 인 김기선
발 행 처 GIST PRESS

등 록 번 호 제2013-000021호
주 소 광주광역시 북구 첨단과기로 123(오룡동)
대 표 전 화 062-715-2960
팩 스 번 호 062-715-2069
홈 페 이 지 https://press.gist.ac.kr/
인쇄 및 보급처 도서출판 씨아이알(Tel. 02-2275-8603)

I S B N 979-11-90961-06-6 (93560)
정 가 20,000원